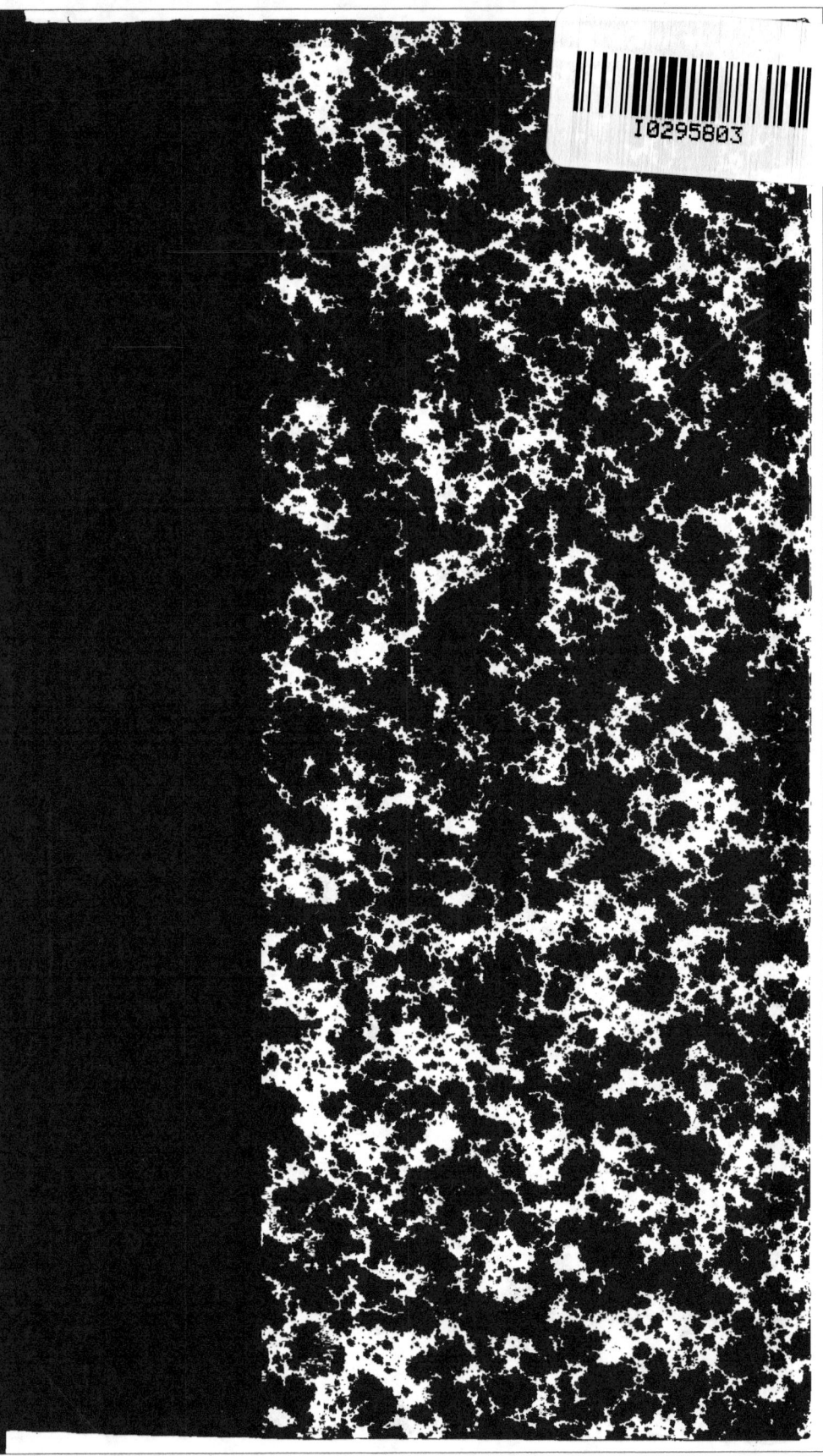

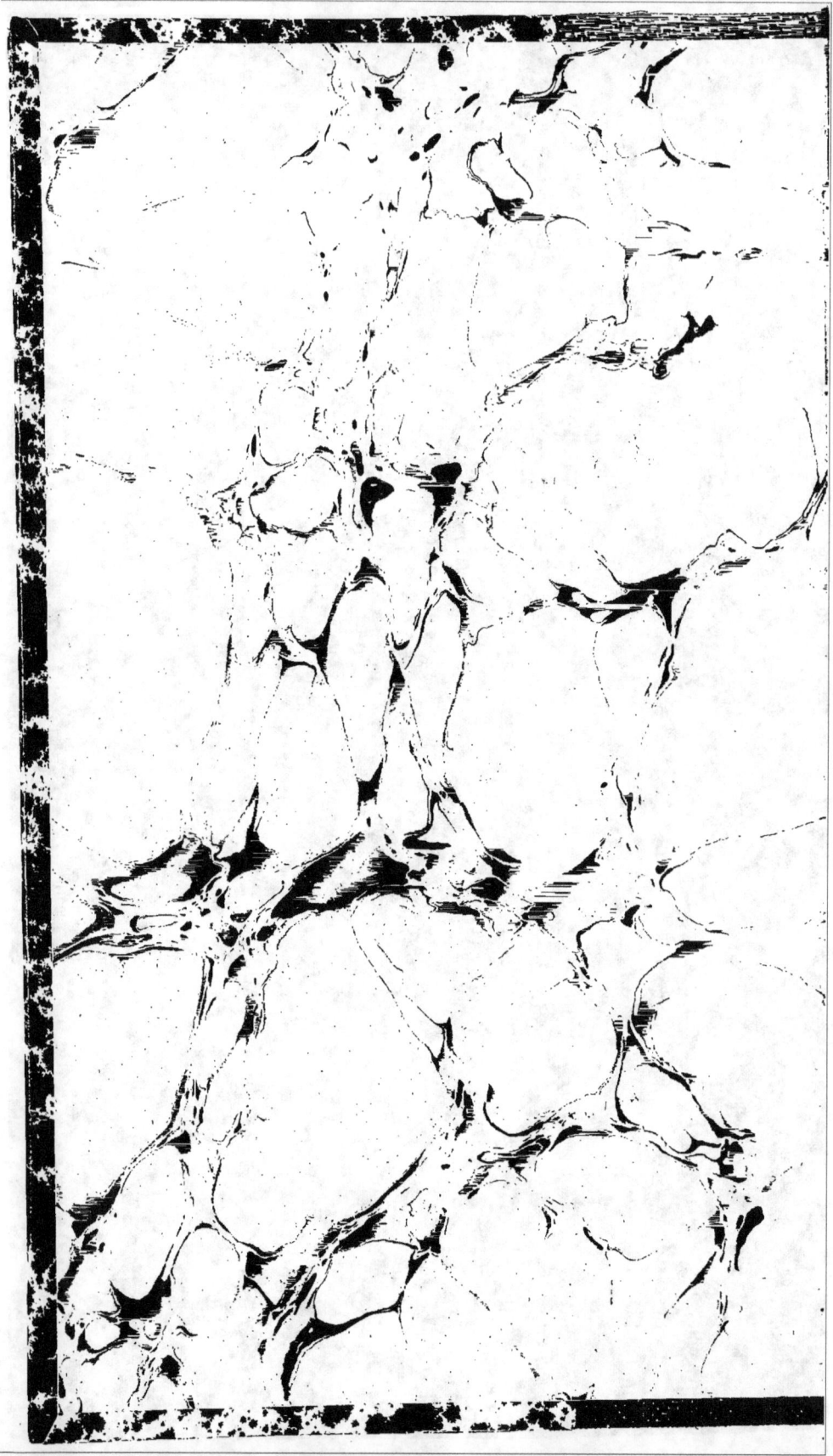

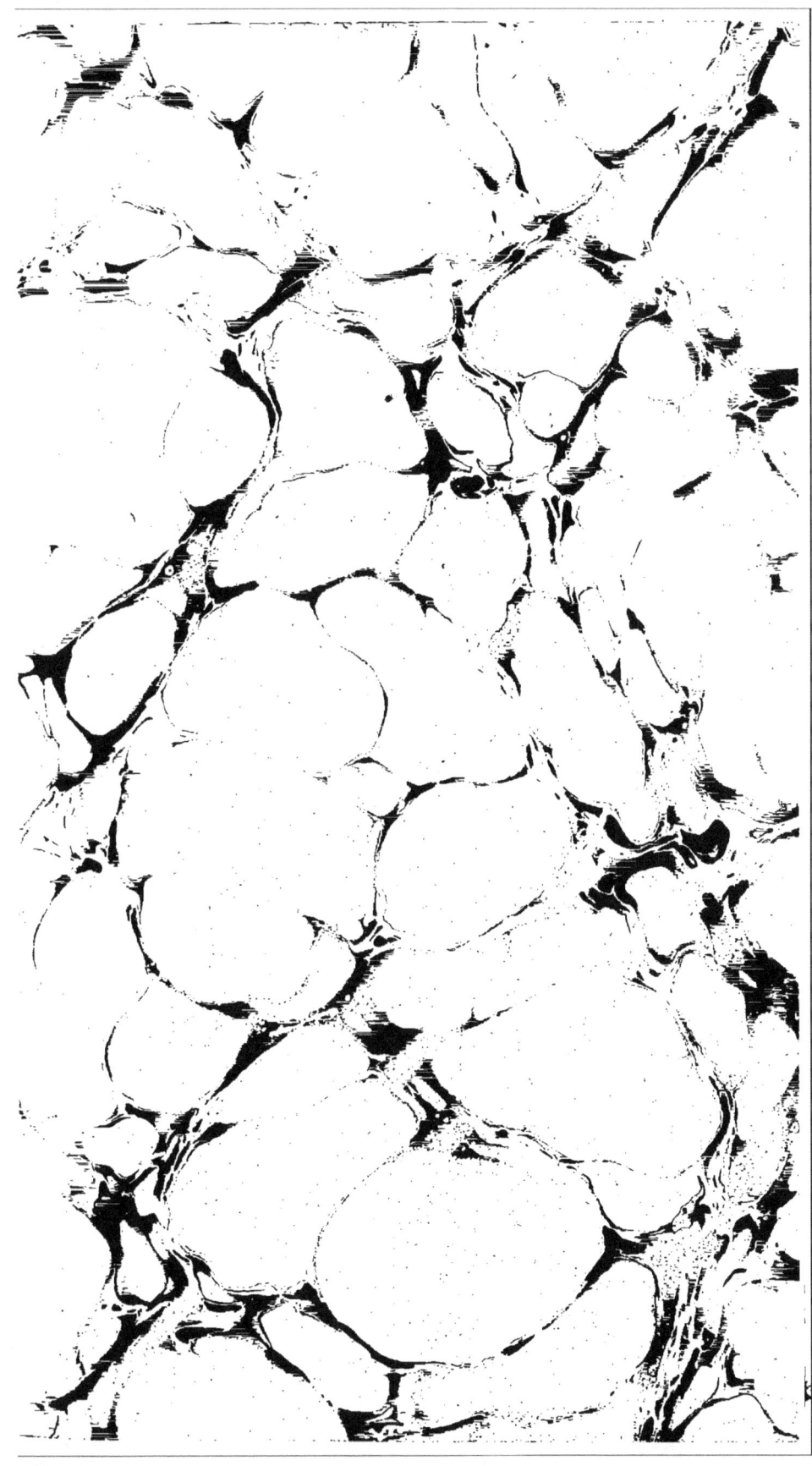

A.GRESLE 1965

INVENTAIRE
S32374

S.

SUITE DES MÉMOIRES

POUR SERVIR

A L'HISTOIRE NATURELLE

DES PYRÉNÉES,

ET DES PAYS ADJACENS.

Par M. PALASSOU, Correspondant de l'Académie royale des sciences de Paris, de la Société philomathique de Bordeaux, de l'Académie royale des sciences, inscriptions et belles lettres de Toulouse, etc., etc., etc.

Omnia incerta ratione et in naturæ majestate abdita.
PLIN.

A PAU,
DE L'IMPRIMERIE DE A. VIGNANCOUR, AVOCAT, IMPRIMEUR DU ROI.

1819.

AVANT-PROPOS.

Lorsqu'en 1774, le désir d'examiner la structure des Pyrénées me conduisit, pour la première fois, au sein de ces hautes montagnes, les savans n'avaient pas encore enrichi l'histoire naturelle, de plusieurs découvertes qu'ils ont faites depuis. Telle est la triste condition des hommes, qu'ils sont condamnés à passer par diverses erreurs, avant de connaître les effets de la nature; et nous nous étonnons quelquefois, trop aisément, des faibles connaissances des philosophes qui nous ont précédés, sans songer que nos successeurs, auxquels il appartient d'ajouter aux notions que nous avons acquises, auront le droit de témoigner la même surprise à notre égard.

Les plus grands génies se ressentent ordinairement de l'ignorance ou des lumières de leur temps; les erreurs que contiennent les ouvrages de Pline, n'existeraient pas, s'il les eût composés de nos jours ; et quoique les écrits de M. de Buffon méritent notre admiration, on sent combien il est à regretter que cet illustre historien de la nature n'ait pu profiter des précieuses découvertes des naturalistes et des chimistes modernes.

Il est, en outre, diverses causes dépendantes de circonstances particulières, qui nuisent aux progrès des connaissances, chez certaines personnes néanmoins, très-désireuses d'en acquérir, ainsi que je l'ai moi-même éprouvé : je me plaisais, par exemple, à passer une partie de mon temps à Paris, pour m'appliquer principalement à l'étude de la nature, à laquelle j'étais entraîné par un charme invincible : mais je m'en éloignai pour jamais, au mois de juillet 1788.

A cette époque, sacrifiant mes intérêts personnels, pour déférer au désir de la famille de Gramont et de plusieurs notables Béarnais, mes compatriotes, résidant alors, de même que moi, dans la capitale, j'eus l'honneur d'accompagner à Pau, d'après leur demande, M. le duc de Guiche, chargé d'une mission particulière de Louis XVI.

Ce fidèle chef des gardes ne séjourna que peu de temps dans cette ville ; il en repartit, non, sans avoir reçu les témoignages les plus éclatans de considération et d'attachement que les habitans se plurent à lui donner.

Quant à moi, après avoir prodigué mes veilles, excédé de plus d'un genre de travail, je restai en Béarn pour me livrer quelque temps au repos, que commandait, d'ailleurs, le mauvais état de ma santé, dérangée par de nombreuses occupations.

Mais les discordes civiles et les bouleversemens survenus dans les fortunes, m'obligèrent à renoncer entièrement au séjour de Paris; il est aisé, par conséquent, de concevoir, que je n'ai point eu la facilité de cultiver les sciences avec le même succès, que j'aurais pu le faire dans cette grande ville, centre des lumières; où d'ailleurs de nombreuses bibliothèques y sont accessibles au commun des savans, avantage dont on ne peut jouir aux lieux que j'habite, situés à l'extrémité du royaume; ils ne permettent point aux personnes qui, comme moi, sont dépourvues de livres, de puiser dans ces abondantes et précieuses sources.

Il ne faut pas croire, cependant, que le goût des sciences, qui n'est guère en honneur que dans les cités célèbres, ne règne nullement, au pied des Pyrénées; on voit, au contraire, avec surprise, qu'il a pénétré jusqu'à cette extrémité du royaume, aussi féconde en merveilleux phénomènes, que riche en matériaux, dignes d'être employés dans les somptueux édifices que l'architecture moderne est jalouse d'élever et d'embellir. Les sciences y sont accueillies plus favorablement qu'on n'aurait sujet de l'attendre des habitans d'un pays si reculé; elles y trouvent même des protecteurs éloquens, non moins éclairés sur différentes parties de l'histoire naturelle, que désireux de contribuer, par leurs propres observations, à ses progrès; vérité qu'atteste principalement l'entreprise audacieuse de M. le comte Armand d'Angosse, qui, poussé par un vif désir d'interroger la nature, est un des premiers observateurs qui soient montés jusqu'à la cime du Pic-du-Midi d'Ossau, pour examiner la colossale structure de ce mont antique et sourcilleux.

Si le département des Basses-Pyrénées se glorifie d'avoir produit Abadie, Oïhenard, Marca, Sponde, Faget-de-Baure, etc., etc. qui se sont rendus célèbres dans la république des lettres; des artistes que l'Académie Royale de musique place au rang de ses membres les plus distingués, notamment le divin Jeliotte, Pilaut et Lavigne; ce même département s'honore aussi, d'avoir donné naissance à des savans qui, par leurs profondes recherches, ont enrichi les mathématiques, la physique, la médecine; tels furent Ignace Gaston de Pardies, Renau d'Elissagaray, Théophile de Bordeu, etc., etc.

Il n'est pas douteux qu'animés par d'honorables témoignages d'encouragement, ceux qu'un noble goût porte à suivre les mêmes carrières, s'efforceront de marcher sur leurs traces.

En effet, que ne doivent pas espérer d'obtenir, par exemple, ceux qui s'appliquent à l'étude de l'histoire naturelle, lorsqu'il est notoire que, malgré mes faibles connaissances, le Conseil général du département des Basses-Pyrénées a bien voulu se montrer, à mon égard, non moins indulgent que plein de bonté. Les marques de son estime et de sa bienveillance sont consignées dans une délibération de 1818, à laquelle M. le chevalier Dessolle, préfet de ce département, a daigné participer, et dont grâces au zèle ardent de M. le comte Armand d'Angosse, secondé par

M. le comte de Gestas et M. de Lormand ses honorables collègues à la députation, je n'ai point tardé à ressentir les heureux effets. M. le comte Decazes, ministre de l'intérieur, a bien voulu m'accorder, d'après leurs sollicitations, une indemnité annuelle : je prie S. Exc., ainsi que mes généreux protecteurs, de me permettre de leur offrir ici, un témoignage public de ma gratitude.

Après l'hommage qu'il était de mon devoir de rendre à la vérité, relativement à l'accueil que les sciences reçoivent dans une des parties les plus éloignées de la capitale, je dois faire observer que, depuis qu'on se livre à l'étude de la saine physique, chaque génération ajoute aux lumières de celle qui la précède ; mais quelques ingénieux et séduisans que paraissent, aujourd'hui, certains systèmes dominans, ils seront peut-être remplacés par d'autres qui pourront bien éprouver, ensuite, à leur tour, les mêmes vicissitudes : sachons donc être indulgens envers les naturalistes qui, pleins de zèle, ont eu le courage de commencer à défricher une terre qui promet, encore, de riches récoltes.

Cette observation peut se rapporter

principalement à une espèce de roche qu'on trouve aux Pyrénées, et que j'ai désignée sous le nom d'*ophite*, que les allemands nomment *grunstein* et M. Broignart, *diabase.* Comme le genre auquel elle doit appartenir, n'est point fixé d'une manière précise, et que son origine présente encore des doutes, j'ai cru pouvoir hasarder quelques observations, qui ne seront peut-être pas inutiles pour en éclaircir l'histoire.

J'en avais déjà publié une partie dans un mémoire que l'administration des Mines voulut bien accueillir avec bonté, et permettre, en même temps, qu'il fut inséré dans son journal, en l'an VII ; mais comme de savans minéralogistes pensaient alors, que cette roche était de formation primitive, tandis que je la supposais, au contraire, de seconde origine, et qu'en outre, quelques-uns d'entr'eux l'avaient envisagée comme un produit des volcans, opinion que j'ai cru ne devoir pas adopter ; il me parut convenable de faire d'autres recherches, avec l'intention d'acquérir des connaissances plus étendues. J'ai réuni ces observations ultérieures aux précédentes ; elles forment le sujet de deux mémoires, qu'il faut regarder comme une suite de ceux que j'ai publiés en 1815.

Quoiqu'ils contiennent beaucoup de faits, j'aurais désiré, pour donner encore plus de vraisemblance à mes conjectures, pouvoir en recueillir de nouveaux, avant de livrer ces mémoires à l'impression; mais, habituellement valétudinaire ou malade, ayant atteint, en outre, l'âge où les facultés physiques et morales se ressentent du nombre des années, j'ai pensé que désormais mes efforts seraient impuissans pour rendre mon travail plus digne d'être présenté à ceux qui cultivent l'histoire naturelle.

Tarda senectus
Dibilitat vires animi mutatque vigorem.
Virgile.

D'ailleurs, j'ai cru devoir me rendre au désir de quelques géologues qui, pleins d'indulgence, ont eu la bonté de me parler de leurs regrets, si le fruit de mes recherches, par rapport à cette roche intéressante, venait à s'égarer; et je peux, en outre, ajouter avec vérité, que mes observations n'auraient point vu le jour, si j'avais eu connaissance d'un travail plus étendu que celui auquel je me suis livré;

sans réserve, à ce même sujet depuis plusieurs années. On me permettra même de dire, à cette occasion, que le silence des naturalistes a pu seul me déterminer à traiter, malgré mon insuffisance, d'autres questions, dont ils ne paraissent pas s'occuper. C'est ce même motif qui me donna le courage de publier l'*Essai sur la Minéralogie des Monts-Pyrénées.*

Je n'ai jamais eu l'orgueilleuse pensée d'avoir fidèlement interprété la nature. On sait qu'elle nous échappe presque toujours par quelque endroit, lorsque nous croyons la saisir le mieux ; et l'on doit, surtout, craindre de ne point pénétrer ses mystères, quand on l'interroge dans des lieux qui présentent beaucoup d'obstacles aux recherches de l'observateur ; tels, enfin, qu'on en rencontre en examinant la structure des Pyrénées.

On trouve, sans doute, dans cette chaîne de grands espaces, occupés par des masses de rochers, dont la nudité permet d'observer partiellement l'organisation physique des montagnes ; et ce sont les portions de terrain de ce genre, que j'ai pu seules visiter avec soin : mais pour faire des recherches dans l'objet de voir distinctement et de connaître le plus ou moins de rapports que les faits ont entr'eux, il faut avouer que de grandes difficultés se présentent de toutes parts : ici, de vastes forêts et d'immenses pâturages couvrent la surface des montagnes; là, leurs flancs sont chargés de rochers sans ordre accumulés; plus loin, s'ouvrent de profonds abîmes; au-delà, s'élèvent des Pics inaccessibles; enfin, lorsqu'une croûte épaisse ou d'autres empêchemens ne dérobent pas, tout à fait, à nos yeux, la disposition des divers matériaux que la nature a merveilleusement employés à la construction des hautes barrières qu'elle a posées pour limites, entre la France et l'Espagne, ils en cachent du moins, ordinairement, les rapports mutuels; on est souvent forcé de se borner à des observations partielles, de lier, seulement, par la pensée, les faits isolés qu'elles offrent.

L'impossibilité de surmonter tant d'obstacles, de pénétrer dans les entrailles de la terre, interdit toute explication dont il faudrait garantir la vérité. On est donc réduit à de simples conjectures; et c'est ainsi que je donne mes opinions sur les différens sujets discutés dans ces mémoires; puisse-t'on leur trouver la même vraisemblance qu'elles me paraissent avoir?

Il faut, quand on s'applique à l'étude de la nature, être d'autant plus circonspect, que les causes semblent se cacher à mesure que les effets sont mieux connus; et comme cette assertion pourrait avoir l'air d'un paradoxe, je demanderai si le fruit que M. de Saussure a retiré de ses pénibles et savantes recherches, est tel qu'il avait lieu de l'espérer, après avoir parcouru toute la chaîne des Alpes, depuis les plus profondes vallées, jusqu'aux sommets les plus élevés de ces montagnes : le grand nombre de questions insérées à la fin de son ouvrage, et qu'il donne lui-même à résoudre, ne prouvent-elles pas que la curiosité de cet illustre observateur, quoique guidé par le flambeau des sciences, paraissait loin d'être satisfaite, en même temps qu'elles dénotent une rare modestie; et s'il m'était permis de parler du résultat de mes observations, publiées en 1782 et 1784, sous le titre d'*Essai sur la Minéralogie des Monts-Pyrénées*, ne serais-je point forcé de convenir que la seule chose qui m'ait paru hors de doute, c'est que le mystère dont la nature enveloppe la plupart de ses opérations est impénétrable?

Cependant, je n'ai rien négligé pour tacher d'en éclaircir l'histoire. Mon travail ne s'est point borné à la simple description de quelques minéraux, que l'on examine, paisiblement, à l'ombre des cabinets; il embrasse presque la chaîne entière des Pyrénées, et l'on sait que pour visiter ce vaste domaine de la nature, il faut, au péril de sa vie, gravir les rochers les plus escarpés, descendre dans les ravines les plus profondes, s'exposer aux bords des précipices, braver, enfin, toutes les injures du temps, la foudre, les frimats, les glaces et les neiges. Mes mémoires pour servir à l'histoire naturelle des Pyrénées présentent également beaucoup de sujets de doute, qu'il est difficile d'éclaircir.

Jamais, il faut l'avouer, les recherches relatives à la Minéralogie et à la géologie, ne furent suivies avec autant d'ardeur: ces deux sciences sont cultivées par un grand nombre de personnes, mais malgré ce louable zèle, nous n'avons encore que des notions incertaines sur l'origine des minéraux; la manière dont on explique la formation du granit, des roches argilo-schisteuses, des pierres magnésiennes et d'un grand nombre de pierres calcaires, partage l'opinion des savans. Nous ne sommes pas mieux instruits relativement à la formation des veines de houille, des couches de gypse, de sel marin, des filons métalliques; productions dans lesquelles le commun des hommes ne voit qu'un objet de commerce et d'utilité, mais qui deviennent, aux yeux des naturalistes, le sujet de leurs profondes méditations. La nature bienfaisante livre à nos besoins, ainsi qu'à notre curiosité, ces diverses et précieuses substances; mais en même temps, elle se montre jalouse de connaître seule, les moyens dont elle a fait usage pour les former: toutes les autres parties de l'histoire naturelle ont également leurs obscurités, comme la géologie. Il semble que la science ne consiste qu'à nous apprendre combien nos connaissances sont bornées.

Enfin, quand on voit les philosophes anciens et modernes, se livrer à l'étude des objets naturels, sans pouvoir en prendre une notion exacte et complète, on ne peut s'empêcher de dire avec le Sage :
« Dieu a livré le monde à leurs disputes,
» de manière qu'il ne verront jamais la
» nature intime de ses ouvrages ; ils y tra-
» vaillent vainement depuis la création

» et ils continueront avec aussi peu de
» succès, jusqu'à la fin des siècles. »
Ecclés., c. 3, VII.

Osons néanmoins espérer que la nature, pressée par la constance de nos recherches, révélera quelques-uns des mystères qu'elle s'obstine maintenant à nous cacher; et lorsque d'augustes personnages, LL. MM. l'empereur et l'impératrice d'Autriche, la princesse Amélie de Saxe et S. A. R. le prince de Salerne, sont allés, naguères, la contempler et l'interroger eux-mêmes dans l'horrible enceinte du cratère du Mont Vesuve, volcan qui, après avoir englouti sous ses laves deux villes fameuses, brûle encore et fait souvent trembler les habitans de son voisinage; quel est l'observateur, dis-je, qui ne redoublerait pas d'efforts, pour enrichir la géologie de quelque heureuse découverte?

Quoiqu'il en soit du degré d'encouragement qui peut résulter de cette remarquable course, jaloux de mériter les témoignages d'estime que des sociétés savantes ont daigné me donner, je consacrerai le reste de ma vie à contribuer, autant qu'il sera possible, par mes recherches, aux progrès des sciences naturelles.

Lorsqu'en 1782 je publiai mon Essai sur la Minéralogie des Monts-Pyrénées, l'Académie Royale des sciences de Paris me fit l'honneur de me placer au nombre de ses correspondans; la société philomathique de Bordeaux, l'Académie des sciences, inscriptions et belles lettres de Toulouse et la société linnéenne de Bordeaux, se sont montrées non moins indulgentes, en daignant m'accorder le même titre, depuis la publication du 1.er volume de mes mémoires pour servir à l'histoire naturelle des Pyrénées : si ce nouveau recueil d'observations n'est point jugé avec la même faveur, il offrira du moins une preuve du zèle dont je ne cesse d'être animé pour satisfaire, par de fidèles rapports, la curiosité de ceux qui se livrent à l'étude de la nature.

Mais je crois devoir faire remarquer, avant d'entrer en matière, qu'indépendamment des erreurs qu'on aura peut-être le droit de me reprocher, la connaissance des faits m'autorisant à ne point adopter certaines opinions reçues, je m'expose à trouver de puissans adversaires ; car il arrive quelquefois, ainsi que M. B. de Saint-Pierre l'observe, que ceux qui sont entrés les premiers dans la carrière, veulent forcer ceux qui viennent après eux, de marcher sur leurs traces, ou d'en sortir, comme si la nature était leur patrimoine; ce que j'ai déjà éprouvé en publiant quelques faits, qui ne s'accordaient pas avec des hypothèses que des savans avaient proposées.

Heureusement, des observateurs non moins instruits qu'impartiaux ont eu la bonté de venir à mon secours, et de justifier plusieurs observations dont l'exactitude paraissait douteuse ; un célèbre minéralogiste a daigné principalement se montrer mon défenseur. Extrêmement flatté de son suffrage, j'espère qu'on me permettra de rapporter la manière dont il s'exprime à l'occasion de la position relative de la pierre calcaire, avec les roches primitives; position dont quelques géologues crurent pouvoir contester la réalité. Le lecteur est trop juste pour n'accueillir que les opinions contraires à des faits fidèlement observés.

« Palassou, entraîné par son zèle pour la
» connaissance de la nature, fit pendant
» plusieurs années consécutives, les cour-
» ses les plus pénibles dans la chaîne des
» Pyrénées. Il en suivit d'un bout à l'autre
» les vingt-cinq ou trente vallées princi-

» pales, la plupart de huit à dix lieues
» d'étendue. Il franchit le sommet de la
» chaîne, pour en observer le revers du
» côté de l'Espagne : il fit ainsi, en tout
» sens, au moins 7 à 800 lieues à travers
» les rochers et les précipices; et toujours
» le marteau à la main, ou la boussole et
» le quart de cercle sous les yeux ; il in-
» terrogeait toutes les couches de rochers,
» il en notait soigneusement la nature, la
» direction, l'inclinaison, les rapports
» avec les autres couches voisines. Tou-
» tes ces observations ont été faites avec
» un si grand soin, que les naturalistes
» qui l'ont suivi n'ont pu qu'en admirer
» l'exactitude.

» Palassou vit des couches de marbre
» tellement entrelacées avec les couches
» des autres roches indubitablement pri-
» mitives, qu'il lui parut évident que leur
» formation avait été simultanée.

» C'est ce travail de Palassou, l'un des
» plus importans pour l'étude de la géo-
» logie, qui a contribué, en grande partie,
» à faire tomber les écailles de dessus les
» yeux des observateurs.

» Lorsqu'il parut en 1782 sous le titre
» modeste d'*Essai sur la Minéralogie des*
» *Monts-Pyrénées*, on regarda l'auteur

» comme un fou, d'avoir osé annoncer
» des faits qui mettaient la nature en con-
» tradiction avec Buffon, et l'ouvrage
» tomba dans l'oubli; mais les observa-
» tions qu'il contient resteront, et les
» systèmes enfantés par l'imagination ont
» déjà disparu. » *Hist. nat. des Miné-*
raux, t. 2, p. 299.

Malgré cette fâcheuse prévention de quelques observateurs, pour certains faits, qui ne s'accordaient point avec leur système, il est bon néanmoins de ne pas laisser ignorer que l'Académie Royale des sciences de Paris daigna me compter, comme je l'ai déjà dit, au nombre de ses correspondans, immédiatement après que mon Essai sur la Minéralogie des Monts-Pyrénées fut sorti des presses de l'imprimeur.

Il est facile de croire que cette insigne faveur dut contribuer principalement, à me consoler de voir que des particularités exactement observées étaient des sujets de doute pour quelques personnes, quoiqu'elles n'eussent pas visité les mêmes lieux où je les avais recueillies.

Cette circonstance n'est pas la seule où quelques témoignages d'approbation ont été suivis d'une sévère critique; je vais en rapporter un exemple qu'on trouve dans les voyages physiques de M. Pasumot. Voici la manière peu favorable dont il s'exprime à l'égard de ma nomenclature, quoique d'ailleurs à beaucoup d'autres, il me traite trop obligeamment pour que je ne demande point la permission de transcrire aussi le jugement qu'il porte du résultat de mes recherches.

« M. Palassou, dans son Essai sur la
» Minéralogie des Pyrénées, a embrassé
» toutes les Pyrénées françaises. Son ou-
» vrage mérite à juste titre les plus grands
» éloges, quoiqu'il y ait à se plaindre de
» grandes imperfections et d'erreurs de
» nomenclature. Quand on a un peu par-
» couru ces montagnes, on a peine à com-
» prendre qu'un seul homme ait pu visiter
» toutes les vallées jusqu'à leurs réduits
» les plus profonds; que, la boussole à
» la main, il ait exécuté un travail géo-
» graphique d'une part, botanique en
» même temps, et qu'il ait observé les
» gissemens des bandes de roches, qui
» constituent ces montagnes, avec tant
» d'exactitude, que l'on voit un accord,
» non pas seulement d'une vallée à l'au-
» tre, mais de toutes les vallées. Cet ou-
» vrage sera la boussole de tous ceux qui

» voudront connaître ces montagnes. Il
» fournira le canevas principal de toutes
» les observations à faire, et ce qui fait
» une preuve sans réplique de son mérite,
» c'est que M. de Dietrick, qui a publié de-
» puis peu ses observations, sur les gîtes
» des minérais de ces montagnes, ne con-
» tredit en aucun endroit les observations
» antérieures de M. Palassou, et les con-
» firme au contraire. » *Voyages physiques dans les Pyrénées*, p. iij.

On pourra se convaincre, en outre, en lisant l'ouvrage de M. Pasumot, que mes descriptions minéralogiques qui précèdent d'environ 15 ans, celles qu'il a publiées, sont remarquables par la conformité des dénominations; ressemblance que le lecteur impartial trouvera, j'espère, assez frappante pour ne pas approuver la rigueur d'un jugement qui semble embrasser, en général, les noms dont j'ai fait usage. La célébrité que M. Pasumot a justement acquise dans les sciences naturelles, est un des principaux motifs qui me porte à désirer l'examen des faits propres à donner une idée moins défavorable de ma nomenclature. La nombreuse énumération de ces faits justificatifs aurait trouvé place dans ce recueil, sans la crainte d'arrêter l'attention sur des particularités non moins ennuyeuses à rédiger qu'à lire, et je craindrais d'affaiblir mes preuves si je n'en donnais qu'un extrait.

MÉMOIRE
SUR
LES PIERRES CALCAIRES
DES PYRÉNÉES.

PREMIÈRE PARTIE.

I.

Distinction des Pierres Calcaires en primitives et secondaires; adoptée par la plupart des minéralogistes; peu connue du temps de M. de Buffon.

IL ne suffit point de visiter les cabinets d'histoire naturelle, d'examiner soigneusement les minéraux que ces riches et curieuses collections renferment, pour se former une véritable idée de l'organisation physique de la terre. Ce serait vouloir deviner le plan d'un édifice, en considérant seulement ses matériaux épars et dégradés; il faut, quand on veut acquérir des notions exactes sur cette admirable structure, sortir de l'enceinte des cités, étudier les ouvrages de la nature dans son vaste domaine; il faut observer les rochers contre lesquels viennent se briser les vagues de la mer, porter les recherches dans les plaines et les collines, gravir enfin les montagnes escarpées et pénétrer dans leur sein. On doit convenir qu'un grand nombre d'observateurs n'ont point été rebutés par les difficultés d'une si pénible entreprise ; et c'est principalement à la constance de leurs efforts, que nous sommes redevables des connaissances que nous avons acquises sur la construction de plusieurs parties du globe.

Parmi ces courageux et savans naturalistes, qui n'ont cessé de consacrer leurs veilles à l'étude de la minéralogie, il est juste de comprendre ceux qui, d'après des observations multipliées, ont cru pouvoir établir la distinction des pierres calcaires, grenues, primitives, et des pierres calcaires, compactes, secondaires. Cependant, comme si la nature semblait toujours vouloir nous dérober la connaissance de ses opérations, et démentir nos systèmes, les pierres calcaires des Pyrénées sont placées, en général, de manière à devoir faire présumer que cette distinction ne peut être admise : je vais rapporter des faits qui semblent propres à démontrer que les pierres calcaires, soit grenues ou compactes, sont de seconde formation; que les unes et les autres doivent être comprises dans cette même époque; envisageant, seulement, comme plus anciennes, les couches calcaires que j'ai remarquées dans le granit feuilleté; disposition peu fréquente, dont l'existence d'abord contestée par des savans qui s'étaient déclarés les ennemis de cette découverte, ne trouve plus d'opposition. Ces couches calcaires sont incontestablement contemporaines du granit feuilleté, dont l'origine paraît avoir immédiatement suivi celle du granit fondamental, quoique ces roches se trouvent quelquefois mêlées ensemble. Il serait téméraire de hasarder de pareilles conjectures, sans les appuyer par des faits. J'ai pris soin d'en ramasser un grand nombre qui vont trouver place dans ce mémoire.

Au reste, il est possible que les Pyrénées contiennent des roches de transition, c'est-à-dire, qui, selon le témoignage de plusieurs naturalistes, sont placées entre les terrains primitifs et les secondaires, et qu'elles se montrent indifféremment indépendantes de l'une ou de l'autre formation ; mais j'avouerai que je ne me suis point occupé de recherches de ce genre, lorsque j'ai parcouru cette chaîne de montagnes; il me paraîtrait, d'ailleurs, superflu d'en parler dans ce mémoire qui n'a pour objet que la distinction des pierres calcaires, grenues, primitives, et des pierres calcaires, compactes, secondaires ; j'aurais, en outre, du penchant à croire, avec M. Delametherie, que cette distinction ne paraît pas bien fondée; car si les terrains, qu'on nomme *intermédiaires*, renferment des débris d'êtres organisés, comme on en convient, ils rentrent dans la classe des terrains secondaires : s'ils ne contiennent pas de débris d'êtres organisés, ce sont des terrains primitifs. *Leçons de minéralogie*, t. 2, p. 436.

Comme les erreurs d'opinion ne dénaturent pas les faits, et qu'elles regardent, seulement, les conséquences qui peuvent en résulter, j'ai cru pouvoir, sans inconvénient, proposer la mienne, en la supposant même mal fondée ; et j'ai compté d'autant plus sur l'indulgence de ceux dont les principes sont différens, qu'ils n'ignorent pas que l'empire de l'opinion, suivant l'expression d'un illustre écrivain, est assez vaste pour que chacun puisse y habiter en repos. N'ayant pour objet que la recherche de la vérité, j'ose espérer qu'en faveur du motif qui m'anime, ils daigneront excuser mon entreprise, si les conjectures présentées dans ce mémoire, leur paraissent dénuées de vraisemblance. De quoi s'agit=il ici? De fixer principalement l'époque de la formation relative, des matières calcaires, grenues des Pyrénées ; c'est=à=dire, de savoir si l'on doit les placer parmi les secondaires ou les primitives? Quelle que soit ma façon de penser à ce sujet, les observations demeurent les mêmes ; ce sont toujours des matériaux qu'on peut remanier, employer de nouveau, pour former d'autres hypothèses : examinons les faits sur lesquels je fonde celle qui m'a paru la plus probable.

« La formation des pierres calcaires, dit M.
» de Buffon, est l'un des plus grands ouvrages
» de la nature ; quelque brute que nous en pa=
» raisse la matière, ces pierres ont été, primi=
» tivement, formées du détriment des coquilles,
» des madrepores, des coraux et de toutes les
» substances qui ont servi d'enveloppe ou de do=
» micile à ces animaux infiniment nombreux : il
» n'existe aucun agent, aucune autre puissance
» particulière, qui puisse produire la matière
» calcaire.

» La multiplication de ces animaux à coquille,
» est si prodigieuse, que s'amoncelant, ils élè=
» vent encore aujourd'hui, en mille endroits,
» des récifs, des bancs, de hauts fonds, qui sont
» les sommets des collines sous=marines, dont
» la base et la masse sont également formées de

» l'entassement de leurs dépouilles. » *Histoire naturelle des Minéraux.*

MM. Faujas, Macquer, Fourcroi, Sage, Valmont de Bomare, etc., etc., etc., ont manifesté la même opinion : elle était si généralement reçue qu'elle avait accoutumé tout le monde à croire, sans hésiter, que toutes les pierres calcaires devaient leur origine, aux dépouilles des corps marins ; il ne faut point par conséquent être étonné que l'illustre auteur des trois règnes de la nature, la présente comme une vérité, dans les vers suivans, en parlant des terres primitives :

> L'une, fille des eaux,
> Et des marbres divers origine féconde,
> Naquit des vieux débris des habitans de l'onde,
> Madrepores, coraux, coquilles et poissons,
> L'un sur l'autre entassés, composèrent ces monts.
> . . . .
> Delille.

On adoptait cette opinion, non-seulement comme un principe incontestable, par respect pour l'autorité des naturalistes célèbres qui l'avaient embrassée ; mais parce qu'on avait acquis, en outre, la certitude suivante : c'est que le sol calcaire de presque toutes les contrées de la terre offre des vestiges, plus ou moins considérables, de dépouilles marines : un grand nombre de collines, plusieurs chaînes de montagnes même, en sont entièrement composées. On peut voir dans la *conchiologie* de M. d'Argenville, la description des prodigieux amas de corps marins fossiles ou pétrifiés, qu'on trouve en France, parmi les pierres de chaux carbonatée.

La pierre calcaire, tendre et colorée des basses montagnes du Jura, dans la Franche-Comté et dans le Bugey, est remplie de coquillages, au point qu'en certains endroits, elle paraît en être entièrement composée. *Voyage dans les Alpes*, par M. de Saussure, t. 1.ᵉʳ, p. 282.

Plusieurs voyageurs ont observé : « que toutes » les îles basses du Sud semblent avoir été pro- » duites par des animaux ressemblans aux poly- » pes qui forment les litophites; ces animalcules » construisent leurs habitations à peu de distance » de la surface de la mer. Des coquillages, des » algues, du sable, du corail et d'autres choses » s'amoncelent peu à peu, au sommet de ces » rochers de corail, qui enfin se montrent au- » dessus de l'eau. » *Voyages de M. Cook dans l'hémisphère austral*, t. 5.

L'observation suivante mérite de même de trouver place ici : les vaisseaux le *Lion* et l'*Indostan*, se rendirent ensemble de l'Ile du Nord à Batavia...... La mer était extrêmement unie, et l'on voyait à sa surface un nombre immense de groupes d'îles de corail. *Voyages dans l'intérieur de la Chine faits par lord Macartney*, t. 2, p. 8.

Voici d'autres faits non-moins intéressans : M. B. de St.-Pierre a vu, à l'Ile-de-France, de grands bancs de madrepores de 7 à 8 pieds de hauteur, semblables à des remparts restés à sec, à plus de 300 pas du rivage. L'Océan, ajoute ce célèbre écrivain, a laissé dans toutes les terres des traces de son ancienne excursion ; on trouve dans les falaises du pays de Caux, une très-grande coquille des îles Antilles, appelée la *Thuilée*; dans les vignobles de Lyon celles qu'on appele le Coq et la Poule, qu'on n'a pêchée dans aucune mer qu'au détroit de Magellan ; des dents et des machoires de requins dans les sables d'Estampes :

nos carrières sont pleines des dépouilles de l'Océan méridional. *Etudes de la nature*, t. 2, p. 504.

M. Deluc s'exprime de la manière suivante relativement à d'autres corps marins : « La nu-
» mismale est, selon toute apparence, le fossile le
» plus généralement répandu ; on en trouve en
» Asie et en Afrique autant qu'on en trouve en
» Europe.

» On lit dans les voyages de Niebuhr que la pier-
» re dont les pyramides d'Egypte sont construi-
» tes, le rocher sur lequel elles sont assises, et
» nombre d'autres rochers calcaires des confins
» de la Basse-Egypte, sont remplis de lenticu-
» laires ; et l'un de mes neveux qui est au Ben-
» gale, depuis plusieurs années, en a vu en
» quantité dans des rochers calcaires des monta-
» gnes de *Lahour*, dans le pays de *Silhet*, à
» l'orient du Gange. » *Journal de Physique*, ventôse an 7, p. 222.

« C'est un fait géologique bien remarquable
» que l'abondance, la généralité et les degrés
» d'antiquité de ce fossile.

» On le trouve dans quelques provinces sep-
» tentrionales de France quelquefois mêlé à nom-
» bre de coquilles fossiles, et le plus souvent
» seul, et en multitudes, on le trouve dans la
» haute chaîne calcaire des Alpes, dans le Vero-
» nois, en Dalmatie, etc. » *Journal de Physique*, ventôse an 10, p. 175.

On trouve, dit M. de Saussure, les nummulaires dans une infinité d'endroits, mais je n'en
ai vu nulle part des amas aussi considérables qu'en
Picardie, dans les environs de St.-Gobin. Il y a
des rochers calcaires qui en sont remplis. On en
trouve aussi qui ne sont point adhérentes entr'elles.

Les allées du jardin de la manufacture des glaces sont sablées uniquement de ces nummulaires. *Voyages dans les Alpes*, t. 1.ᵉʳ, p. 337.

Le noyau des principales montagnes de l'intérieur de l'île de St.=Domingue, est, selon M. Dupuget, granitique et schisteux ; les côtes de la partie du Nord et de l'ouest de cette île, et même d'une partie de la côte du Sud, sont formées par des collines calcaires qui s'élèvent jusqu'à 360 toises. Elles sont composées, en grande partie, de masses énormes de madrepores dont la forme organique s'est conservée d'une manière surprenante, surtout aux environs du mole St.-Nicolas ; ces masses de madrepores sont disposées en bancs horizontaux, entremelés de lits de sable et coupés successivement à pic. *Journal des Mines*, n.º 18, p. 48.

Le noyau des montagnes de la Martinique paraît être de granit de différentes espèces : mais les côtes du Nord et de l'Est sont presque toutes formées de carbonate de chaux, produite par la décomposition plus ou moins avancée de plusieurs variétés de madrepores. *id.* p. 46.

Mais l'observation la plus remarquable de ce genre est celle que nous allons rapporter ; M. Péron, célèbre naturaliste, nous apprend que
« presque toutes les îles innombrables, semées
» dans le grand Océan équinoxial, paraissent
» être, les unes en tout, les autres en partie,
» seulement, l'ouvrage des zoophites : toutes les
» relations des voyageurs qui sillonnèrent ces
» mers, sont remplies de l'expression de la ter-
» reur que leurs travaux inspirent : presque tous
» coururent les plus grands dangers, au milieu
» des récifs qu'ils soulevent du fond des eaux ;

» jusqu'à leur surface ; et sans doute le naviga-
» teur malheureux dont la France, avec toute
» l'Europe, déplore encore la perte, fut une de
» leurs nombreuses victimes » *Journal de Physique*, frimaire an 13.

La nature ne s'est point bornée à n'employer que les amas des dépouilles de corps marins, pour la formation des terrains calcaires ; elle a fait pareillement servir à cette construction, les coquilles des mollusques terrestres et fluviatiles. De nombreuses observations, faites dans plusieurs parties du globe, démontrent chaque jour cette vérité. Le calcaire d'eau douce se rencontre dans une infinité de lieux : MM. Cuvier et Broignard l'ont reconnu aux environs de Paris; MM. Broignard, Prévost et Demarests l'ont trouvé sur le revers méridional et occidental de la masse de montagnes volcaniques de première époque, qui porte le nom de Cantal; et plus au Nord, dans la vaste plaine de la Limagne ; MM. de Tristan et Bigot de Morogues ont pareillement observé cette même formation auprès d'Orléans, et M. Ménard Lagroye aux environs du Mans.

Les brèches osseuses de *Nice*, de *Cette*, de *Gibraltar* et des bords de l'Adriatique renferment des coquilles terrestres à peine altérées, et dont les espèces sont faciles à reconnaître.

M. Breilack a découvert la formation d'eau douce dans plusieurs points de l'Appenin ; les bords du Rhin vers Mayence, et du Mein près Francfort, offrent des amas très-considérables de petits fossiles qu'on regarde comme des *Cyclostomes*.

Des dépôts formés de dépouilles de mollusques fluviatiles, se trouvent aussi dans les départemens du Cher, de l'Allier et de la Nièvre; ils ont été décrits par M. Omalius d'Halloy : le même observateur a rencontré le terrain calcaire d'eau douce, dans le royaume de Wurtemberg; aux environs d'Ulm, au commencement des vastes plaines du Danube, aux environs de Rome, etc.

Enfin on est redevable à M. le baron d'Audebard de Férussac, de la découverte des fossiles d'eau douce en Silésie, en Espagne, ainsi que dans les ci-devant provinces de France, de Querci et de l'Agenois. Ce savant et zélé naturaliste qui va publier incessamment avec l'approbation de l'académie royale des sciences de Paris, l'histoire naturelle des mollusques terrestres et fluviatiles, observe qu'il ne fallait rien moins que les découvertes sur les terrains d'eau douce, pour diriger l'attention des naturalistes vers cette étude. En effet, M. de Férussac ajoute que, liés intimement avec la formation de notre globe, l'on observera d'avantage des êtres qui, malgré la petitesse et la fragilité de leurs dépouilles forment des montagnes imposantes. Ce serait, sans doute, dit le même observateur, le cas de s'écrier d'admiration, en considérant ces grandes élévations entièrement formées par des coquillages presque microscopiques; ici, comme dans les autres classes, la multitude contrebalance la grandeur et la force; et comme si à eux seuls, ils voulaient avoir l'avantage de former quelques parties du globe, l'on n'apperçoit presqu'aucun mélange de corps qui paraissent gigantesques, près d'eux, dans les couches qu'ils forment.

On ne peut s'empêcher de convenir que les faits ci-dessus rapportés, donnent beaucoup de vraisemblance à l'hypothèse de ceux qui pensent que les pierres calcaires ont été formées du détriment des coquilles, des madrepores, des coraux et de toutes les autres substances qui ont servi d'enveloppe à ces animaux infiniment nombreux; et qui, suivant M. de Buffon, sont pourvus des organes nécessaires pour la production de cette matière pierreuse.

En effet la nature semblerait d'autant plus n'employer en général, que ce moyen pour la production des pierres et des terres calcaires, que celles=ci ne sont jamais le résultat des modifications qu'éprouvent d'autres substances minérales, tandis qu'au contraire les cailloux les plus durs, le quartz, le grès, le granit, le porphyre, l'ophite (grunstein), les laves, donnent évidemment naissance à l'argile par les différentes altérations qu'ils subissent en se décomposant.

Il est enfin, une autre observation qui pourrait porter à croire que si tous les bancs calcaires ne sont pas le produit des corps marins ou de leurs détrimens, ces dépouilles ont néanmoins infiniment accru la masse de ces matières : car si l'on observe le petit nombre de couches calcaires qui, dans les Pyrénées, alternent quelquefois avec le granit feuilleté, dont la formation a dû suivre immédiatement celle du granit central, on se convaincra qu'ils n'occupent en largeur que peu d'espace, comme je l'ai remarqué près de l'église de Gavarnie, dans la vallée de Barèges, au Pic=du=Midi de Bigorre, non loin du lac de Culego, dans les montagnes de Larboust; entre la commune de Boulou et le château de Bellegarde, en Roussillon; etc. etc. etc. En effet les différens bancs dont il vient d'être fait mention, et qui sont situés près des montagnes de granit fondamental, ne constituent pas de grandes chaînes, si l'on compare la totalité de ces bancs calcaires, avec les matières de cette nature qui paraissent avoir une formation moins ancienne : celles-ci sont aussi répandues que les autres le sont peu : elles composent des chaînes considérables soit dans la partie inférieure et septentrionale des Pyrénées, soit sur le revers méridional, tandis que la quantité de matières calcaires que les granits feuilletés renferment, ne mérite, pour ainsi dire pas, d'être comptée pour quelque chose dans la construction des Pyrénées.

La plus belle couche calcaire de cette nature, que M. de Charpentier ait observée, se trouve depuis le village d'Itsassu, à l'entrée de la vallée de Baygorri, jusqu'au village de Helette, sur la route de St.-Jean-Pied-de-Port à Bayonne. Il l'a suivie l'espace de 4 lieues dans la direction de l'O. N. O. à l'E. S. E. Mais quoique ce célèbre observateur dise que son épaisseur est fort considérable, elle ne lui a paru, cependant, n'avoir que 15 toises, dans la grande carrière de pierre à chaux, que l'on a ouverte auprès du village de Louhossoa. *Mémoire sur le terrain granitique des Pyrénées.* Une pareille bande est bien étroite en comparaison de celles qui sont formées incontestablement de bancs calcaires de seconde formation : il est donc probable que la chaux carbonatée ne devait pas être fort abondante, lorsqu'elle vint se mêler avec les roches dites primitives.

Quoiqu'il en soit de ces observations, il faut convenir que des minéralogistes très-habiles n'admettent qu'en partie l'opinion qui, comme on l'a dit, était naguère presque généralement répandue ; ils distinguent deux espèces de pierre calcaire ; savoir la primitive et celle de seconde formation. La première espèce, disent-ils, présente une cassure ou la forme d'un marbre salin ; la secondaire est à cassure compacte ; sa surface intérieure ne montre pas, selon M. Werner, une aggrégation de particules fines et visibles, mais continues et sans interruption.

La pierre calcaire primitive, dit M. Monnet, savant minéralogiste, est toujours plus ou moins blanche, toujours luisante et cristallisée, elle est unie à beaucoup de sable quartreux. *Nouveau système de Minéralogie*, p. 95.

M. Crousted rapporte que la pierre à chaux, soit en grains, soit en forme d'écailles se trouve ou dans les filons ou bien forme des montagnes entières, qui n'ont aucune marque ou couche de pétrifications. *Essai d'une nouvelle minéralogie*, p. 23.

M. de Saussure à la sagacité duquel, la distinction des pierres calcaires avait échappé en 1771, lorsqu'il gravissait la cîme du *Bon-Homme*, dans les Alpes, y fit attention en 1792, sur cette même montagne, comme il nous l'apprend dans le 4.e volume de ses voyages, p. 390. Il rapporte en outre, qu'en 1778 on n'avait pas encore attribué l'importance que l'on a mis depuis à la distinction entre les pierres calcaires, compactes et les grenues, relativement à leur ancienneté.

Il n'est plus douteux, dit M. Delametherie, qu'il n'y ait de la terre calcaire primitive ; j'ai vu dans les montagnes du Beaujolais des pierres calcaires, primitives, sans aucun débris de corps organisés, et qui ne sont point disposées par bancs. *Manuel du Minéralogiste*, t. 1, p. 173.

Malgré l'autorité des savans qui admettent la distinction des pierres calcaires, en primitives et secondaires, qu'il me soit permis de hasarder quelques conjectures qui semblent la contrarier; mais ces conjectures n'ont pour objet que les matières calcaires des Pyrénées, parceque c'est dans ces montagnes seules, que je puise les motifs sur lesquels je fonde mon opinion; et pour tâcher de découvrir la vérité, je pense qu'il convient d'examiner principalement, si les pierres calcaires de cette chaîne suivent, dans la disposition respective de leurs bancs, un arrangement qui nous autorise à les diviser en primitives et secondaires. Je ne doute pas que cette sorte d'examen ne soit un des moyens les plus propres à répandre du jour sur cette intéressante question. « Pour connaitre les ouvrages de la nature, dit un observateur instruit, il faut les étudier dans son atelier; il faut parcourir les roches pour apprendre à connaître leur structure en masse; l'étude du cabinet ne suffit pas, ou plutôt ne sert à rien. Dans l'examen des structures de roches en masse, la stratification se présente comme l'objet le plus important à bien connaître. Elle nous conduit à la connaissance de la superposition, et la superposition nous éclaire sur les différentes formations. » *Journal de Physique*, septembre 1809, p. 222. Faisons l'application de ces principes.

II.

Examen de la distinction des pierres calcaires en primitives et secondaires : faits qui la contrarient.

Si je ne considère que l'ordre respectif des

pierres calcaires, envisagées comme primitives et des pierres calcaires, qu'on range parmi les secondaires, je ne vois qu'une même origine et non la priorité d'aucune de ces espèces.

Pour rassembler des faits qui justifient cette opinion, pénétrons d'abord dans les deux vallées d'Aspe et d'Ossau, vallées profondes, entourées de montagnes qui présentent des pierres calcaires avec des corps marins pétrifiés, et des pierres calcaires qui ne contiennent point de pareilles productions : quelle est leur disposition respective par rapport aux matières contigues? Il est essentiel de la faire connaître. Ces différentes pierres sont en général par bancs inclinés, dont la réunion de chaque espèce forme des bandes de terrain distinctes, alternant avec d'autres bandes de schiste argileux : elles se prolongent toutes dans la direction de l'O. N. O. à l'E. S. E. en suivant le même degré d'inclinaison; et ce qui parait très remarquable, c'est que les matières calcaires, qui renferment les corps marins pétrifiés, les mieux caractérisés, sont dans cette partie des Pyrénées, au sein des montagnes moyennes de la chaîne, au-dessus des Eaux-Chaudes, par exemple : ces dépouilles marines se trouvent principalement dans les lieux précédés et suivis d'une succession alternative de bandes calcaires et de bandes de schiste argileux, qui tour-à-tour, appuyées les unes sur les autres, s'élèvent comme de concert, depuis le sol des vallées jusqu'aux plus hautes crêtes collatérales.

Or peut=on reconnaître dans la disposition alternative de ces divers bancs, une substance primitive comme celle du granit en masse, par exemple, dont la place invariablement fixée par la nature, est telle, que cette roche ne s'appuie jamais dans les Pyrénées, sur d'autres matières, mais leur sert au contraire de base. Ne semble-t-il pas que les pierres calcaires et les autres pierres arrangées par bancs alternatifs et parallèles, sont d'une date contemporaine; et s'il en était autrement, ne verrait-on point quelque différence dans leur disposition? La pierre calcaire grenue, dite primitive, n'offrirait-elle pas alors, comme le granit, des masses isolées et formant également le noyau d'autres substances plus récentes? Mais point du tout; elle est placée de même que les marbres coquilliers, au milieu des bancs de schiste argileux, comme si les uns et les autres étaient le produit d'un travail simultané.

Les schistes argileux ne sont pas d'une date aussi ancienne qu'on le suppose. Consultons M. de Trebra, sur leur origine; cet habile minéralogiste dit qu'on passe par des nuances insensibles du véritable porphyre, à l'espèce de schiste très grossier, connu dans le Hartz sous le nom de *grauwacke*; de celui-ci au schiste argileux, enfin aux pierres calcaires proprement dites, quoique l'auteur place immédiatement les *grauwackes* après les porphyres, il les regarde comme appartenant déjà aux pierres secondaires, ainsi que les schistes parmi lesquels il n'en reconnaît aucun pour primitifs. *Journal des mines*, n.º 23.

Ceux des Pyrénées paraissent être en général de cette nature. On trouve suivant le rapport de M. Ramond, au port de la Canau, des schistes argileux, remplis de débris de polypiers. *Voyages au Mont-Perdu*. p. 246. Il a reconnu près du port de Gavarnie, de grands bancs fort inclinés de *grauwacke-schiefer*, qui contiennent des débris des plantes monocotyledones, aquatiques. *Journal des mines*, n.° 83, p. 344. M. de Charpentier, ingénieur des mines du roi de Saxe, a bien voulu ne pas me laisser ignorer que les bancs de marbre de la *Pena-Blanqua*, du port de Venasque, montagnes sourcilleuses qui semblent menacer le ciel, alternent avec des grauwackes et des couches de schiste argileux, qui renferme aussi des empreintes de plantes aquatiques. Il a découvert cette même particularité dans les couches de grauwacke des environs du port de Vielle, et dans quelques schistes argileux, en descendant du port d'Anéou, vers les pâturages de ce nom. Moins heureux que ce savant minéralogiste et M. Ramond, je n'ai jamais pû trouver aucune impression de plantes dans les roches argileuses des Pyrénées. L'auteur des notes qui sont à la suite du discours sur l'état actuel des Pyrénées par M. Darcet, observe aussi que les pierres ardoisées de cette chaîne, ne contiennent pas des empreintes de coquilles de poissons, ni de plantes.

Il est d'autant plus difficile de démontrer que les schistes sont primitifs que ceux qu'on prétend formés à des époques différentes, ne se distinguent point par leur texture, comme on l'a pareillement observé dans plusieurs autres contrées. Les ardoisières d'Angers, par exemple, en fournissent la preuve; on observe que dans ces ardoises, qui sont incontestablement de seconde formation, il est impossible de distinguer les morceaux de cette ardoise, qui ne renferment aucune empreinte d'êtres organiques, des ardoises des terrains primitifs. *Journal des mines*, n.° 133, p. 31.

Les couches d'ardoise argileuse des Pyrénées

se trouvant renfermées entre des montagnes d'une pierre calcaire, compacte, ne doivent-elles pas être rangées parmi les matières d'une formation secondaire, rang que M. Pasumot leur a pareillement assigné? *Voyages physiques dans les Pyrénées*, p. 99. Et puisque dans toutes les parties de la chaîne, elles alternent aussi avec des bancs de pierres calcaires, grenues et de schiste dur, argileux ou des granitoïdes, ne doit-on pas présumer que ces diverses matières ont une origine contemporaine.

Parmi les bancs de pierre calcaire, grenue, que la nature a renfermé dans des couches d'ardoises, il faut ranger les bancs de marbre blanc de Loubie, dans la vallée d'Ossau, marbre statuaire comme celui de Paros et dont la texture est spathique; ils se trouvent placés entre les ardoisières de cette même commune de Loubie et celle de Béost; ces bancs reposent sur des couches d'ardoise, en même-temps qu'ils supportent à leur tour, des couches de schiste argileux : toutes ces matières disposées en bancs inclinés et parallèles, qui, s'avançant sur la tête du voyageur, semblent prêts à l'écraser, forment des bandes distinctes, qu'on voit se succéder alternativement, ayant du côté du midi, leur escarpement, comme si elles cherchaient à s'appuyer sur les montagnes de granit primitif, qu'on observe au-delà des Eaux-Chaudes.

Mais, il est très-essentiel de remarquer que ces bandes ne reposent point, d'une manière immédiate sur le granit en masse; car on trouve dans une position intermédiaire, des bancs calcaires à cassure compacte et grenue, dans lesquels on distingue quelques corps marins pétrifiés; ils sont situés près des Eaux-Chaudes, dans une montagne affreuse dont la pente et le sommet offrent fréquemment des roches grises, sans trace de verdure : ces bancs secondaires remplissent l'espace qui sépare le granit, des bandes d'ardoise des environs de Béost, et des bandes calcaires à cassure grenue de Loubie.

Or, si ces dernières substances étaient de formation primitive, ne les trouverait-on pas immédiatement sur le granit en masse, c'est-à-dire, à la même place qu'occupe le marbre coquillier? Tandis qu'au contraire, la position de celui-ci devrait être au lieu même où gissent les bancs de marbre de Loubie, dont l'origine est postérieure, puisqu'ils sont plus éloignés des granits situés aux environs des Eaux-Chaudes; car il est en général bien reconnu que plus les couches sont éloignées de la roche fondamentale, plus elles sont nouvelles. *Journal des Mines*, n.º 153, p. 191.

Cette disposition n'est pas la seule preuve de la formation secondaire des bancs de marbre spathique et blanc de Loubie; si l'on suit dans leur direction, ces bancs de pierre calcaire, prétendue primitive, et qu'on les examine, par exemple, au point où la grande route qui mène à Laruns, les traverse, on y découvrira des pierres calcaires grises, aussi compactes que les pierres calcaires du Pourtalet de la vallée d'Aspe, dont quelques-unes contiennent des corps marins pétrifiés; on leur trouvera pareillement la plus grande ressemblance dans la texture, avec les marbres de Lourde qui rendent une odeur fétide par le frottement, et qui, selon M. Ramond, renferment des testacées.

A cette preuve évidente, on peut ajouter celle que fournissent des marbres coquilliers, de la vallée d'Ossau, que j'ai trouvé dans le lit du torrent qui se nomme le *Canseitche* : sa rive droite est dominée par la bande calcaire et grise, qui renferme, dans une de ses parties, les bancs inclinés de marbre blanc de Loubie, seule chaîne calcaire d'où l'on puisse présumer que les corps marins pétrifiés ont pu se détacher et tomber dans le torrent du *Canseitche*.

Les deux sortes de texture, c'est-à-dire, la grenue et la compacte, ne pourraient-elles pas être envisagées très-souvent comme un effet naturel de la composition mixte de chaque bande calcaire : on sait que dans les Pyrénées, ces bandes alternent avec des couches de schiste et que leurs élémens sont moins homogènes au point de contact des deux substances. La texture d'une pierre à chaux, mêlée d'argile, doit par conséquent différer de celle qui se montre sans aucun mélange, comme les parties calcaires les plus éloignées des schistes argileux. Ici cette pierre paraîtra cristallisée; là, compacte, selon sa pureté plus ou moins grande, et sans que ces deux sortes de texture dénotent des origines différentes.

« Il arrive quelquefois, dit M. Patrin, que la
» pierre calcaire secondaire offre un tissu lamel-
» leux, et qui présente à peu près les mêmes in-
» dices de cristallisation que les marbres primi-
» tifs. Il n'y a alors que les circonstances locales
» de la carrière qui puissent indiquer l'époque
» de sa formation. » *Histoire naturelle des Mines*, p. 9.

M. de Charpentier, minéralogiste très-instruit, ayant eu la complaisance de lire le manuscrit de

ce mémoire, lorsqu'en 1812 il revint dans les Pyrénées-Occidentales pour en observer de nouveau la structure, eut la curiosité d'aller examiner, lui-même, le marbre de Loubie dont il est question. Je suis trop flatté de voir son opinion justifier la mienne, pour ne pas insérer ici, ce qu'il me fit l'honneur de m'écrire à ce sujet, de Toulouse, le 29 août 1812 : « Après avoir parcouru
» une partie de la vallée d'Aspe, je passai dans
» la vallée d'Ossau où j'observai le marbre sta-
» tuaire situé près de Geteu et qui paraît être la
» continuation de celui de Loubie. Quoiqu'il
» porte tous les caractères du calcaire primitif,
» j'avais de la répugnance à le croire tel, parce
» qu'il faisait un ensemble avec toute la masse
» calcaire qui compose la partie inférieure de la
» vallée d'Ossau et qui renferme des corps ma-
» rins en abondance, ce qui m'engagea à cher-
» cher des corps organisés dans ce beau marbre.
» Enfin j'eus le plaisir de découvrir à environ 60
» toises au-dessus de Geteu, à la droite du che-
» min, un bloc d'un beau marbre blanc, grisâtre,
» parfaitement salin, rempli de corps marins que
» je ne connais point : les plus gros ont 3 pouces
» de diamètre : j'en ai emporté plusieurs pour
» en faire déterminer l'espèce à Paris ; c'est donc
» une preuve incontestable de ce que dans le cal-
» caire, ni la couleur, ni la texture, n'indiquent
» point d'une manière sûre, la formation à la-
» quelle il appartient, et que cela ne peut-être
» décidé que par le gisement. »

J'ai cru devoir pareillement ajouter à cette partie de mon mémoire une autre observation de ce genre, faite par M. de Charpentier, qui s'exprime de la manière suivante : « A l'entrée de la

» plaine de Bedous, à la gauche du chemin, on
» remarque une espèce de calcaire qu'on pren-
» drait pour primitif, si l'on ne faisait pas atten-
» tion à son gisement et à ses rapports avec les
» autres montagnes calcaires, qui ne sont point
» primitives, car il est blanc et salin comme les
» calcaires les plus anciens; mais il se trouve
» si intimement lié avec le calcaire qui le pré-
» cède et avec celui qui le suit, qu'on ne peut
» s'empêcher de croire qu'il ne soit de la même
» formation; ce calcaire paraît être la continua-
» tion du marbre blanc de Loubie et de Geteu,
» qui certainement est de transition. »

Quoique mon opinion ne diffère point de celle que M. de Charpentier a cru devoir adopter, je dois néanmoins convenir que je ne peux la fonder, comme ce célèbre minéralogiste, sur la présence des dépouilles marines dans le marbre de Geteu. Je l'avais observé long-tems avant lui, mais sans avoir eu le bonheur d'y reconnaître des corps marins.

Le marbre blanc et salin de Loubie n'est pas le seul qui se trouve parmi des bancs de marbre gris, de seconde formation: j'ai vu du marbre blanc dans les marbres gris de St.-Béat, qui, selon M. Picot-Lapeyrouse, donnent une odeur fétide par la percussion. M. Brochin, ingénieur en chef des mines, a pareillement observé ce même marbre blanc, qu'il dit être lamellaire ou compacte. Ce dernier caractère seul semblerait indiquer que le marbre de St.-Béat est secondaire.

On trouve des marbres blancs dans plusieurs autres parties des Pyrénées, et surtout dans la chaîne septentrionale inférieure, quoiqu'elle soit indubitablement de formation secondaire. M.

Dietrick a vu du marbre rouge et blanc à *Mencious* près St.-Martory; du marbre gris et blanc, sur le territoire de Camou, dans la vallée d'Aure, et du marbre gris et blanc à Gourdan. *Description de gîtes de minerai des Pyrénées*. M. Brochin dit que ce marbre de Gourdan est à pâte fine, homogène, mais traversé de veines lamellaires d'un blanc plus clair. *Journal des Mines*, n.º 144, p. 419. La couleur blanche, jointe à la texture grenue, qui selon les minéralogistes, est un des caractères du calcaire primitif, ne saurait être employée de même ici comme tel, parce que cette couleur n'est qu'accidentelle, au milieu des marbres gris, qui forment, en général, presque toutes les montagnes calcaires des Pyrénées. La réunion de ces deux couleurs, semblerait, au contraire, autoriser à croire qu'il n'existe point dans les Pyrénées, des marbres véritablement primitifs, car M. Patrin rapporte que dans le nombre immense des marbres secondaires, on n'a point encore trouvé des marbres parfaitement blancs. *Histoire naturelle des minéraux*, t. 2, p. 318.

Les observateurs de la nature que la curiosité mène vers les montagnes calcaires des environs de Bagnères, sont assurés d'y trouver du marbre gris, compacte, mêlé de parties calcaires, blanches et grenues; j'ai principalement observé ce mélange, non loin des bains de Salut, et dans une éminence calcaire, qui s'élève au Nord et près du village de Gerde; mais aucun de ces marbres ne contient, comme ceux de Carrare et de Saravezza, des veines de quartz ni de cristaux de roche, substances dont M. Targioni-Tozelli fait mention en parlant de ces marbres d'Italie.

Voyage en Toscane, t. 1.ᵉʳ, p. 414. Ainsi les bancs de pierre calcaire grenue et les différentes espèces de schiste argileux, ne paraîtraient pas devoir être placés au nombre des roches primitives.

Les Monts-Pyrénées présentent, dans presque toute leur étendue, des exemples pareils à ceux que je viens de rapporter : il faut donc commencer par établir que les ardoises de cette chaîne sont de formation primitive, si l'on veut donner une origine pareillement antique, aux pierres calcaires grenues, aux schistes argileux : mais si les ardoises des Pyrénées sont au contraire de formation secondaire, ainsi que cela paraît évident, les pierres calcaires grenues qui se succèdent, alternativement, avec cette espèce de schiste lamelleux, ne peuvent être d'une date différente.

III.

Position respective des ardoises argileuses et des pierres calcaires, soit grenues ou coquillières. Conséquence de leur ordre alternatif.

Pourrait-on balancer à croire que les couches argileuses des Pyrénées doivent être placées parmi les matières secondaires ? S'il existait encore des doutes à ce sujet, les exemples suivans paraîtraient bien propres à les dissiper : hâtons-nous de les faire connaître, car l'expérience est la mère de la géologie.

Quand on pénètre dans la vallée de Soule et le val qu'on nomme le *Barlanés*, parallèle à la vallée précédente, on observe au milieu des montagnes inférieures, formées d'un marbre gris, compacte, des couches inclinées d'ardoise argileuse, dans lesquelles on a récemment ouvert des ardoisières, savoir : 1.° près de Lic, au pays de Soule. 2.° Au Sud de la commune de Lanne, dans la vallée de Baretous, dont le Barlanés fait partie.

Passons actuellement dans la vallée d'Aspe, qui se prolonge du Sud au Nord, direction parallèle aux vallées de Soule et de Baretous, nous trouverons aussi dans la région inférieure des Pyrénées, au milieu des montagnes de marbre compacte et souvent fétide ; nous trouverons, dis-je, entre les villages de Lurbe et d'Escot, des schistes argileux, mêlés avec des couches marneuses inclinées. Plus loin, nous remarquerons les belles ardoisières d'Aydius, avec les schistes et les ophites dont elles sont accompagnées : ces matières argileuses sont renfermées entre deux chaînes calcaires, qui s'élèvent au Nord de Bedous, d'un côté, et de l'autre, au Sud d'Accous; celle-ci traverse la vallée d'Aspe, près du pont d'Esquit, et se prolonge à l'Orient, vers la montagne d'Abés qui domine les Eaux-Chaudes de la vallée d'Ossau : on y trouve des coquilles pétrifiées.

La même disposition a lieu dans les montagnes inférieures de cette même vallée d'Ossau parallèle aux précédentes. Les ardoisières de Geteu, de Loubie, de Béost, etc., etc. sont placées au milieu de deux chaînes de marbre coquillier, compacte ou d'un grain fin.

Aux environs de Lourde, ville dont la position est au débouché de la vallée de Lavedan, s'élèvent des montagnes caverneuses, composées d'une pierre calcaire, compacte en quelques unes de ses parties, renfermant des testacées, et qui de même que les autres marbres de la chaîne inférieure donnent une odeur fétide par le frottement.

Au pied de ces montagnes secondaires, et du côté du Nord, se trouvent les couches inclinées d'ardoise argileuse qui traversent le lac de Lourde azuré, vaste et profond, dans la direction de l'O. N. O. à l'E. S. E. : on voit, en outre, au milieu de la même chaîne calcaire, inférieure, les ardoisières de Sëgus, d'Ossens près de Lourde, celles de Labassere près de Bagnères ; enfin tous les observateurs que la curiosité conduit dans cette ville, savent que non loin des bains de Salut, on trouve des couches, en général, verticales, de schiste argileux, d'une texture quelquefois fibreuse, et que ces couches sont renfermées, depuis la plaine jusqu'au col de Ger, entre deux montagnes calcaires, secondaires, situées au Nord, de même qu'au Sud de ce passage : ils ont pû remarquer, en outre, en montant au col de Ger, que les schistes contigus aux pierres à chaux, sont mêlés de substance calcaire, ce qui, joint à d'autres circonstances, indique que ces différentes matières sont d'une formation du même âge.

En continuant de suivre vers l'Est, la bande minéralogique de la région inférieure des Pyrénées, nous trouverons la même disposition respective des matières argileuses et des matières calcaires; elle n'a point échappé à l'attention de M. Brochin qui rapporte que la côte assez élevée, qui règne sur la rive droite du Salat, à Touille et au dessus (canton de Salies, arrondissement de S.t-Gaudens), est composée de couches d'argile schisteuse, plus ou moins feuilletée, noire ou gris-noirâtre, alternant avec des bancs de calcaire, compacte; *Journal des mines*, n.º 144, p. 422. J'ai décrit ces matières dans *l'Essai sur la minéralogie des Monts-Pyrénées*, p. 250.

Ce n'est pas dans les montagnes de la région inférieure seulement, qu'on trouve des ardoisières ; la moyenne et la supérieure en renferment aussi : la montagne calcaire du Pourtalet de la vallée d'Aspe, et qui, quoique évidemment secondaire, puisqu'elle n'est pas entièrement dépourvue de corps marins, pétrifiés, est suivie et précédée de couches de schiste argileux, où les habitans des vilages voisins, ont ouvert des ardoisières. On trouve aussi des schistes argileux au milieu des pierres calcaires, coquillières du quartier d'Abés, dans la vallée d'Ossau, lieu stérile dans lequel quelques cabanes informes, habitées par des bergers, durant l'été, témoignent seulement que cette partie des Pyrénées, n'est pas tout à fait oubliée des hommes.

La chaîne des montagnes situées derrière le Pic du Midi de cette même vallée d'Ossau, et sur la rive gauche du gave, qui descend des pâturages d'Anéou, remarquables par la variété des plantes, est également formée de couches d'une pierre calcaire, compacte ou d'un grain très-fin. Elles alternent avec des couches de schiste argileux, où l'on apperçoit des ardoisières, non loin de la case de Broussette.

Je me borne à cette énumération, sans y comprendre le nombre infini de couches marneuses, répandues dans toutes les différentes parties des Pyrénées ; et qui toujours placées, en général, aux endroits où les schistes argileux sont contigus aux pierres calcaires, pourraient être envisagées comme des matières de transition.

Au reste, cette disposition n'est point particulière aux Pyrénées : la Meuse coule en quelques endroits sur des schistes argileux, abondants en ardoises et alternant avec la pierre calcaire, compacte. *J. des M.*, n.º 78, p. 313.

L'arrangement que nous venons de faire connaître, n'autorise-t-il pas à supposer une origine contemporaine ? Et dès lors les ardoises ne sont-elles pas de formation secondaire ?

Pour justifier une opinion contraire à la précédente, il faudrait, ainsi que je l'ai dit, trouver les couches de schiste argileux, et les pierres calcaires, grenues, disposées comme le granit primitif, et servant partout de base aux ardoises, aux pierres calcaires, compactes, en un mot, elles devraient être placées de même que cette antique roche, c'est-à-dire, dans une disposition particulière, sans avoir aucun rapport avec l'arrangement des matières qui l'environnent.

M. Ramond a découvert, il est vrai, des bancs formés d'anthracite, dans un schiste argileux qui couvre le granit du plateau du Maillet, au fond de la vallée de Héas. *Voyage au Mont-Perdu*, p. 239. Et comme plusieurs naturalistes ont rangé, d'accord avec M. Dolomieu, cette substance parmi les primitives, on pourrait présumer d'après leur opinion, que le schiste qui la renferme, est aussi de la même époque : M. Ramond place ce schiste au nombre des roches primitives, seulement du second ordre et de celles qui sont plus communément superposées au granit que mêlées avec lui, *ibid.* 239. Cette circonstance semblerait pouvoir la faire envisager comme secondaire ; en effet, M. Hericart de Thury a découvert dans le Dauphiné, des veines d'anthracite au milieu des schistes argileux, contenant des empreintes végétales : il est donc certain que dans les Pyrénées on ne peut comprendre, exclusivement, ce combustible, ni les matières schisteuses qui le contiennent, parmi celles d'une formation primitive; je pense au contraire qu'il faut attribuer à toutes ces productions minérales, une origine secondaire; et je le pense avec d'autant plus de raison, que M. de Charpentier m'a dit qu'il avait découvert auprès de l'eau de Maillet, au milieu des couches de schiste argileux, noir, parsemé de jolis macles, des couches calcaires dans lesquelles on observe des dépouilles marines et de l'anthracite très-mélangé. Le lieu qu'on nomme l'eau du Maillet est au Sud de Notre-Dame de Héas, dans les Pyrénées.

Il est essentiel de faire observer ici, que M. de Charpentier range toutes ces matières parmi celles de transition. « Le granit, selon ce célèbre » minéralogiste, forme le Pic-de-Pau, au fond » de la vallée d'Aure; et tout les massifs sur le» quel reposent les vastes montages de terrain » de transition, qui constituent les murailles du » vaste cirque du Troumousse, le Pic-des-Ai» guillons, les montagnes de Camblong, de Lie» zaube, du port de la Canau, du Mont-Herrant » ou Pic-des-Aigudes; en un mot le granit sup» porte tout le terrain de transition dont la par» tie supérieure des montagnes de la vallée de » Héas est composée; ce n'est que le sol de la » vallée de Héas et le pied des montagnes jusqu'à » une hauteur assez considérable, qui est grani» tique. » *Journal des mines*, n.° 193.

« Le gisement de l'anthracite, dit M. Héri» cart de Thury, avait été rapporté à tort au ter» rain primitif: son gîte est bien effectivement » dans leur voisinage, car les schistes impres» sionnés qui la recèlent, sont superposés à des

» gueifs et à des roches amphiboliques, mais les
» strates dans lesquels elle se trouve, contien-
» nent des empreintes végétales. Elle-même ren=
» ferme quelquefois des parcelles de charbon vé=
» gétal. Enfin ce gîte est recouvert par des brê=
» ches et des poudingues; or, ces agrégations
» sont secondaires; les schistes le sont égale=
» ment; cette substance n'appartient donc pas
» au sol de première formation. » *Journal des
mines*, n.° 96, p. 451.

Partout ou M. Schreiber, inspecteur des mi=
nes, a vu cette substance, il l'a reconnue d'une
formation secondaire dans les schistes à empreintes
végétales, et toujours dans le voisinage du
sol primitif sur lequel sont posés les schistes qui
lui servent de mur. *Ibid*, n.° 81, p. 177. L'an=
thracite de Liccvichz, dans l'électorat de Saxe,
se trouve parmi des couches de schiste argileux,
contenant beaucoup d'empreintes végétales, et
des pétrifications de corps marins. *Ibid.*

L'anthracite se trouve non seulement dans les
schistes secondaires; M. Omalius de Halloy l'a
découvert, en outre, dans le département de
l'Ourthe, parmi des pierres calcaires, bitumini=
fères, qui contiennent des empreintes de belem=
nites, d'huîtres et autres animaux analogues; il
est donc d'une formation contemporaine à celle
des houilles grasses et postérieures à l'existence
des animaux invertebrés *J. des M.*, n.° 125.

Les anthracites du petit St.-Bernard, renferment, selon M. Brochant, des empreintes végé=
tales : on en trouve aussi dans les anthracites de
Villarlurim près de Montiers. *Journal des Mines*,
n.° 137, p. 358. M. Brochant met l'anthracite
de la Tarentaise au nombre des matières de tran-

sition. *Ibid.*, p. 361. Enfin, M. Menard de la Groye pense que l'anthracite n'est qu'un charbon végétal. *Journal de Physique*, juillet 1815, p. 43.

Ainsi les observations précédentes servent à détruire les fondemens du système adopté sur la formation primitive des schistes argileux, puisque l'anthracite qu'ils renferment, peut avoir été formé depuis l'existence et par la destruction des êtres organisés.

IV.

Roches calcaires grenues ou compactes, placées indistinctement de même que les couches de schiste argileux, soit au milieu des montagnes de granit, soit dans la région inférieure, moyenne ou supérieure de la chaîne des Pyrénées. Conséquence de cet ordre respectif.

Mettons encore en œuvre des faits qui semblent pouvoir devenir des sources fécondes de lumières. La disposition des matières, empêche, comme on va s'en convaincre, d'admettre deux époques distinctes pour la formation des pierres calcaires, compactes ou grenues et des schistes argileux. Fixons un moment notre attention sur la position des lieux où l'on trouve du granit en masse, et suivons successivement dans cet examen, depuis les côtes de l'Océan jusqu'à la mer Méditerranée, les différentes vallées transversales qui se prolongent du Sud au Nord ou du Nord au Sud et qui contiennent partie de cette roche que l'on a regardé jusqu'à présent, comme la plus antique du globe. Elle se montre, soit à la crête des Pyrénées, soit au centre de ces montagnes ou bien à leur base. Commençons de recueillir les preuves de cette vérité et de l'existence d'une succession alternative de couches de chaux carbonatée et de schiste argileux, au milieu des groupes de granit.

On trouve au-delà de la Bidassoa, sur la rive gauche de cette rivière et près de la montagne des Quatre Couronnes, qui s'élève sur le territoire de l'Espagne, et si remarquable par les diverses substances métalliques qu'elle renferme, on trouve, dis-je, selon le rapport de M. Muthuon, du granit en masse : cette roche est précédée depuis St.-Jean=de-Luz, de collines qui contiennent des schistes argileux et des matières calcaires. M. Thalacker a remarqué les mêmes roches au Sud de cette même montagne des Quatre Couronnes autrement de *Haya*; elle est située au S. S. E. du port du Passage, où la rivière d'Oyarsun va mêler ses ondes à celles de l'Océan, et dont une étroite embouchure ferme l'entrée aux tempêtes.

Si l'on pénètre dans le Labour, on trouve du granit à la montagne Dorsouya; on en rencontre pareillement à Macaye et sur le territoire de Hellette, commune située aux confins de la Basse-Navarre. Les montagnes qui s'élèvent au Sud de cette partie des Pyrénées, sont composées de chaux carbonatée, de schiste argileux et de grès : elles bordent et dominent la vallée de Baygorri, arrosée par la Nive qui, d'abord, se précipite avec bruit à travers les débris des montagnes, mais dont le cours devient paisible, avant de se joindre à l'Adour.

Comme les vallées de Soule, de Barétous et d'Aspe, n'offrent pas à nos yeux, du granit fondamental, nous ne nous arrêterons point dans cette partie des Pyrénées, où l'on observe néanmoins une roche composée, que j'ai cru devoir nommer *ophite* et que les allemands appellent *grunstein* : mais comme elle paraît d'une formation postérieure au granit, et qu'unie au schiste argileux, elle alterne avec des bandes de chaux carbonatée, ce qui doit la faire ranger parmi les secondaires, nous allons gagner la vallée d'Ossau, où la roche antique se trouve abondamment.

Une grande partie des montagnes moyennes, situées aux environs des Eaux=Chaudes, et dans lesquelles M. le comte de Barbotan a découvert l'if, *taxus-baccata*, arbre très=rare dans les Pyrénées, est composée de granit : le Pic-du-Midi d'Ossau, dont la cime atteint, selon M. Reboul, à 1531 toises au=dessus du niveau de la mer, et qui s'élance avec audace jusqu'au séjour des neiges éternelles, en est pareillement formé. L'intervalle qui sépare ces deux groupes de roche primitive, est rempli partout de bancs de schiste argileux, de bancs de pierre calcaire, grenue ou compacte : les uns et les autres sont inclinés et se succèdent alternativement.

Passons dans le val d'Azun, parallèle à la vallée d'Ossau, renommée par ses eaux thermales : le granit forme les montagnes qui dominent le lac de Suyen, et sur lesquelles croissent le bouleau blanc, des arbres conifères, tels que les sapins et les pins : il est précédé de couches alternatives de chaux carbonatée et de schiste argileux, qui présentent la plus grande régularité : si nous franchissons le port de Salient, passage d'où l'on découvre de gras pâturages, nous trouverons aussi jusqu'à Viescas, sur le revers méridional de cette partie des Pyrénées, au milieu de laquelle coule le Gallego, des couches calcaires

3

et de schiste argileux, alternant les unes avec les autres.

Si l'on pénétre dans les profondes et larges ravines qui sillonnent les montagnes des environs de Barèges, où le peintre est au milieu des sites les plus sauvages et les plus riches en contrastes, on trouvera la roche primitive à Néouvielle, dont le pic s'élève, selon M. Reboul, à 1616 toises au-dessus du niveau de la mer : elle forme le lit du Gave près de Gavarnie; on la trouve de même, dit M. Ramond, au port de ce lieu, situé non loin des hautes cascades qui, donnant naissance à cette rivière, piquent infiniment la curiosité des voyageurs, depuis que j'ai décrit et publié, le premier, dans mon essai sur la minéralogie des Monts-Pyrénées, le magnifique spectacle qu'elles présentent, avec les montagnes glacées, d'où sortent ces intarissables sources. L'espace que ces masses granitiques laissent entr'elles, est pareillement occupé par des couches inclinées de schiste argileux et de couches également inclinées de pierre calcaire, compacte ou grenue : toutes alternent les unes avec les autres; les observations de M. Ramond confirment l'existence de cette disposition alternative.

En remontant la vallée d'Aure jusqu'au port de Bielsa, on ne voit aucune montagne composée de granit; les blocs de cette roche que la Neste roule, viennent vraisemblablement de la crête des Pyrénées, située au Sud de la maison de Chaubere, que M. Laboulinière dit avoir appartenu aux templiers, et dont on voit encore le monogramme sur les ruines d'une chapelle voisine; mais en traversant le port de Bielsa, on trouve des schistes argileux, bientôt après des masses calcaires, et du granit qui cède à son tour la place, à des couches de schiste et de chaux carbonatée, qui composent le terrain des environs de Bielsa.

Si nous observons la constitution physique des montagnes qui dominent la vallée de Louron, nous trouverons à son entrée, comme vers son extrémité méridionale, le granit en masse : les montagnes qui séparent ces deux groupes de roche primitive, sont composées de couches de schiste argileux, alternant avec des pierres calcaires, dont les couches sont inclinées, ainsi que les précédentes : franchissons la crête de cette partie des Pyrénées, nous verrons, selon le rapport de M. Charpentier, du granit dans les montagnes dont l'hôpital d'Aragon est environné, et des schistes argileux alternant avec des couches calcaires, soit au Sud, soit au Nord de cette habitation.

Approchons des sources de la Garonne, fleuve dont le cours fertilise les campagnes qu'il arrose, et rend florissantes les villes bâties sur ses bords : des masses de granit s'élèvent au Nord de Cierp de même qu'au Sud de Bagnères-de-Luchon, du côté du port de Vénasque et de celui du port d'Oo, où les Monts sont couronnés de neiges et de glaces éblouissantes. Les différents intervalles qui séparent ces groupes granitiques, sont remplis de bancs calcaires, alternant avec des couches de schiste argileux : cette disposition alternative de couches qui traversent la Garonne et la Pique, depuis les environs de Cierp jusqu'à Bagnères-de-Luchon, a pareillement été remarquée par MM. Brochin et Cordier. *Journal des Mines*, n.° 144, id. n.° 94.

Traversons la haute crête des Pyrénées, et nous rencontrerons, suivant le rapport de M. Charpentier, autour de Vénasque, des schistes argileux, mêlés de couches calcaires; et plus loin du granit dans la montagne d'Erist : je présume que ce granit forme la continuité de celui qui traverse les vallées parallèles de Bielsa et de Gistaun, et dont la direction est du Nord au Sud.

Revenons sur les bords de la Garonne : on observe au Nord de St.-Béat, des montagnes de granit; le village de Boussoste, dans la vallée d'Aran, est pareillement entouré de montagnes granitiques. Cette même roche forme la cime la plus élevée de la *Maladetta*, qui parvient, selon M. Reboul, jusqu'à la hauteur de 1787 toises au-dessus du niveau de la mer; elle est, par conséquent, la plus haute des Pyrénées, comme je l'ai pensé. Le granit se montre aussi avec ses majestueuses horreurs, du côté du port de Vielle : entre ces différentes et hautes protubérances, la nature a placé des bancs calcaires et des couches de schiste argileux, qui se succèdent alternativement et dont le plan est incliné : elles servent de retraite aux chamois, animaux légers et sauvages, connus dans les Pyrénées sous le nom *d'izards* ou de *sarris*, qu'on prétend être aujourd'hui moins communs qu'ils ne l'étaient du temps de Gaston-Phébus, comte de Foix. Ce prince fait mention des izards dans son ouvrage, ayant pour titre : *Déduits de la Chasse*.

Si nous examinons la structure des montagnes du Couserans, remarquables par l'ancienne exploitation des mines, nous y rencontrerons la même disposition respective; mais pour ne pas trop multiplier les preuves surabondantes de cette vérité, nous allons nous borner à l'indication sommaire des bancs ou masses continues, qui forment les deux rives du Salat, depuis St.-Martory, et des bancs de la vallée de Massat jusqu'au port de Lers; nous y suivrons la direction du Nord au Sud ainsi que nous l'avons presque toujours fait, en parcourant chacune des vallées précédentes et parallèles les unes aux autres : le granit se montre dans les montagnes situées au Sud de St.-Girons; il est suivi et précédé de bancs calcaires et de bandes de schiste argileux, dont les couches sont inclinées. On retrouve sous la ville de Seix et près du Salat, des masses continues de cette même roche primitive; mais au-delà, les montagnes sont composées jusqu'au conflans de Salau, de bancs inclinés, alternatifs de pierre calcaire et de schiste argileux, au milieu desquels on remarque la belle carrière de marbre, connue sous le nom de *Marbrière de la Taule*, dont les différentes espèces peuvent satisfaire les caprices les plus variés. Je ne puis m'empêcher de faire observer au sujet de ces excavations, que les anciens ont extrait des Pyrénées beaucoup de marbre. St.-Patient, évêque de Lyon, fit bâtir plusieurs églises, entr'autres une pour laquelle Sidonius fit une inscription en vers..... Il y avait devant, une cour environnée de trois galeries, soutenues de colonnes d'Aquitaine, c'est-à-dire, de marbre des Pyrénées. *Histoire Ecclésiastique*, par Fleury, t. 6, p. 572.

Parcourons maintenant la partie du Couserans qui comprend la vallée de Massat; examinons l'ordre respectif des roches qui composent les montagnes environnantes; nous avons déjà vu les bancs calcaires de St.-Girons et successivement les schistes argileux et le granit qu'on trouve au-delà. Cette dernière roche se présente également aux regards de l'observateur, au Sud du pont, bâti au-dessus du confluent des rivières qui descendent des hautes montagnes de Salau et de Massat. La pierre calcaire se trouve aussi avant d'arriver à cette ville ; elle est remplacée, du côté du Sud, par des couches de schiste argileux, au milieu desquelles on remarque une ardoisière ; et bientôt après reparaît le granit jusqu'au port de Lers, formé de marbre gris : les montagnes voisines renferment la substance singulière, découverte par M. le Lievre, décrite sous la dénomination de *Lersolite*, et qui selon les intéressantes observations publiées par M. de Charpentier, est du *pyroxène* en roche. On voit d'après la description précédente, que dans le Couserans, comme dans la plûpart des autres parties des Pyrénées, la roche de granit se trouve au milieu des couches calcaires et de schiste argileux, dont elle forme le fondement ou l'appui.

Passons au pays de Foix, fécond en richesses minérales ; nous trouverons au Nord de Tarascon et de Vicdessos de même qu'aux environs de cette dernière commune, des montagnes de granit ; elles renferment d'autres montagnes de marbres caverneux, où des couches calcaires, alternant avec des couches d'ardoise, sont toutes inclinées et se prolongent dans la même direction, qui dans les Pyrénées, est, en général, de l'O. N. O. à l'E. S. E. : l'ordre alternatif des couches calcaires et des couches d'ardoise ou schiste argileux a de même été remarqué par M. Picot-Lapeyrouse, près de Vicdessos, petite ville située au centre d'un vallon dont la riche culture atteste que les habitans ne possèdent pas moins l'art de forcer la terre à récompenser leurs travaux champêtres, que celui d'extraire le fer de ses entrailles : cette commune est non loin de la montagne de Rancié, qui renferme la plus abondante mine de fer des Pyrénées où, selon le rapport de M. Picot=Lapeyrouse, auquel on est redevable d'un traité sur les mines de fer du comté de Foix, 250 ouvriers sont communément occupés à leur exploitation, dont 50 forges profitent. *Fragmens de la minéralogie des Pyrénées.* Sortons de la vallée de Vicdessos, au midi de laquelle s'élève la pique de Montcalm, dont la hauteur, selon M. Reboul, est de 1668 toises au-dessus du niveau de la mer.

Remontons l'Ariège depuis les environs de Tarascon jusqu'à Dax, lieu où naquit M. Roussel, auteur du *système physique et moral de la femme* ; nous verrons au Nord de la première ville et sur le territoire de la seconde, cette même roche primitive d'où jaillissent d'abondantes sources chaudes et minérales. Entre ces différentes masses, s'élèvent des montagnes calcaires, dont quelques unes sont remarquables par le grand nombre de cavernes qu'elles renferment, et par les eaux minérales d'Ussat. Des schistes argileux, parmi lesquels on observe des ardoisières, se montrent au Nord de Dax; et M. Dietrick rapporte que ces schistes contiennent, en outre, des mines d'alun et de vitriol.

Quittons les rives de l'Ariège, rivière qui, comme quelques autres de la France, a le privilège d'étaler des paillettes d'or le long de son cours. Transportons=nous dans les montagnes du Roussillon, où les eaux de la mer Méditerranée semblent opposer un obstacle invincible à la chaîne des Pyrénées, qui, portant leurs cimes dans les nues, menacent de prolonger leur immense chaîne; nous trouverons près de Vinca, petite ville située au pied des Pyrénées, du granit en masse : les hautes montagnes de Mont=Louis sont, en général, composées de cette antique roche; mais entre les granits de Vinca et ceux de Mont=Louis, on observe, également, dans un ordre alternatif des bancs inclinés calcaires et des bancs inclinés de schiste argileux; les premiers consistent en marbres au milieu desquels s'ouvrent de vastes cavernes : tels sont ceux de Villefranche, dont la couleur est ordinairement grise et qui, couverts d'un peu de terre, n'offrent presqu'aucune portion où la main du laborieux cultivateur ne soit imprimée, malgré l'extrême rapidité de la pente. Plus loin, on trouve aux environs d'Ollette, des couches de schiste argileux, alternant avec des bancs calcaires : ces matières composent une montagne d'où sortent les eaux thermales les plus chaudes des Pyrénées; elles font monter le thermomètre de M. de Reaumur à 70 degrés.

On voit par cette disposition, que la nature a placé dans cette chaîne de montagnes, plusieurs points d'appui ou noyaux formés de granit, pour supporter les roches calcaires et les roches argileuses : ces divers soutiens ne se trouvent pas exclusivement dans une partie seule; ils sont presque partout inégalement distribués, comme si la nature s'était proposée de mieux affermir, par ce moyen, son ouvrage. Quel sera le fondement ou noyau des premiers dépôts argileux ou calcaires? Ici, le granit se montre vers la crête des Pyrénées, ainsi qu'on l'observe à Bellegarde, à Mont-Louis, au port de Vielle, à la Maladette, à Clarbide, montagnes situées au Sud du pays de Cominges, au Pic-du-Midi d'Ossau ; là, c'est dans le centre qu'il repose, ainsi qu'on peut s'en convaincre aux environs de Prades, en Roussillon ; dans les montagnes d'Ax, de Vicdessos, au pays de Foix ; sur le territoire d'Erce et de Seix, en Couserans ; au Sud et non loin d'Arréou en remontant la vallée de Louron ; à Néouvielle ; à Cauterés, dans la Bigorre ; aux Eaux-Chaudes, en Béarn : il se trouve à la base des montagnes, comme on le remarque au Boulou ; à la commune d'Arlés, à Vinca dans le Roussillon ; au Nord et non loin de Tarascon, au pays de Foix ; entre Lacourt et Saint-Sernin, en Couserans ; sur le territoire de Hellette, de Macaye, etc. etc., au pays des Basques ; et dans ces différentes positions, la roche primitive supporte immédiatement des couches argileuses ou des bancs de pierre calcaire, soit grenue ou compacte, et même des marbres coquilliers. Or, comment distinguer au milieu de cet ordre uniforme et constant, des indices certains de la priorité des pierres calcaires, grenues sur les compactes? Comment reconnaître l'antériorité de quelques couches de schiste argileux sur des matières du même genre? la succession alternative et générale de ces différentes matières en couches inclinées, et qui se prolongent dans la direction de l'O. N. O. à l'E. S. E., n'est-elle pas la marque évidente d'une formation contemporaine ?

C'est en vain que l'on prétendrait encore donner la priorité aux couches de schiste argileux, sur les bancs calcaires, puisque le granit central supporte immédiatement aux Eaux-Chaudes, des bancs de chaux carbonatée qui contiennent des dépouilles de corps marins. Le village de Gavarnie est entouré de montagnes calcaires, dont le granit forme la base immédiate. Il en est de même à St.-Béat : M. Muthuon rapporte, qu'à Hellette, au pays Basque, le granit est immédiatement recouvert par le carbonate de chaux fétide. M. Picot=Lapeyrouse dit que le calcaire succède au granit sans aucun intermédiaire, dans les montagnes du pays de Foix. Rien ne justifie donc que les schistes des Pyrénées soient d'une formation plus ancienne que les matières calcaires, qui sont de formation secondaire.

Ce que nous avons dit sur la succession alternative des ardoises et des pierres de carbonate de chaux grenues ou compactes, de même que sur l'arrangement respectif des pierres calcaires, grenues et des compactes, est un puissant motif pour que nous devions présumer que celles de ce genre qui suivent un pareil ordre, et quelle que soit leur texture, peuvent, comme les marnes et les ardoises, être comprises aussi parmi les matières de formation secondaire.

SECONDE PARTIE.

I.

Corps marins dans les pierres calcaires, grenues ou compactes des Pyrénées.

La plûpart des observateurs que leur noble inclination pour l'histoire naturelle a conduit dans cette chaîne de montagnes, assuraient qu'elle ne contenait aucun vestige de dépouilles marines : un heureux hasard me procura l'occasion de faire connaître, en 1776, leur erreur ; et chaque jour ces sortes de découvertes se multiplient dans des lieux où l'on croit ne pouvoir espérer aucun succès : moi-même, avant d'avoir découvert auprès des Eaux-Chaudes et d'Etsaut, les corps marins pétrifiés que j'ai décrits dans *l'essai sur la minéralogie des Monts-Pyrénées*, p. 71 et 97, j'avais parcouru les montagnes calcaires des environs, sans avoir vu le moindre vestige de dépouilles de productions marines, quoique ces protubérances calcaires, fussent de la même espèce, c'est-à-dire, de seconde formation.

Qu'on jette les yeux sur un morceau de marbre coquillier, que j'ai trouvé dans les montagnes situées au-dessus des Eaux-Chaudes, et qu'on voit maintenant au cabinet des mines à Paris ; on se convaincra combien il était aisé que ces dépouilles de corps marins, qui n'occupent que le centre de la pierre seulement, échappassent à l'attention de ceux qui s'appliquent à de pareilles recherches.

Veut-on connaître encore à quel point la nature se joue de nos conjectures, il suffit de gravir les montagnes escarpées, qui s'étendent depuis Gavarnie jusqu'aux environs du glacier de Vignemale : en examinant les pierres calcaires, dont elles sont composées, et que j'ai dit ailleurs, être exemptes de toute marque de vétusté, ayant au contraire, les caractères d'une formation récente, par rapport aux autres marbres des Pyrénées, je crois pouvoir assurer qu'elles fixeront de préférence l'attention des observateurs, comme elles ont fixé la mienne, et qu'ils auront l'espoir d'y trouver des vestiges de corps marins : cependant, je les ai visitées avec M. Faget de Baure, en suivant un défilé profond, qui forme un passage dangereux au-delà de Gavarnie, sans rencontrer la moindre dépouille de ces productions animales, tandis que les pierres calcaires du Mont-Perdu, mêlées de grains de quartz et de mica, qui semblent devoir leur donner une apparence primitive, en contiennent abondamment ; tandis que les marbres situés au-dessus des Eaux-Chaudes, et qui paraissent plus antiques, renferment également quelques coquilles bivalves ; enfin, pendant que les pierres calcaires grenues des environs de Lourde, contiennent des testacées et donnent une odeur fétide par le frottement, en mêmetemps que des pierres calcaires, très compactes, des montagnes de la Soule et de plusieurs autres parties des Pyrénées, n'offrent pas, au contraire, les dépouilles d'aucun corps marin, et n'ont point acquis une odeur hépatique.

Si l'on veut encore une autre preuve de la singularité rapportée ci-dessus, nous la trouverons dans une bande de pierre de liais, tendre, blanche, compacte, située au pied des Pyrénées et parallèle à la direction de la chaîne ; on n'y trouve que rarement des fossiles, tandis qu'ils abondent dans quelques marbres les plus durs de ces montagnes.

Au reste, la découverte des dépouilles marines est souvent l'effet du hasard. M. Mongés avait visité deux fois toute la partie des Pyrénées, depuis la vallée d'Ossau jusqu'à l'Océan, comme il nous l'apprend lui-même; et malgré toute l'attention que ce minéralogiste portait dans ses recherches, et les profondes connaissances qu'il avait acquises dans la science des minéraux, il a cru pouvoir affirmer que les Pyrénées n'offrent aucune apparence de débris de coquilles. *Manuel du Minéralogiste*, t. 1er, p. 172.

On lit dans les notes qui se trouvent à la suite du discours de M. Darcet, sur l'état actuel des Pyrénées, on lit, dis-je, qu'on ne trouve dans ces montagnes, aucune pierre formée par les dépôts de la mer, ni coquillages, ni pétrifications. M. Mongés et cet observateur, n'auraient pas hasardé cette assertion, s'ils eussent vu les morceaux de marbre qui contiennent des madrepores et des dépouilles de coquilles, et que j'avais trouvés dans les montagnes d'Aspe et d'Ossau. Ces morceaux furent placés dans le cabinet d'histoire naturelle du Palais royal, et celui de M. Lavoisier, après avoir été présentés en 1776 à l'académie des sciences de Paris : M. de Charpentier a bien voulu ne pas me laisser ignorer qu'il avait découvert des corps marins, au milieu des couches calcaires qui, dans la montagne de Melles alternent avec des couches de schiste; des ammonites dans les marbres de Cierp; des coquilles au val de Gistaun : cet infatigable observateur m'a dit en outre, qu'il avait trouvé pareillement des dépouilles marines, dans les terrains calcaires de la commune Dirulegui en Basse-Navarre; au pic du Gard, au Nord-Est de St.-Béat; au Serat, au-dessus du pont d'Occos, vallée d'Uston; à Couledoux en Couserans; à Foix.

On connaît le grand nombre d'observations faites par MM. Ramond et Picot-Lapeyrouse, observations qui sont le fruit de plusieurs voyages; mais quoique ces habiles naturalistes eussent déjà parcouru, plus d'une fois, une grande partie des Pyrénées, ce n'est qu'en thermidor de l'an 5, qu'ils ont découvert des corps marins pétrifiés.

« Tout ce qui est calcaire, dit aussi M. Pasumot, dans la vallée de Barèges, de Bastan, de Cauterés, de Grippe et de Campan, est calcaire primitif. Aucun marbre, pas même les pierres grossières de Gavarnie, qui ne sont pas purement calcaires, ne contiennent des corps marins : il n'en est pas de même dans la vallée d'Ossau ; car selon M. Palassou, les corps marins sont communs même à une très-grande hauteur. » *Voyages physiques dans les Pyrénées*, p. 48.

Tout ce que j'ai vu de marboré, dit M. Ramond, me le fait concevoir comme une masse énorme de marbre gris, du grain le plus égal et le plus fin, sans aucun vestige de corps étrangers. *Observations faites dans les Pyrénées*, p. 104. Mais des recherches ultérieures autorisent le même observateur à dire : « partout le marboré contient des coquilles. » *Voyages au Mont-Perdu*, p. 191.

M. Picot-Lapeyrouse rapporte que les alentours du Mont-Perdu, abondent en ostracite écailleuse de l'espèce commune; quelques unes sont mêlées avec des gryphites ondulées. Le même observateur a découvert des morceaux de pierre calco-argileuse, composée en grande partie de fragmens et de débris d'huitres. *J. de M.*, n.° 37, p. 56.

M. Ramond a pareillement observé des dépouilles de corps marins, dans cette partie des Pyrénées. Voici ce qu'il me fit l'honneur de m'écrire le 26 nivôse an 6 : « Si vous avez eu occasion,
» dit cet observateur, de lire le *journal d'histoire
» naturelle de Bordeaux*, vous aurez appris que
» l'été dernier, j'ai enfin tenté la route du Mont-
» Perdu ; que cette montagne la plus haute des
» Pyrénées, est non-seulement calcaire, mais
» de formation secondaire ; que les grès y alter-
» nent avec le calcaire compacte et le calcaire gre-
» nu ; qu'il y a des couches de matière bitumi-
» neuse, et que toute cette partie de la crête,
» depuis Vignemale inclus, jusqu'à la vallée de
» Béousse, contient abondamment des pétrifica-
» tions.... à Vignemale, j'ai vu une corne d'Am-
» mon, des huitres dans le marboré ; au Mont-
» Perdu des stellites, des orthoceratites, des
» milleporites et des coraux ; dans le port de Pi-
» nede, une pectinite et des caryophillites ; au
» fond d'Estaubé des Cames.... » *Extrait d'une lettre.* C'est à cette haute région des Pyrénées que peuvent s'appliquer principalement les expressions de M. l'abbé Delille, qui dans le poëme des trois règnes de la nature dit :

Les mers des monts altiers ont été les berceaux.

M. de Charpentier a visité le Mont-Perdu du côté de la vallée de Bielsa ; il s'est convaincu que toute cette énorme masse calcaire est remplie de corps marins, depuis la base jusqu'au sommet. Ils sont environnés de grains de sable ; circonstance qui fait présumer à ce naturaliste, qu'ils ont vécu dans une eau bourbeuse, sans être attachés au rocher par un gluten : et comme ils sont disposés et réunis par famille, M. de Charpentier pense qu'ils ont pareillement vécu au même lieu dans lequel on trouve actuellement les prodigieux amas de leurs dépouilles.

Au reste, le Mont-Perdu dont la hauteur est de 1747 toises au-dessus du niveau de la mer, n'est pas la partie la plus élevée du globe, où l'on trouve des dépouilles de corps marins. M. de Buffon rapporte que don Antonio de Ulloa découvrit en 1761, dans les Cordelières, à la hauteur de plus de 2222 toises, au-dessus du niveau de la mer, des coquilles pétrifiées, du genre des peignes. *Hist. nat. concernant les époques de la nature.*

La découverte des corps marins fossiles dans les montagnes des environs de Gavarnie, justifie pleinement les observations de M. Gillet-Laumont : ce membre distingué de l'administration des mines voulut bien me confier au mois de juin 1788, un morceau de marbre coquillier, qu'il avait trouvé dans ces mêmes montagnes; il me permit en même-temps de le présenter à l'académie royale des sciences de Paris ; mais comme l'on n'y voyait pas les coquilles très-distinctement, et que les personnes qui ne s'étaient point appliquées à l'étude de la conchiologie, pouvaient former des doutes, on demanda de nouvelles observations, croyant que le sujet était assez important pour en mériter : enfin les voyages non moins instructifs que périlleux de MM. Ramond et Picot-Lapeyrouse, ont mis tous les naturalistes d'accord avec M. Gillet, en confirmant la connaissance qu'il avait acquise de l'existence des corps marins pétrifiés dans les montagnes de Gavarnie, découverte qu'il eut la bonté de me communiquer le 22 mai 1788, dans les termes suivans : « au milieu » de la houle de marboré, entourée de monta= » gnes calcaires, j'ai trouvé, un peu vers le le= » vant, un rocher de marbre gris, renfermant » beaucoup d'espèces d'huitres. »

Ces pierres de chaux carbonatée sont contigues à la belle cascade qui tombe dans l'enceinte précédente, et dont MM. Vidal et Reboul fixent la hauteur à 1266 pieds, et M. Juncker à 1400. Cette chûte d'eau, source principale du Gave béarnais, porte le nom de *Cascade de marboré*, dénomination qui rappele la cascade de Terni, *cadutta della marboré*; toutes deux tombent d'un rocher calcaire. Je crois devoir faire observer, comme une chose singulière, que les roches à travers desquelles se précipite l'admirable cascade de Niagara, sont pareillement calcaires, suivant le rapport de M. de Laroche-Foucaud-Liancour.

M. J. A. Deluc a fait mention des numismales des environs de Bayonne, dont la forme ressemble parfaitement à celles que j'ai découvertes sur le territoire de Sordes et de Cassabé, dans le département des Basses-Pyrénées. On trouve la figure des numismales des environs de Bayonne, dans la planche du *Journal de Physique* de floréal an 11.

M. Ramond m'a donné, dit M. Delametherie, un morceau de pierre calcaire, grise, qui contient une grande quantité de numismales de couleur brune, et qui n'ont qu'une ligne ou deux de diamètre; il a trouvé cette pierre sur le Mont-Perdu, aux Pyrénées, à 1700 toises de hauteur. *Journal de Physique*, floréal an 11.

4

Les observations, faites dans les hautes montagnes des Pyrénées et de l'Amérique méridionale, pourront étonner quelques uns de nos lecteurs ; mais la hauteur apparente de ces protubérances du globe, ne doit point arrêter les naturalistes instruits : « la terre, dit un de ces hommes privi-
» legiés de la nature, qui embrassent tout, telle
» qu'elle est encore, a une surface beaucoup
» plus unie que ceux de nos fruits qui paraissent
» unis et ronds ; par exemple, qu'une orange,
» la chose est aisée à prouver : la terre a neuf
» mille lieues de circonférence, et il n'y a pas
» une montagne haute d'une lieue et demie : or
» qu'est-ce une lieue sur neuf mille ? quelle est
» l'orange dont les grains ne surpassent pas de
» beaucoup cette proportion dans leur hauteur ?
Voyez les élémens de la philosophie de Newton, p. 364, par M. de Voltaire.

On distingue, ainsi qu'on vient de le voir, dans les pierres calcaires des Pyrénées, les dépouilles pétrifiées des coquillages qui n'habitent que dans le sein de la mer. Elles seraient moins rares si, comme toutes les autres substances de la nature, elles ne se dégradaient pas avec le cours des siècles. Leur altération doit être, en général, d'autant plus grande, qu'elles datent d'une époque plus reculée : il est vraisemblable que ces coquilles dont on connaît la fragilité, ont dû passer par les différens états que l'on observe dans les corps marins d'une contrée de la Corse. « Partant du
» lac d'Orbino, dit un savant observateur, les
» corps marins sont sur le rivage sans altération ;
» à une demie lieue, ils sont fossiles et aggluti-
» nés avec le sable ; à une lieue plus loin, ils sont
» pétrifiés, et le dépôt sablonneux a assez de

» consistance pour former un tuf propre à bâtir. » Voyez le *mémoire sur l'histoire nat. de l'île de Corse*, par M. Barral, p. 25.

« On observe dans la partie Nord-Est de St.-
» Domingue, que les pierres calcaires des monta-
» gnes y sont très-dures, et ne laissent plus ap-
» percevoir aucune trace de leur origine : il faut
» les polir pour y distinguer, comme dans les au-
» tres marbres de même espèce, les coraux, les
» polypiers des madrepores, et les autres mar-
» ques distinctives des pierres calcaires. » *Journal de Physique.*

On remarque pareillement dans quelques pays, que les pierres calcaires présentent, en général, d'autant moins de vestiges de corps marins, qu'elles sont à de plus grandes distances de la mer et dans des situations plus élevées.

Il me semble, en outre, que quoique certaines pierres calcaires ne paraissent point en contenir, on ne doit pas néanmoins se croire fondé par cette seule raison, à décider qu'elles ne sont pas de formation secondaire ; et puisque l'on en trouve dont les élémens ne paraissent évidemment composés que de très-petites coquilles, qui ne peuvent être observées qu'à la faveur du microscope, ou qui sont l'ouvrage souvent imperceptible des polypes, tous ces animalcules ne doivent-ils pas entièrement échapper à nos regards, en éprouvant par le laps de temps, les altérations ordinaires et successives que la nature fait subir à tous les êtres animés, quand ils sont privés de la vie ? Je doute qu'aux siècles à venir, il soit aisé, par exemple, de reconnaître distinctement, les corps dont est composée la pierre calcaire de Mayence.

« Il y a, dit M. Brard, savant minéralogiste, des

» blocs qui ont l'air d'avoir un tissu granuleux,
» dû à des grains calcaires, et qui, vus à la loupe,
» sont uniquement composés de détritus de co-
» quilles ou de coquilles microscopiques : il n'est
» point d'exemple plus intéressant de ces sortes
» de pierres coquillières que celle de Mayence :
» elle est presque uniquement composée d'un
» petit bulin microscopique, qui n'est réuni par
» aucune pâte et qui cependant peut recevoir le
» poli. Je suis parvenu à en détacher de quoi
» remplir une petite boîte de 4 lignes de dimen-
» sion ; et à ma grande surprise, quand je les
» ai comptées, j'en ai trouvé environ 400 : en-
» suite le calcul m'a prouvé que dans le pouce
» cube, il devait y en avoir 10,800. » *Manuel
du minéralogiste et du géologue*, p. 32.

Il est pareillement difficile de découvrir les polypiers et les coraux qui composent les marbres
de la partie du Nord-Est de St.-Domingue ; encore
quelques altérations de plus, et l'on ne trouvera
point les vestiges des animalcules auxquels il faut
attribuer ces formations. Peut-on croire que la
nature laisse toujours visible aux yeux de l'homme, les moyens qu'elle emploie pour former cette
étonnante continuité de roches qui deviennent
insensiblement de dangereux écueils pour les na-
vigateurs, et que M. Péron, qui rapporte principalement leur composition aux polypes, a remarquées dans une étendue de 700 lieues ? C'est
à tort que les naturalistes des siècles futurs les
rangeraient au nombre des primitives. J'aurais du
penchant à croire que nous commettons une pareille erreur, en plaçant dans cette classe, des
marbres qui sont d'origine secondaire, mais dont
les élémens véritables ont été dénaturés par les

ravages du temps. M. Faujas-Saint-Fond dit que tout le calcaire qu'on a prétendu primitif doit son origine aux êtres organisés. Car qui peut affir= mer, ajoute=t=il, que ce calcaire, quoique les traces antécédentes aient disparu, n'a pas eu la même origine que celui qui se forme de nos jours, en quantité immense, dans le sein des mers, à l'aide des êtres vivans que la nature a doués de cette faculté, en leur donnant les instrumens propres à combiner les élémens qui constituent la chaux? *Essai de géologie.*

Il paraît que les corps marins se pétrifient in= sensiblement, et qu'il ne faut que du temps pour qu'ils acquièrent la dureté des marbres des Pyré= nées : leur altération peut devenir si complète qu'il ne soit plus possible de les distinguer aux siècles à venir : il est donc très=difficile de déci= der si certaines pierres calcaires, dans lesquelles on ne trouve plus de vestiges de coquilles, doi= vent être rangées parmi les matières primitives : ainsi quelques observateurs de la nature auraient mal à propos continué de ranger dans cette classe, les substances calcaires des Pyrénées, sans la dé= couverte des corps marins qu'elles récèlent. Mais il est juste de ne pas laisser ignorer qu'on n'au= rait pas dû comprendre au nombre de ces natu= ralistes M. Dolomieu qui, long=temps avant que l'on n'avait trouvé des dépouilles marines au sein des hautes Pyrénées, m'écrivait ce qui suit :
« Jamais, disait-il, je n'ai pû regarder les pierres
» calcaires des hautes Pyrénées, comme subs=
» tances primitives : leur grain et leur disposi=
» tion suffisent pour écarter cette idée. »

Comme on ne peut se livrer à l'étude de la na= ture, sans être, en même temps, frappé de la gran=

deur et des merveilles qui se rencontrent dans ses ouvrages, on ne sera point étonné que je m'arrête, un moment, ici, pour considérer l'origine des terrains calcaires, dont M. Péron et d'autres naturalistes ont fait mention. Quel spectacle n'offre-t-elle pas à la méditation de l'observateur! En effet, quand il contemple les êtres si faibles, auxquels on doit l'attribuer, il conçoit difficilement la réalité de leur ouvrage, qui mérite d'être compté parmi ceux qui font naître dans notre esprit, autant de surprise que d'admiration : si des amas prodigieux de coquillages, entassés, deviennent, avec le temps, des masses pierreuses, d'une étendue et d'une hauteur considérables, cette singulière structure, dis-je, quoique réelle, est néanmoins difficile à imaginer; mais quelle doit être, à plus forte raison, notre surprise, en examinant le travail des animalcules sans nombre qui, dans le sein de l'onde, changent, dénaturent la croûte du globe, créent de vastes terrains, élèvent des écueils, des collines et des montagnes qui comblent la profondeur des abîmes de l'Océan : certes, de pareils moyens seraient au-dessus de notre intelligence, si les ouvriers infatigables, qui travaillent sans relâche à donner plus d'étendue à la partie solide de la terre, ne remplissaient pour ainsi dire, sous les yeux de l'observateur, l'immense tâche que l'Etre Suprême leur a prescrite ; et, chose merveilleuse! ces ouvriers, ces architectes ne sont que de petits vers, de simples animalcules ressemblans aux polypes, que sa profonde prévoyance, pour suppléer à leur faiblesse, a doué de la propriété de se multiplier en raison de la grandeur de l'ouvrage qu'ils sont comme chargés de faire; cette laborieuse famille, dans laquelle on reconnaît la puissance du Créateur, est remarquable par le nombre des individus, qu'il n'est permis de comparer qu'à celui des grains de sable déposés au fond de la mer, dont ils usurpent insensiblement la place : c'est ainsi qu'un grand effet naît d'une faible cause.

Au reste, l'existence des corps marins pétrifiés n'a point toujours été reconnue ; mais le temps n'est plus, dit M. Cuvier, où l'ignorance pouvait soutenir que ces restes de corps organiques étaient de simples jeux de la nature, des produits conçus dans le sein de la terre, par ses forces créatrices. Une comparaison scrupuleuse de leur forme, de leur tissu, souvent même de leur composition, ne montre pas la moindre différence entre ces coquilles et celles que la mer nourrit ; elles ont donc vécu dans la mer.

Si la construction des énormes protubérances calcaires ne doit pas, en général, être envisagée comme l'ouvrage des corps marins, il faut néanmoins convenir qu'on ne peut s'empêcher de reconnaître qu'une infinité d'observations, faites dans plusieurs parties du globe, concourent beaucoup à donner de la vraisemblance à l'opinion de M. de Buffon, puissant génie, auquel l'immortel Delille rend hommage dans les termes suivans : « Lorsque les anciens, dit-il, entraient » dans le Panthéon, ils passaient légèrement en- » tre deux haies de divinités subalternes. Mais » lorsqu'ils arrivaient à la statue colossale de Ju- » piter, ils s'inclinaient avec respect. Telle est » mon adoration pour Buffon. »

II.

Sources salées, et Cavernes dans les Pyrénées. Conséquence de cette observation.

Rien ne paraît indiquer que les pierres calcaires des Pyrénées soient de formation primitive. J'ai soigneusement essayé, par la collision, un très-grand nombre de fragmens, sans avoir pu découvrir l'espèce connue sous la dénomination de *dolomie*. M. Ramond ne parle que de celle de Sers près de Barèges. M. Cordier qui, pareillement, a parcouru une partie des Pyrénées, ne l'a trouvée qu'à *Penna-Blanca* près du port de Vénasque, où les bancs calcaires alternent avec des roches feuilletées argileuses : il est même à remarquer que cette dolomie, faisant une lente effervescence avec les acides, ne devient pas phosphorescente par le frottement. *Journal des Mines*, n.° 94, p. 259. Les empreintes végétales que M. de Charpentier m'a dit avoir trouvées dans les schistes argileux, dont les couches alternent avec les bancs calcaires de la *Penna-Blanca*, indiquent que toutes ces matières sont de seconde formation. Le même observateur a remarqué sur le revers méridional du port de la Pés, quelques matières calcaires, qui sont la continuation de celles de la *Penna-Blanca*, que M. de Charpentier regarde aussi comme une dolomie de formation secondaire.

Mais en supposant même que les dolomies sont abondamment répandues dans les Pyrénées, serait-ce un motif pour placer au nombre des primitives, les pierres calcaires de cette chaîne de montagnes, quand les observations de M. Smithson-Tennant, membre de la société royale de

Londres, semblent ne point permettre que l'on assigne ce rang aux dolomies? M. Tennant dit que la pierre calcaire magnésienne (dolomie) de Bredon près de Derby, fréquemment cristallisée sous une forme rhomboïdale, renferme quelquefois des coquillages pétrifiés et qu'on en rencontre aussi quelques-uns dans la pierre calcaire magnésienne de Mallock, dans le Derbyshire. *Journal de Physique*, an 8. Ainsi de quelque manière que nous envisagions les pierres de carbonate de chaux des Pyrénées, nous trouvons toujours des motifs pour les placer avec les matières de seconde formation; et cela paraît d'autant plus vraisemblable que les marbres de cette chaîne sont très durs en général, et ne s'égrainent pas facilement, comme les dolomies qui se distinguent par leur friabilité. *Traité élémentaire de Minéralogie*, par M. Brochant, t. 1.er p. 535.

Outre les observations que j'ai rapportées, il en est d'autres qui portent à considérer comme secondaires, les pierres calcaires et les pierres argileuses feuilletées, qu'on voit alterner avec elles, puisqu'au centre des Pyrénées, il existe des sources dont l'eau donne du sel marin (muriate de soude) par l'évaporation, et qui contiennent, en outre, une substance regardée par quelques chimistes, comme une espèce de bitume, qui donne le même produit qu'une lymphe animale ou qu'une substance végétale, qui a subi quelque mouvement de fermentation, et que M. Vauquelin a trouvé très analogue à la corne des animaux ou bien à de l'albumine desséchée, autrement à quelque mucilage blanc, animal. On trouve dans cette chaîne de montagnes, de grandes masses de carbonate de chaux pénétrées de bitume ; telle est la pierre calcaire du Mont-Perdu, décrite par M. Picot-Lapeyrouse. *Journal des Mines*, n.º 34, p. 53.

M. Hoppensack rapporte, en outre, que dans la vallée de Gistaun, vers la région moyenne, qui renferme du cobalt, et du côté de l'Ouest, on trouve un banc de schiste noir, friable, souvent bitumineux. *J. des Mines*, n.º 29.

Je n'ose pas affirmer que ce schiste bitumineux se trouve précisément sur la même bande de terrain qui, dans la vallée de Héas, contient de l'anthracite et se prolonge du côté de l'Est, pour traverser la vallée de Bielsa ; mais il est vraisemblable qu'il n'en est pas éloigné, si toutefois aucun obstacle n'interrompt la continuité de cette bande argileuse : et de même que dans les montagnes de Héas, elle contient des efforescences cobaltiques, selon le témoignage de M. Ramond, de même la vallée de Gistaun renferme, comme on l'a vu de la mine de cobalt ; ressemblance qui rend assez vraisemblable ma conjecture.

On trouve au Sud de St.-Jean-Pied-de-Port, et non loin des ruines du château Pignon, des eaux salées dont on obtient du muriate de soude par l'évaporation : cette source jaillit du sein d'une montagne de marbre en deçà de laquelle sont des bandes argileuses de schiste dur, et d'ardoise ; elle est dans un lieu élevé, comme la plupart des sources salées d'Espagne, tandis que celles de France et d'Allemagne, sont ordinairement dans des plaines ou des terrains bas.

Il n'est pas inutile de remarquer qu'au Sud de la montagne de marbre, dont nous parlons, et vers le monastère de Roncevaux, assis presqu'au centre des Pyrénées, on rencontre différentes espèces de schistes argileux qui, non loin de Bourguette se trouvent remplacés par du marbre gris, en masse. Les montagnes que l'on traverse après ce lieu, sont, en général, composées jusqu'à Subiri, d'une pierre calcaire feuilletée, dont les couches inclinées et séparées quelquefois par des couches argileuses, se dirigent de l'Ouest à l'est.

Le village de Camou, dans le pays de Soule, possède aussi des eaux salées, dont on retire une petite quantité de sel gemme, *muriate de soude* : on trouve des schites argileux disposés par couches inclinées et parallèles, au Nord et non loin de ce lieu ; il est facile de les observer dans les communes de Sauguis et sur la rive gauche du Gaison, entre Ossas et Mendite.

La commune de Salies, au Sud de St.-Martori, a pereillement une source qui contient du sel marin (muriate de soude) : elle est environnée de matières argileuses, précédées et suivies de couches calcaires.

Enfin, si nous franchissons la crête des Pyrénées, à l'extrémité méridionale de la vallée d'Aure, nous trouverons, selon M. Charpentier, du sel gemme (muriate de soude) près de Cervetto, dans la vallée de Gistaun. Comme les substances salines et combustibles ne se trouvent que dans les terrains secondaires, il n'est pas douteux que les roches des Pyrénées qui les contiennent ne sont point de formation primitive.

Indépendamment de tout ce que je viens d'exposer, et qui semble aussi m'autoriser à croire que les pierres calcaires des Pyrénées sont en général de seconde formation, j'oserais encore présumer que le grand nombre de cavernes qui s'ouvrent dans les différentes parties de la chaîne, doit être envisagé comme une indice, propre à faire conjecturer que les pierres de carbonate de chaux où l'on voit ces vastes cavités, doivent être rangées parmi les matières également d'origine secondaire. Car il parait que les cavernes ne se trouvent en général que dans les pierres calcaires de ce genre ; telles sont les grottes de la Balme et d'Orgibert ; celles que l'on trouve sur le bord de la mer entre Genes et Nice, d'après le rapport de M. Saussure ; il en est de même, suivant M. Faujas, dans les grottes de Sassenage et de Notre-Dame de la Balme ; la pierre calcaire secondaire et celle de transition en renferment souvent. *Traité élem. de Min.* par M. Brochant. La chaux carbonatée bituminifère du coudros renferme, selon M. Omalius d'Halloy, beaucoup de corps organisés..... tels que des ammonites, des Terebratules..... elle a tout le caractère de transition des allemands..... et présente un grand nombre de ces cavités et de ces grottes souterraines qui paraissent se trouver exclusivement dans le calcaire ancien. *Journal des Mines*, n.º 142, p. 275. M. Ferber observe qu'il y a dans les Alpes calcaires ou montagnes secondaires, beaucop de grottes revêtues de stalactites. *Lettres sur la Minéralogie de l'Italie*, p. 56.

Or nous voyons aussi des marbres caverneux dans toutes les régions des Pyrénées ; c'est-à-dire dans l'inférieure, la moyenne et la supérieure ; tels sont ceux de Corbères, de Villefranche, de Sirac, de Bernadel en Roussillon ; de Bedeillac, de Lombrive, de St=Girons, d'Aubert, de Portet, d'Arba au département de l'Ariège ; d'Aspet, de St.=Réat, de Cierp, de Gorgas, de Trouvat, de Lortet, d'Ilhet, de Sarrancolin, de Jumet dans le Comminges ; de Campan, de Sarabran, de

Bagnères, du pic d'Allans-des-Épicières; de Lourde, de St.-Pé, du val d'Azun, dans le département des Hautes-Pyrénées; d'Espalungue, d'Isege, des Eaux-Chaudes, du Pourtalet, de Pétraube en Béarn; d'Isturits et de Leschia au pays des basques.

J'espère qu'on me permettra de faire remarquer à l'occasion des profondes et ténébreuses cavernes des Pyrénées, qu'elles sont le repaire des bêtes féroces. C'est d'un pareil antre, situé dans la montagne de Bitet, au delà des Eaux-Chaudes, qu'est sortie le 28 décembre 1818, la grande et terrible ourse qui atteinte de deux coups de fusil s'élança sur le sieur Bergé de Laruns, avec lequel elle se prit corps à corps, au bord d'un affreux précipice où elle périt seule, en tombant, et sans entraîner l'intrépide chasseur dans sa chute mortelle.

Je ne m'arrêterai point ici, pour rechercher l'origine des antres profonds qui s'ouvrent dans le sein de la terre; mais je ne peux me refuser à donner connaissance de l'observation intéressante, que M. Faget-Baure a faite dans une chaîne de rochers calcaires, qui bornent, du côté de l'Ouest, ses domaines de Baure, situés près d'Orthez. Il s'est convaincu que la formation des ouvertures souterraines qu'on y remarque, devait être attribuée au cours des eaux qui, circulant dans les entrailles de cette chaîne de chaux carbonatée, entraîne l'argile dont on trouve dans son sein, divers amas isolés: M. Faget Baure a suivi les effets lents, mais réels de l'action des eaux; il a vu de médiocres cavités souterraines, devenir insensiblement de cette manière, d'obscures et grandes cavernes.

Quoiqu'il en soit de cette conjecture, les bancs

calcaires sembleraient donc appartenir aux roches de seconde formation; ce qui paraît d'autant plus vraisemblable, que la chaux carbonatée, d'une odeur fétide, se trouve non-seulement dans la bande calcaire des montagnes inférieures, on la rencontre encore au centre des Pyrénées et dans les parties supérieures. M. Chaptal rapporte que M. Picot-Lapeyrouse a trouvé la pierre puante en grandes masses, près St.=Béat. *Élémens de chimie*, t. 2, p. 68; elle est au sommet de Marboré, au Pic Blanc. *Voyages au Mont-Perdu*, p. 49; je l'ai pareillement trouvée derrière le Pic du Midi d'Ossau, en montant au col des Moines; et l'on n'ignore pas que les calcaires fétides sont envisagées généralement comme étant d'origine secondaire. *Journal des Mines*, n.º 137, p. 349. En effet, on trouve cette substance dans les veines de houille de la Provence, dans le *Monte-Baldo*, montagne du Véronois, dont les couches de schiste calcaire sont couvertes de plantes exotiques pétrifiées. *Lettres sur la minéralogie de l'Italie.* La pierre calcaire ordinaire des Apennins, celle de l'île de Caprée exhalent une odeur de poudre à canon, au frottement. *Voyages dans la Campanie* par M. Breislach : toutes deux sont de seconde formation.

« Tout ce qui vient d'être rapporté, semble confirmer la vraisemblance de mes conjectures sur les couches argileuses et sur les couches calcaires des Pyrénées, qui, comme je l'ai dit, paraissent devoir être placées en général, au rang des matières secondaires; en convenant toutefois, que les couches qui se trouvent renfermées entre d'autres couches de granit feuilleté, sont de la même époque que ces dernières.

TROISIÈME PARTIE.

I.

Formation respective des pierres calcaires compactes, et des pierres calcaires grenues. Mélange de différentes matières au point de contact des bandes minéralogiques des Pyrénées.

Pour établir avec quelque fondement, que les pierres de chaux carbonatée, grenues et celles qui sont compactes, ont une origine différente, il faudrait trouver ces dernières dans les montagnes antérieures, seulement, ou formant toujours une croûte épaisse au-dessus de celles qui sont composées de couches alternes et successives de schiste argileux et de pierre calcaire grenue; mais, comme nous l'avons déjà remarqué, il règne un ordre uniforme dans l'arrangement de ces matières : elles montrent dans toute la largeur des Pyrénées, des bancs inclinés, parallèles, disposés alternativement, depuis les basses montagnes, jusqu'aux plus hautes crêtes; et les marbres compacts et coquilliers n'occupent aucune partie fixe de cette chaîne. Ils sont seulement plus abondans dans quelques endroits; et quoique la plus grande partie de ces différentes roches calcaires n'en contienne aucun vestige, leur disposition respective doit les faire néanmoins envisager comme étant d'une origine contemporaine : d'autres terrains sont également composés de roches qui, quoique d'une formation simultanée, sont, dans quelques endroits, entièrement ou presque dépourvus de dépouilles marines, tandis que d'autres en contiennent beaucoup : cette particularité devient très-remarquable dans les masses continues de marbre, sur lesquelles le château de Lourde est situé : on n'y trouve pas, en général, des testacées, en cotoyant la partie occidentale. Mais ils sont très-abondans dans les roches calcaires adjacentes qui sont au-delà. M. de Saussure cite un exemple de cette même singularité; il a vu, non sans étonnement, dans les collines argileuses de la Toscane, et surtout auprès de *Monte-Chiaro*, des côteaux voisins les uns des autres, et quelquefois des champs contigus sur une même colline, dont les uns sont remplis de coquillages fossiles, au point que la terre en est blanche, et les autres n'en contiennent pas le moindre vestige. On ne peut cependant pas leur refuser une origine commune; il faut donc reconnaître, ajoute cet habile naturaliste, ou que les coquillages ne s'étaient pas établis partout, ou que des causes locales les ont détruits dans certains endroits et conservés dans d'autres.

Voici d'autres exemples de ce genre. L'argile plastique des environs de Paris, ne contient, selon MM Cuvier et Broignart, aucun fossile, ni marin, ni terrestre, quoiqu'elle se trouve au milieu des matières calcaires, qui en renferment beaucoup. *Journal des Mines*, n.º 138.

Entre la place du Perou et le jardin des Plantes de Montpellier, j'ai remarqué dans le sable, un banc de coquilles d'environ 4 pieds de largeur. Ce sable est couvert d'un banc de terre argileuse, bolaire, où l'on n'apperçoit pas des corps marins.

» On sent, dit M. Omalius-d'Halloy, qu'une
» foule de circonstances particulières peuvent
» rendre les corps vivants très-communs dans

» certaines contrées, tandis qu'il n'y en a pas
» dans d'autres, et que de deux terrains de
» même nature, formés à une époque contem-
» poraine, l'un peut se présenter à nos yeux avec
» tous les caractères des terrains primitifs, et
» l'autre récéler un grand nombre de corps orga-
» nisés. » *Journal des Mines*, n.º 165, p. 171.

Quelques naturalistes ont envisagé comme primitives, les pierres calcaires mêlées de substances qui forment les élémens propres aux roches
antiques; mais cette particularité n'est pas un
motif suffisant pour justifier une pareille opinion;
il est aisé de concevoir que, situées près du granit, par exemple, et quoique formées dans des
temps moins reculés, elles peuvent en contenir
quelques débris : rien de plus commun dans les
Pyrénées, que les pierres mélangées de différentes substances; la texture des schistes argileux
et des pierres calcaires, présente dans les parties
où les différens bancs se rapprochent les uns des
autres, les divers élémens dont ils sont composés,
et les matières deviennent d'autant plus homogènes qu'elles occupent le centre de chaque espèce
de bande, soit calcaire, soit argileuse; particularité dont l'*Essai sur la minéralogie des Monts-
Pyrénées* fait plusieurs fois mention, et que M.
Picot-Lapeyrouse a pareillement faite dans la
vallée d'Estaubé. *Journal des Mines*, n.º 37, p.
51. M. Brochin dit aussi que le calcaire de la vallée de Luchon, passe par des nuances presque
insensibles à l'état de schiste argileux. *Idem*,
n.º 144, p. 431.

Il résulte ordinairement du mélange de ces différentes substances, une espèce de marne et quelquefois d'autres pierres composées, auxquelles la

5

contiguité des matières donne naissance : les marbres variés de la vallée d'Aspe, et principalement ceux de la commune d'Eygun, sont placés au milieu des couches argileuses : le marbre vert et rouge de Campan a des schistes argileux pour base ; des couches de pierre du même genre se trouvent très-voisines de la belle carrière de la Taule, en Couserans ; elle abonde en marbre varié de vert et de blanc ; tous ces marbres contiennent de l'argile.

Ces mélanges semblent avoir été produits par le mouvement des eaux qui, dans leur flux et reflux, ont dû mêler et confondre les nouvelles terres qu'elles déposaient, avec les débris des rochers qui leur servaient de base ; c'est ainsi que les roches feuilletées, granitiques sont en partie composées de grains de quartz, de lames de mica, etc., etc. qui proviennent de la désunion des matières constituantes du granit en masse, contre lequel elles s'appuient ordinairement ; c'est ainsi qu'à leur tour, les pierres calcaires ou les schistes argileux contiennent quelquefois, tous les élémens du granit feuilleté, dans les bancs les plus voisins de cette roche qui me paraît d'une formation postérieure au granit en masse, dont les débris, au reste, se trouvent pareillement parmi des matières secondaires. M. Duhamel a remarqué ces débris dans les terrains et les rochers qui renferment des veines de houille ; ce qui doit paraître d'autant moins étonnant, qu'un grand nombre de mines de cette substance combustible, sont environnées de granit. *Journal des Mines*, n.º 8.

D'après tous ces exemples, faut-il être étonné de trouver dans les Pyrénées les diverses parties constituantes de la roche primitive, mêlées avec des matières d'une date moins ancienne ? et puisque la contiguité des couches calcaires et des couches de schiste argileux, a produit en général, au point de leur contact, des couches d'une substance mixte, connue sous le nom de *marne*, n'est-il pas tout aussi naturel que la proximité des bancs calcaires, et des masses continues de granit, ait donné naissance à des bancs composés d'un mélange de ces deux espèces de pierres ? les couches intermédiaires dont il est ici question, font partie de l'ordre respectif des autres couches argileuses ou calcaires, moins hétérogènes, produites tour à tour par le mouvement périodique des eaux de la mer.

Cependant quoique la formation alternative des bancs calcaires et de schiste argileux, ait eu lieu successivement, elle doit néanmoins être comprise dans une seule et même époque qu'il faut distinguer de celle où la nature a produit du granit en masse. Il est naturel de présumer que si les mica et les quartz, qui font quelquefois partie de la composition des pierres calcaires, ne provenaient pas en général, de la destruction des roches de granit, on trouverait pareillement le même genre de pierre calcaire micacée, avec les autres bancs des Pyrénées qui ne sont pas voisins de la roche primitive; et quoique l'on observe dans quelques collines, d'une formation qu'on pourrait appeler *tertiaire*, ces divers élémens, les Pyrénées comme les Alpes, ne montrent d'ordinaire ces espèces mixtes, composées de parties calcaires, de quartz et de mica, que dans les lieux situés près des masses continues de granit; celles-ci se trouvent au contraire partout les mêmes ; c'est-à-dire, sans nul mélange de fragmens calcaires ; ce qui prouve qu'ils n'entrent point dans leur composition, tandis que les pierres calcaires sont mêlées de fragmens qui constituent la roche de granit, et tels sont les quartz et le mica.

Cette différence sert pareillement à nous faire connaître que la formation de la roche granitique ne date point de la même époque que les pierres calcaires précédentes, quoiqu'on les regarde comme primitives, à cause de la nature de leur mélange; mais nous avons vu qu'elles n'ont été formées en partie qu'aux dépens du granit, tandis que le granit ne contient aucun des élémens qui, primitivement, ait appartenu à des rochers calcaires que le temps aurait détruits : l'origine de ces deux genres de pierre n'est donc pas de la même époque. « Du côté de l'ancienneté d'ori» gine, dit M. de Montlosier, les titres du granit » sont incontestables; les masses calcaires se sont » formées sur les masses de granit; on ne trouve » point le granit en roche sur les masses calcai» res; il ne renferme point, comme elles, des » détrimens modernes de coquillages ou d'ani» maux marins. *Notice sur la pierre appelée Cornéene*, p. 6.

§ II.

Nouvelles considérations sur l'ordre alternatif des couches calcaires et de schiste argileux.

Quoique les faits déjà cités dans ce mémoire dussent suffire pour distinguer la formation du granit, de l'origine des pierres calcaires et des schistes argileux ou cornéenes, je ne crois cependant pas superflu d'en présenter de nouveaux. Ils me paraissent propres, au contraire, à dissiper les doutes formés à ce sujet.

Il n'est pas douteux que dans les Pyrénées, les schistes argileux ou pierres de corne sont, comme nous l'avons déjà vu, de formation secondaire. Les faits dont j'appuie mon opinion, sont les mêmes que quelques naturalistes ont employés pour prouver que l'origine des couches de pierre de corne, de pierre calcaire, grenue, était de la même date ; c'est la position alternative et parallèle de ces différentes matières ; c'est la parfaite conformité qui règne dans leur direction et leur inclinaison ; c'est, en un mot, la réunion de pareils motifs, qui fait croire, et non sans fondement, qu'elles ont été formées à la même époque ; mais il me semble qu'on pourrait les appeler *secondaires*, tandis que d'autres observateurs les placent au rang des primitives.

M. Brochant fait usage du même raisonnement, pour démontrer que des terrains regardés comme primitifs, sont, au contraire, de transition : « A » Martigni et St.-Maurice, dit ce célèbre minéralogiste, on trouve le calcaire micacé ; et » entre ses bancs, on observe, à-la-fois, des » couches de petrosilex, des roches feld-spathi- » ques, des ardoises, des grès et des poudingues » à fragmens primitifs..... Il est vrai que l'inter- » valle occupé par toutes ces roches, entre les » deux extrémités, où le calcaire se rencontre, » est assez considérable ; mais la régularité des » couches, leur direction constante, approchant » de la verticale, ne permettent pas de douter » que toutes n'appartiennent à la même forma- » tion. » *Journal des Mines*, n.° 137.

Chacune des principales bandes des Pyrénées, dont il est ci-dessus question, se distingue par l'abondance ou la rareté des matières homogènes :

les couches de pierre calcaire, très-pure, ne renferment ordinairement, au milieu d'elles, que peu de schiste argileux; ils sont, au contraire, plus abondans au milieu des couches calcaires, dont les principes se trouvent mélangés; et c'est cette réunion qui rend sans doute les matières si feuilletées: ces matières qui paraissent former continuité, et passent d'une vallée vers l'autre, en se prolongeant de l'O. N. O. à l'E. S. E., montrent partout des couches très-minces.

Elles ne se distinguent que par la différence des élémens qui toujours altèrent leur pureté; mélange qu'il faut regarder comme le résultat de plusieurs circonstances locales, produites par la nature des roches environnantes: c'est ainsi qu'à Laruns, dans la vallée d'Ossau, et près d'Arrenx, dans le val d'Azun, on ne voit, en général, que des argiles pierreuses mêlées de matières calcaires; seules substances qui se trouvent immédiatement au tour de la bande minéralogique, composée de couches étroites, de schiste argileux et de pierre calcaire communément fossile.

Aux environs de Barèges, au contraire, ces mêmes matières sont confondues avec plusieurs des élémens qui constituent la roche primitive, adjacente. Ici, l'on a pû donner la même origine primitive aux montagnes qui présentent ce mélange; mais comme les couches de cette contrée ne paraissent être que la prolongation de celles qui traversent, près de Laruns, la vallée d'Ossau, et que j'ai placées, non sans beaucoup de vraisemblance, parmi les matières secondaires, ne pourrait-on pas attribuer, pareillement, la même origine, aux couches des environs de Ba=

règes ? Cette conjecture paraît d'autant plus probable, que ces couches ne diffèrent de celles de Laruns, que par une plus grande confusion de matières diverses et proportionnées, principalement, à l'abondance des molécules détachées des grandes masses continues de granit, répandues dans cette région des Pyrénées, où la roche fondamentale se montre fréquemment. Les chaînes granitiques, dit M. Duhamel, influent sur les dépôts de schiste qu'on trouve à leur pied. *Journal des Mines*, n.º 8, p. 46.

Un des motifs qui me ferait envisager ces matières mélangées des environs de Barèges, comme purement accidentelles et non comme un caractère essentiel d'une formation distincte et particulière, c'est qu'elles sont circonscrites dans un très-petit espace : je ne vois point que les roches feuilletées, hétérogènes, adjacentes du granit, comme celles du Pic d'Eslits, par exemple, où ce mélange est plus remarquable, et dont les couches se prolongent de l'E. S. E. à l'O. N. O. ; je ne vois pas, dis-je, qu'elles conservent dans la vallée de Bastan, la même abondance de matières étrangères; elles s'en dégagent, au contraire, en s'éloignant de la roche antique : car si nous suivons ensuite les couches de ces roches feuilletées à l'O. N. O. vers les vallées de Barèges, de Cauterés, d'Azun, etc., etc., etc. qui sont parallèles ; si de l'autre côté, nous les suivons à l'E. S. E. vers les vallées de Campan, d'Aure, de Louron, etc., etc. qui sont également parallèles, nous n'y trouverons pas une pareille confusion de matières différentes.

Cette singulière formation se borne, du côté du Nord, au Pic-du-Midi de Bigorre, qui n'est

éloigné du Pic d'Eslits, que d'environ 4,000 toises : là, comme au Pic d'Eslits, les couches qui, du Pic-du-Midi, se prolongent vers l'O. N. O., d'un côté, et de l'autre vers l'E. S. E. se débarrassent de ces matières accidentelles, en s'éloignant de cette haute montagne. On ne les trouve, d'une part, ni dans les vallées de Campan, d'Aure, de Louron, etc., etc. ; ni de l'autre, dans la vallée de Lavedan, ni celle d'Azun, etc., etc. « Depuis le Tourmelet jusqu'à Grippe, on trouve,
» selon M. Pasumot, beaucoup de fragmens de
» la roche schisteuse et glanduleuse du Pic-du-
» Midi, qui sont descendus du haut et du milieu
» des montagnes qui la dominent du côté du
» Nord ; et comme plusieurs de ces fragmens ne
» contiennent point de globules de schorl, cela
» prouve qu'il y a des veines de cette roche qui
» n'en renferment point. » *Voyages Physiques dans les Pyrénées*, p. 83.

Il est d'autant plus probable que certaines matières tirent, en partie, les élémens qui les composent, des roches contigues, que les grenatites, par exemple, se trouvent principalement dans les schistes micacés, peu distans du granit. C'est ainsi qu'on l'observe à la montagne de la Glère, située au Sud de Bagnères de Luchon; au lac d'Espingo, dans la vallée de Louron; au Pic du Midi de Bigorre; au Pic d'Ereslids, non loin de Barèges, lieu remarquable par ses eaux minérales, où la réputation de leur efficacité, attire, dans la belle saison, de nombreux guerriers couverts d'honorables blessures.

Mais jusqu'à présent, la grenatite n'a point été découverte dans les schistes des vallées d'Asson, d'Aspe, de Baretous, de Soule, où l'on ne trouve point du granit : on ne l'a pas trouvée, non plus, dans les vallées où les schistes sont éloignés des terrains granitiques : je doute que les schistes qu'on observe depuis le débouché de la vallée d'Ossau jusqu'à Laruns, ni les schistes du Lavedan depuis les environs de Lourde jusqu'à Lus, en contiennent ; elle n'est indiquée par aucun observateur parmi les schistes qui sont abondamment répandus aux environs de Bagnères, etc., etc., etc. Ces particularités n'autorisent-elles pas à croire que les matières adjacentes des granits, sont plutôt le produit des élémens modifiés, fournis par les débris de cette roche, que formées à la même époque ?

D'après ce que je viens d'exposer, il semble que les conséquences qui peuvent résulter du mélange des différentes matières, qu'on trouve dans des lieux si bornés, ne doivent point l'emporter sur celles qui paraissent dériver plus naturellement de l'existence des couches très-étendues et moins hétérogènes, qui sont la continuité de ces roches mélangées, dont elles ne partagent point le trouble et la confusion : en envisageant les choses d'une manière différente, ne serait-ce pas vouloir subordonner aux exceptions, les règles générales ?

Donnons un exemple bien évident des erreurs que pourraient causer quelques observations partielles, faites dans les lieux très-circonscrits, et qu'on envisagerait néanmoins comme suffisantes, pour fonder des hypothèses qui doivent avoir, au contraire, pour base, des faits nombreux, observés sur une grande étendue de terrain, car la raison ne doit se rendre qu'à leur autorité.

Si nous examinons la chaîne inférieure et septentrionale des Pyrénées, nous la trouverons depuis la vallée de Soule jusqu'à Lourde, c'est-à-dire, l'espace de 35,000 toises, composée de bancs de pierre calcaire, qui présente de petits corps circulaires, que les naturalistes croient pouvoir ranger parmi les productions de la mer: cette pierre est grise, d'une texture compacte ou grenue et prend bien le poli. Les bancs continuent après Lourde de se prolonger vers l'E. S. E.; mais ils ne contiennent plus à Bagnères, ville située sur la même parallèle, les fossiles dont il est ici question, quoique sa contexture soit la même, c'est-à-dire, compacte, spathique ou grenue.

Cependant M. Ramond n'hésite point à les ranger parmi les secondaires, les envisageant comme une suite non interrompue des bancs de marbre de Lourde, qu'il a reconnu être rempli de débris de testacées : ces bancs calcaires ne s'écartent point après Bagnères de leur direction vers l'orient : j'ignore l'endroit où les testacées commencent précisément à reparaître; mais il est certain qu'on les retrouve dans les bancs de marbre coquillier des environs de St.-Girons, en Couserans, et selon M. Charpentier, à Foix, sur l'Ariège; bancs calcaires qui forment la suite de ceux que nous venons de suivre, depuis la vallée de Soule, et qui tous sont d'origine secondaire.

Je suppose actuellement qu'un observateur, qui ne connaît pas ces rapports, examine les pierres calcaires de Bagnères, dans les parties dont la texture est seulement spathique ou grenue : n'est-il pas vraisemblable qu'en les voyant, en outre, dépourvues des dépouilles d'animaux marins, il les rangera parmi les matières primitives? Ce serait à tort; puisque l'enchaînement et les rapports de texture que ces bancs calcaires ont avec ceux de Lourde et du Couserans, indiquent qu'ils sont de la même époque secondaire, à laquelle il faut rapporter ces derniers ; c'est donc d'après la nature générale des matières et de la disposition la plus suivie de leurs bancs, qu'on doit établir les hypothèses. Ces principes nous autorisent à croire qu'on pourrait regarder les couches schisteuses et les couches calcaires des environs de Barèges, relativement à leur formation, comme subordonnées à celles qui en forment le prolongement, soit du côté de l'O. N. O., soit de celui de l'E. S. E.

Pourquoi regarderait-on comme primitives les couches argileuses ou calcaires, qui contiennent les mêmes élémens que le granit? Ne sait-on pas que des matières, reconnues par d'habiles naturalistes, pour être secondaires, sont composées, quelquefois, de débris de la roche antique? Ne sait-on pas que les mines de houille de Noyant et de Fins, en Bourbonnais, sont situées dans un vallon étroit, bordé d'un côté, d'une chaîne de granit, de l'autre, par des montagnes quartzeuses, et que le pied de cette chaîne offre des grès, où l'on retrouve toutes les parties de la roche primitive? L'on y voit le quartz, le feld-spath, le mica et le schorl. *Journal des Mines*, n.º 8, p. 30. M. Haüy ne fait-il pas mention du granit recomposé, vulgairement appelé *Grès des Houillères ?* « Cet agregat est aux granits primitifs,
» ce que sont les brèches quartzeuses, aux mas-
» ses d'une existence antérieure, qui en ont fourni
» les matériaux. Les détritus du granit y ont

» quelquefois repris une disposition qui imite si
» fidellement celle que l'on observe dans certaines
» roches de première formation, que les natura-
» listes y ont été trompés plus d'une fois : ce gra-
» nit recomposé, formé, assez souvent, des lits
» qui alternent avec ceux de houille, et ce gisse-
» ment seul avertit l'observateur que ce n'est
» qu'un assemblage de débris d'une ancienne
» roche, agglutinés par une seconde opération
» de la nature. » *Traité de Minéralogie*, t. 4, p. 469.

M. Patrin rapporte qu'on trouve proche des veines de houille, des couches de grès micacé, qui paraissent provenir, au moins, en partie, du détritus des montagnes primitives du voisinage. *Histoire Naturelle des Mineraux*, t. 5, p. 319. Ainsi ne pourrait-on pas envisager également les schistes argileux, ou les pierres calcaires des Pyrénées, qui renferment des élémens de granit, comme des matières formées, en partie, postérieurement, de ses débris ?

III.

Altération des roches calcaires ; les grenues et les compactes, dans une même bande de terrain. Conséquence de cette disposition.

Il paraît qu'avec le laps de tems, certaines pierres coquillières perdent toutes les marques manifestes de leur première origine, pour passer à l'état des pierres calcaires, grenues et se confondre avec elles. On doit présumer que les fluides de l'atmosphère, pénétrant et se répandant dans les couches qui forment l'écorce de la terre, peuvent altérer et modifier les molécules, dont ces couches sont composées ; l'eau s'infiltre peu à peu dans les particules les plus insensibles, et s'unissant avec elles, leur donne une transparence qu'elles n'avaient point primitivement. Cette opération de la nature est d'autant plus facile à concevoir, que la pierre calcaire, même la plus dure, est très-poreuse, et que l'art d'y dessiner les fleurs colorées et des couleurs variées, est fondé sur cette propriété. M. Ferber rapporte que le prince de St.-Severino, de Naples, excellait tellement dans ce genre, qu'il colorait d'épaisses colonnes de marbre d'outre en outre. *Lettres sur la minéralogie de l'Italie*, p. 146. M. Targioni-Tozetti observe qu'une goutte d'huile peut pénétrer de part en part, et tacher une table de marbre. *Voyages en Toscane*, t. 1.er, p. 403. La montagne qui renferme la grotte du Bédat de Bagnères, est principalement composée de pierres calcaires, susceptibles de prendre le poli, elles sont la plupart spathiques ou grenues; quelques unes montrent une texture compacte; on distingue parmi ces pierres calcaires, qui sont en général d'une couleur grise, des parties colorées, rouges à l'extérieur et même à leur intérieur; ce qu'il faut sans doute attribuer à des terres argileuses qui les couvrent; l'eau qui coule sur ces matières d'argile en entraîne des particules colorantes, qui, s'insinuant dans le marbre, changent insensiblement sa couleur primitive.

Il n'est pas douteux que les infiltrations pénètrent dans le tissu des pierres calcaires les plus solides, et qu'elles leur donnent une texture que ces matières n'avaient point originairement; nous trouvons une preuve de cette vérité dans l'observation suivante :

Presque toutes les contrées qui, selon M.

Patrin, renferment des pierres calcaires, stratifiées en couches nombreuses, ont des marbres plus ou moins beaux, parmi les couches les plus basses. C'est probablement par l'infiltration des eaux chargées de molécules métalliques, prises dans les bancs supérieurs, que les couches inférieures ont acquis les qualités du marbre. C'est une observation que fait M. de Saussure, à l'occasion des marbres de Bex, en Valais, qui sont surmontés par des couches de pierres marneuses, colorées en rouge. *Histoire nat. des Min.*, t. 11, p. 319.

Pourquoi n'admettrait-on pas des altérations dans la texture des matières calcaires des Pyrénées, lorsqu'on ne saurait disconvenir que ce genre de pierre ne reste pas toujours le même ? Nous observerons avec M. Hatchett, que les couches de pierre à chaux formées en grande partie, de dépouilles animales, présentent une suite complète et graduée, qui commence par les susbtances animales, dont les propriétés sont analogues à celles des mêmes substances, récemment animées et qui se termine par des matières décidément minérales, et dans lesquelles les vestiges de l'organisation sont entièrement effacés. *Journal des Mines*, n.º 119, p. 328.

En effet, il y a loin d'une pierre calcaire tendre, contenant des corps marins fossiles, à des marbres qui acquièrent assez de dureté pour recevoir un beau poli, et qui de même renferment des corps marins entièrement pétrifiés, souvent même changés en spath, ayant par conséquent la configuration des pierres calcaires dites primitives. On pourrait citer une infinité d'exemples d'une pareille conversion : je me borne à rapporter les suivans :

M. Héricard de Thury dit que les bancs calcaires, plus élevés des carrières voisines des collines connues sous le nom de *Flaises*, aux environs de St.-Michel, offrent beaucoup de coquilles; que les inférieures sont grenues, spathiques. *Journal des Mines*, messidor an 10, p. 303.

Les environs de Langres présentent, suivant MM. Rosières et Houry, ingénieurs des mines, une pierre calcaire à facettes, composées de petites lames de chaux carbonatée, cristalisée, qui lui donnent une fausse apparence granitique; cette pierre est quelquefois presqu'uniquement formée d'astroïtes, d'entroques, etc., etc., *ibid.* ventôse an 13, p. 410.

Les observations précédentes semblent bien propres à nous faire présumer que les pierres calcaires, secondaires peuvent devenir spathiques, et par conséquent être confondues avec les pierres à chaux dites primitives; et cette forme de leurs parties constituantes est évidemment la plus ordinaire : si l'on examine les pierres coquillières ou simplement secondaires des Eaux-Chaudes, dans la vallée d'Ossau, de Lourde, dans le Lavedan, etc., etc., on y remarquera communément des parties plus spathiques que compactes : les pierres calcaires ayant la propriété de donner une odeur fétide par le frottement, et qui sont si répandues dans la région inférieure septentrionale, des Pyrénées, ont une cassure écailleuse ou grenue; M. Napioné et beaucoup d'autres minéralogistes regardent la chaux carbonatée fétide, comme une variété de la pierre calcaire compacte. *Traité de Minéralogie* par M. Brochant.

M. Thalacker a pareillement observé aux environs d'Oyarsun, dans le Guipuscoa, de la pierre calcaire, tout à la fois compacte et grenue, offrant dans plusieurs de ses parties des impressions de coquilles. *Variedades de Ciencias* du 1.er décembre 1804, p. 273.

M. Cordier rapporte qu'il a vu dans les Pyrénées, en allant à Bagnères de Luchon, de la pierre calcaire compacte, ou à grains très-fins, et qu'elle reparaît plusieurs fois avec de très-grandes variations de contexture. *Journal des Mines*, n.º 94, p. 254.

Cependant, selon la plupart des naturalistes modernes, la pierre calcaire primitive se montre toujours avec une cassure grenue : de *Saussure*, art. 2319 ; la secondaire présente une forme compacte, *ibid.* Faisons l'application de ce principe, et nous allons nous convaincre combien il est douteux.

M. Ramond rapporte que le granit fortement souillé d'argile et de magnésie, qu'on trouve au Pic d'Eres-Lids, montagne qui domine les bains de Barèges, est généralement à grains très-menus, dépourvus de mica, chargés de pierre de corne.... Entre ces granits et les granits de première position, on remarque des bancs calcaires où abonde la matière grénatique ; ils constituent un marbre primitif, blanc verdâtre, très-compacte. *Journal des Mines*, n.º 44.

Je m'arrête à cette dénomination de *compacte*, pour faire observer une substance qui, par un des principaux caractères qu'elle présente, devrait être placée parmi les pierres calcaires, secondaires, se trouve au contraire, sous des matières rangées par quelques observateurs, parmi les primitives.

Mais au lieu d'appeler primitif le marbre

grenatique du Pic d'Eres-Lids, les principes établis n'autoriseraient-ils pas à dire que ces matières doivent être envisagées comme secondaires, puisqu'elles sont au-dessus des pierres calcaires, dont la cassure est compacte ? Tel est en effet le raisonnement qu'on ne peut s'empêcher de faire, lorsqu'on est bien convaincu de la réalité des caractères dont on vient de parler ; il me semble qu'on doit l'adopter, ou bien supposer avec M. Fitchel, qu'on trouve des pierres calcaires compactes primitives, et dèslors on voit combien il est difficile de faire l'application de ce principe ; difficulté qui devient plus grande encore, quand on veut fixer le rang qui convient à certaines espèces de pierre à chaux, dont la cassure n'est pas bien déterminée : M. de Saussure en a trouvé de ce genre, car il fait mention d'une pierre calcaire à cassure écailleuse, et d'un grain si fin qu'on peut douter si elle n'est pas compacte ; elle est mélangée de très-petites parties de mica brillant. *Voyages dans les Alpes*, t. 3, p. 62. Plusieurs marbres des Pyrénées offrant la même texture, peuvent faire naître les mêmes incertitudes. En effet, M. de Born observe qu'il est assez difficile de savoir quelles sont les montagnes calcaires les plus anciennes, et celles qui sont de seconde formation. *Voyage minéralogique fait en Hongrie*, p. 364.

Quoiqu'il en soit des conjectures précédentes, le marbre d'un blanc verdâtre, grenatique, n'est pas le seul dont la cassure soit très-compacte : je suis redevable à la générosité de M. Ramond, de quelques morceaux de marbre gris chargé de grenats, et dont la texture est pareillement compacte : j'ai moi-même trouvé dans la vallée de

6

Barèges, des pierres calcaires qui, sans être entremêlées de grenats offrent une pareille cassure; on les rencontre entre des bancs de schiste dur, argileux; mais au lieu de conclure de cet ordre alternatif qu'elles sont de formation primitive, comme les roches feuilletées, auxquelles on donne cette origine antique, ne pourrait-on pas dire que les roches feuilletées sont de formation secondaire, puisqu'elles alternent avec des pierres calcaires compactes? Les caractères adoptés par M. Patrin, sont un grand motif pour oser le présumer: « les pierres calcaires primitives, dit ce
» savant minéralogiste, n'ont jamais un tissu ter-
» reux et compacte. Il porte constamment l'em-
» preinte de la cristallisation..... L'on peut dire
» que toute pierre calcaire dont la pâte est com-
» pacte, à coup sûr n'est pas primitive. Il arrive
» quelquefois que la pierre calcaire secondaire
» offre un tissu lamelleux, et qui présente à peu
» près les mêmes indices de cristallisation. »
Hist. nat. des Min. t. 1, p. 9.

D'après toutes les observations qui viennent d'être mises sous les yeux du lecteur, je pense qu'on ne peut faire usage des caractères adoptés, pour déterminer les deux époques de la formation des pierres calcaires des Pyrénées; et je suis autorisé d'autant plus à croire qu'ils ne sont point applicables à cette chaîne, que dans plusieurs montagnes, les coquilles pétrifiées se trouvent au milieu des marbres dont les parties sont grenues, et que dans beaucoup d'autres montagnes, notamment en Soule, on voit des roches calcaires compactes, sans aucun vestige de corps marins.

Ainsi la nature paraît avoir suivi pour la formation des pierres calcaires des Pyrénées, un plan général qu'elle a seulement diversifié : toutes les observations que j'ai faites à ce sujet, sembleraient devoir porter à croire que la différence de texture de ces matières, n'indique pas des époques différentes dans leur origine, et qu'on peut regarder les pierres calcaires compactes et les grenues, de la même manière que l'on envisage les silex et les grès, les ardoises et les schistes durs, les serpentines opaques et les serpentines transparentes, les gypses compactes et les gypses cristallisés ; chacun de ces genres de pierre présente deux sortes de texture qui constituent seulement deux espèces qui sont de formation contemporaine.

Enfin, il faut admettre que les couches de pierre calcaire des Pyrénées sont, en général, d'une même époque, ou bien il faut prouver qu'elles n'ont pas une direction générale de l'O. N. O. à l'E. S. E.; car les couches calcaires de Soule, de Barétous, par exemple, qui sont évidemment de formation secondaire, et qui coupent transversalement ces deux vallées, se prolongent du côté de l'E. vers la vallée d'Aspe où les pierres à chaux se montrent, non seulement avec une cassure compacte ou d'un grain fin, mais on y trouve en outre quelquefois des corps marins pétrifiés. Après avoir traversé la vallée d'Aspe, les couches calcaires se dirigent vers la vallée d'Ossau, qu'elles coupent pareillement, en conservant, en général, leur texture compacte ou peu grenue, et des vestiges de coquilles que M. de Charpentier, minéralogiste Saxon, dit avoir même trouvé dans le marbre blanc de Geteu près de Loubie ; les couches continuent à se diriger du côté de l'E., traversent les vallées d'Asson, d'Azun, de Cauterés, et de Barèges : elles se prolongent ensuite au-delà, suivent enfin la même direction que dans les vallées précédentes, n'ayant en général d'autres bornes que celles de la chaîne.

Or, s'il est vrai, comme mes propres observations, confirmées par d'habiles naturalistes, autorisent à le croire, que les couches calcaires des Pyrénées, ainsi que toutes les autres couches de ces montagnes forment continuité, hormis dans les parties qui sont interrompues par des montagnes de granit, on ne peut supposer raisonnablement que les couches calcaires soient primitives dans quelques unes de leurs parties, secondaires, dans quelques autres et qu'on doive rapporter, par exemple, les pierres calcaires des vallées des environs de Barèges, de Cauterés, à la première époque, et celles des autres vallées parallèles précédentes, à la seconde : adopter une pareille opinion, c'est supposer que les bancs calcaires secondaires et les bancs calcaires primitifs, sont joints bout à bout, tandis que tout présente un vaste ensemble, c'est-à-dire, la formation simultanée de chaque banc dans toute son étendue. On les trouve composés ici d'une matière pure ; là, des mélanges en modifient l'homogénéité; ce qui provient, ainsi que nous l'avons déjà rapporté, du concours d'une infinité de circonstances locales, produites par la mobilité et l'agitation du liquide dans lequel ils ont été formés.

IV.

Position respective des pierres calcaires grenues, des compactes, des schistes argileux et de ces mêmes matières avec le granit ; conclusion.

Ce que l'on pourrait imaginer de plus favorable, pour ne laisser aucun doute sur l'existence réele de deux époques distinctes, pour la formation des pierres calcaires des Pyrénées, ce serait de supposer, ainsi qu'on l'a ci-devant observé, que tous les bancs coquilliers se trouvent toujours superposés aux crêtes les plus élevées de ces montagnes, et qu'ils forment au-dessus, une chaîne particulière, continue; mais cette supposition ne peut être admise; elle est contraire aux observations : les madrepores pétrifiés que j'ai trouvés dans la vallée d'Aspe, étaient situés dans la montagne de Pourtalet, au centre des Pyrénées: cette haute excrescence est composée de marbre secondaire, depuis la base jusqu'au sommet, et nous avons vu que d'autres montagnes de pierres calcaires et de schiste argileux la renferment, soit du côté du nord, soit du côté du midi, de manière qu'elle n'a nul rapport avec les pierres coquillières du Mont-Perdu, qui sont hors de la ligne de leur direction, qui passe plus au sud; ni même avec les marbres coquilliers de la vallée d'Ossau, qui s'en écartent vers le nord. Les bancs de marbre de cette dernière vallée, situés dans la région moyenne de la chaîne, au-dessus des Eaux-Chaudes, et qui renferment des corps marins, sont séparés au nord, par des schistes argileux, d'autres montagnes secondaires qui bordent le *Canseitche*, torrent, dans le lit duquel j'ai découvert des pierres calcaires, contenant des impressions de coquilles bivalves. Je dis plus, ces mêmes montagnes secondaires qui s'élèvent sur les bords du *Canseitche*, sont séparées à leur tour du côté du nord, par des couches de schiste argileux, et par des bancs de marbre blanc spathique, par conséquent prétendu primitif, des montagnes de marbre qui composent la région inférieure des Pyrénées, et dont la formation est certainement secondaire ; ainsi les pierres calcaires dites primitives, c'est-à-dire les grenues, ne servent pas de base à celles qui sont incontestablement de seconde formation, comme le granit, placé toujours au-dessous des matières d'une origine moins antique.

Partout, on ne saurait trop le répéter, la succession alternative des schistes argileux, des matières calcaires, compactes, ou grenues, la conformité de leur direction et l'ordre uniforme des bancs inclinés et parallèles entr'eux, indiquent une date contemporaine ; les vrais granits seuls exceptés qui, de l'aveu des naturalistes, ont une origine antérieure.

Pour admettre avec quelque probabilité, la distinction des pierres calcaires primitives et des calcaires secondaires, ne faudrait-il pas avoir trouvé, je le répète, celles qui sont grenues, mêlées quelquefois de préférence avec le granit en masse, ou du moins ne devrait-on pas les rencontrer près de la roche primitive ? Mais cette disposition est loin d'être une règle générale de la nature : le granit en masse des environs de St.-Béat est contigu à des pierres à chaux secondaires : aux Eaux-Chaudes, les marbres compactes et coquilliers sont immédiatement assis sur la roche primitive. Au tour du Pic-du-Midi de la vallée d'Ossau, composé de différentes espèces de granit en masse et de couches de granit feuilleté, s'élèvent des montagnes de marbre gris, compacte, et de marbre d'un grain si fin, qu'il ne saurait être rangé parmi les pierres calcaires grenues : ces marbres qui contiennent des parties fétides, pourraient être compris dans la classe des pierres calcaires secondaires, dont M. Patrin fait mention. Il arrive quelquefois, qu'elles ont un tissu cristallisé; mais on observe toujours quelques parties compactes, qui décèlent son origine. *Hist. nat. des Min.*, t. 2, p. 315.

Les marbres situés près du Pic-du-Midi d'Ossau, sont entièrement semblables à ceux des environs de Gavarnie, ayant d'ailleurs comme eux, l'apparence d'une formation secondaire. On les trouve du côté du Sud, près des pâturages d'Anéou ; ils forment à l'Ouest une partie des rochers de Bius : ils se montrent à l'Est, au quartier de Pombie ; enfin du côté du Nord, on les trouve vers l'origine du torrent qui traverse le canton de Maillabaus, faisant partie de la forêt de Gabas, et partout ces bancs calcaires avoisinent les granits et se dirigent de l'O. N. O. à l'E. S. E., en inclinant du S. S. O. au N. N. E.

Ainsi les pierres calcaires secondaires se trouvent indistinctement dans toutes les parties des Pyrénées, c'est-à-dire, dans les montagnes inférieures, les moyennes ou les plus élevées ; nulle place n'est invariablement fixée par la nature pour les pierres à chaux grenues dites primitives ; on les trouve soit loin du granit en masse, comme le marbre salin de Loubie, soit près de cette roche antique, ainsi qu'on l'observe aux environs de Gabas. Enfin les pierres calcaires compactes ou grenues se montrent également d'une manière distincte, depuis les plaines qui s'étendent au pied des Pyrénées, jusqu'aux montagnes les plus hautes de la chaîne, sans que ces différentes situations paraissent nullement influer sur leur texture; et de même que la formation des granits en masse, inégalement répandus dans les Pyrénées, est selon toute vraisemblance, de la même époque, quoique cette roche primitive présente plusieurs espèces, pareillement la production des marbres grenus et des marbres compactes, semble avoir eu lieu dans un certain espace de temps, sans aucune prérogative d'antériorité.

M. de Saussure dit, il est vrai, que les pierres calcaires compactes sont formées par dépôt, et les grenues par cristallisation. *Voyages dans les Alpes*, t. 4, p. 114; mais ces deux sortes de composition sont tellement multipliées, rapprochées et mélangées, qu'on ne peut se persuader que dans les Pyrénées la nature ait employé deux moyens différens pour former les matières calcaires.

Celles dont l'origine se rapproche avec plus de probabilité d'une formation primitive, sont les pierres calcaires qu'on trouve entre des bancs de granit feuilleté : il n'est pas douteux que ces schistes graniteux ont communément une formation antérieure à celle de plusieurs espèces de roches, comme on peut l'observer aux environs de Gavarnie, où des roches calcaires de formation secondaire, reposent incontestablement sur des couches de gneis entremêlées de chaux carbonatée ; mais il me semble que cette antériorité de date ne peut remonter jusqu'à l'époque de la formation du granit fondamental. M. Duhamel l'a pensé de même. Voici comme il s'exprime : « Les roches
» quartzeuses feuilletées, micacées, en général
» toutes celles propres à contenir des filons me
» paraissent avoir une époque.... postérieure aux
» granits ; puisque c'est sur leurs flancs qu'elles
» sont déposées. » *Jour. des Min.*, n.º 8, p. 53.

M. Barral distingue pareillement les granits de

première et de seconde formation. « Il y a », dit
» ce naturaliste célèbre, deux endroits, dans le
» *Venaco*, assez élevés, où l'on trouve des bancs
» calcaires....., dont les masses sont renfermées
» dans les granits de seconde formation, prove-
» nant de la décomposition du *Monté-Rotondo*...
» Ces granits sont immédiatement attenans aux
» granits primitifs. » *Mémoire sur l'hist. nat. de
l'île de Corse*, p. 28. Il semble donc que d'après
ces observations, on peut seulement conclure que
les pierres calcaires et les couches granitiques
feuilletées qui les renferment, ne datent que d'une
époque moins ancienne que le granit central.

Cependant, M. de Saussure dont l'opinion est
d'un grand poids, convient, comme je l'ai dit, que
la cassure grenue paraît caractériser les pierres
calcaires primitives. *Voyages dans les Alpes*, t.
4, p. 497; mais il observe en même-temps, qu'il
n'est pas rare de voir dans des montagnes calcaires compactes, des filons et même des couches
de spath lamelleux confusément cristallisé, et
qui forment des masses grenues à grains plus ou
moins fins; il en cite plusieurs exemples, surtout
la montagne de Salève certainement secondaire,
puisqu'elle est toute remplie de coquillages.

Nous avons vu que les bancs calcaires des Pyrénées à cassure compacte, présentaient aussi
des parties dont la texture est grenue, comme
on l'observe, soit dans les marbres des environs
de Lourde, qui, suivant M. Ramond, sont remplis de testacées, soit dans les montagnes qui
s'élèvent entre le bourg de Laruns et les Eaux-
Chaudes, ou dans celles d'Aspe : M. Ramond met,
en outre, au rang des matières secondaires, quelques pierres calcaires grenues ou compactes,

situées au nord du Pic-du-Midi de Bigorre. *Voyages au Mont-Perdu*, p. 310. Le même observateur rapporte que les montagnes secondaires de l'Adour contiennent de la pierre calcaire compacte, et de la pierre calcaire grenue. *Jour. des Min.*, n.° 61, p. 89.

J'ai moi-même examiné maintes fois avec beaucoup d'attention, la structure de ces montagnes, et principalement celles qui s'élèvent aux environs de Bagnères et d'où sortent des sources thermales et nombreuses : je me suis convaincu qu'elles sont en général composées d'une pierre calcaire, grise, spathique ou grenue, mêlée quelquefois de parties entièrement compactes. Les marbres caverneux du Bédat, ceux de Salut, les marbres de la masse calcaire à laquelle le village de Gerde est adossé du côté du nord, montrent fréquemment la réunion de ces deux sortes de texture.

M. Brochin, ingénieur en chef des mines, dit que le bassin dans lequel se fait la réunion de la rivière de Luchon à la Garonne, est occupé par le calcaire compacte et lamellaire. *Journal des Min.*, n.° 144, p. 431.

Partout les chaînes calcaires des Pyrénées, quoique d'une formation contemporaine, présentent ces deux sortes de texture, ainsi qu'on peut l'observer du côté de Sare, en Labourd ; aux environs de Tardets ; près des palomières d'Arhansus, et pareillement à la montagne d'Orhi, au pays de Soule ; ces mêmes particularités se font remarquer au Pic d'Anie, dépendant de la vallée d'Aspe ; enfin, dans toutes les autres parties des Pyrénées. Comme les schistes argileux accompagnent, en général, ces bandes calcaires, et que les différentes matières se confondent et se mêlent, il est naturel qu'une même chaîne de chaux carbonatée présente de grandes variétés de texture, propres à faire naître des opinions différentes dans l'esprit des observateurs qui n'auraient point examiné les mêmes parties de terrain : elle se montrerait, aux yeux de l'un, compacte, par conséquent secondaire ; l'autre la voyant grenue, la jugerait primitive.

On observe ailleurs le même mélange : M. Brochant rapporte que « près de St.-Bon, dans
» les Alpes, il a vu des rochers dont une moitié
» était calcaire compacte, et l'autre de calcaire
» grenu très=fétide ; il n'y a donc aucun doute
» que le calcaire compacte ne soit associé au cal-
» caire grenu dans le sol de la Tarentaise. Il tend
» à rapprocher le terrain de cette contrée des ter-
» rains secondaires, dont le calcaire compacte
» fait la base principale, tandis qu'on n'en trou-
» ve point ordinairement dans les terrains pri-
» mitifs. » *Jour. des Min.*, n.º 137, p. 350.

Le calcaire grenu de la Tarentaise, dit encore M. Brochant, alterne dans un grand nombre d'endroits, avec des couches de poudingues calcaires ; il est quelquefois fétide et contient souvent des bancs de calcaire compacte. *Ibid.* 351.

Le calcaire compacte des Pyrénées que nous avons observé jusqu'ici, se rapproche bien d'avantage des formations secondaires, que celui de la Tarentaise, dont le caractère particulier lui donne des rapports avec les roches primitives : ce caractère consiste en ce que le calcaire de la Tarentaise renferme quelquefois des cristaux de feld-spath disséminés; ce qui constitue une roche porphyroïde à pâte calcaire. *Ibid.* Aucun des exemples que j'ai cités, ne présente cette singularité. La pierre calcaire grenue n'est donc pas la preuve d'une formation primitive, et cela paraît d'autant plus vraisemblable, qu'il est aujourd'hui reconnu, d'après les observations de MM. Brognard et Omalius d'Halloy, que des roches cristallisées telles que le syénite, par exemple, ont quelquefois pour base, des matières formées par sédiments, et que je me suis convaincu moi-même, comme je l'ai dit dans mon essai, que l'ophite ou grunstein des Pyrénées alterne avec des roches calcaires de seconde formation. Il ne faut donc point trouver étonnant de voir dans cette chaîne, les pierres calcaires grenues et les compactes, du même genre, dans une position relative qui dénote que leur origine date d'une même époque.

CONCLUSION.

J'ose croire que les faits nombreux rapportés dans ce mémoire, autorisent à penser,

1.° Que la distinction des pierres calcaires grenues primitives, et des pierres calcaires compactes secondaires, ne peut s'appliquer aux matières de ce genre, qui forment une grande partie des Pyrénées.

2.° Que les pierres de chaux carbonatée de cette chaîne montagneuse ont été produites dans un espace de temps déterminé, et sont en général de seconde formation.

3.° Que la succession alternative des couches calcaires et des couches de schiste argileux, qui sont communément inclinées, et se prolongent dans la direction de l'O. N. O. à l'E. S. E., paraît être le résultat d'une opération simultanée, postérieure à la formation des roches granitiques.

4.° Qu'enfin, les couches calcaires renfermées au milieu d'autres couches de granit feuilleté (gneis), sont les seules que l'on puisse envisager comme étant contemporaines de ce genre de roche, dont la formation semble en général moins antique que celle du granit en masse fondamental.

SUR
DES CAILLOUX CELLULAIRES,

TROUVÉS AUX ENVIRONS DE NAVARRENX,

DANS LE DÉPARTEMENT DES BASSES-PYRÉNÉES

Nous vivons dans un temps où de célèbres naturalistes animés, tout à la fois, par les éloges et l'amour de la vérité, réunissent leurs lumières, pour dévoiler les secrets de la nature : attentifs aux divers phénomènes qu'elle présente, ayant pour guide l'expérience et la raison, ils ont enrichi la minéralogie d'un grand nombre de nouvelles découvertes ; j'ose néanmoins, malgré les progrès étonnants de cette science, ne pas désespérer de mettre en évidence quelques faits inconnus, relativement à des cailloux assez rares, que j'ai trouvés, principalement, sur le territoire d'Ogenne, canton de Navarrenx, et qui m'ont paru mériter une attention particulière.

Ces cailloux arrondis et roulés par les eaux, sont en général, formés de la réunion d'une multitude d'alvéoles ou petites loges ferrugineuses : le diamètre de chacune de ces cavités, n'excède pas ordinairement trois lignes ; leur profondeur est un peu moindre.

Quelquefois, ces petites cellules sont séparées les unes des autres, par une substance argileuse, et donnent alors aux cailloux l'apparence d'une sorte de variolite.

Les creux qu'on y remarque, sont ou vuides ou remplis de terre, qui ne fait point effervescence avec les acides ; c'est de l'argile ou de l'oxide de fer ; ces cailloux contiennent en outre, quelques parties assez dures pour étinceller lorsqu'on les frappe avec l'acier.

Les cailloux cellulaires d'Ogenne, auxquels le grand nombre de loges qu'ils contiennent, donnent un peu de ressemblance avec des fragmens de guépiers, qui se seraient durcis et pétrifiés, se trouvent sur des côteaux composés de terres argileuses, et marneuses compactes. On les rencontre parmi des pierres roulées de grès, dont la crête des côteaux est ordinairement jonchée ; on en distingue de gris, de bruns et de rougeâtres ; leur pesanteur, qu'il faut attribuer à l'oxide de fer, est assez remarquable.

Malgré la substance ferrugineuse, que l'on décèle dans ces cailloux à petites loges, l'aiguille aimantée ne manifeste aucun signe de la présence de ce métal, quand on l'en approche ; ce qui prouve qu'il est à l'état d'oxide : le fer en grains informes, qui remplit quelquefois les cavités, paraît composé, quoiqu'imparfaitement, de couches concentriques : ces grains sont plus métallisés à la circonférence qu'au centre.

Lorsque j'examinai pour la première fois, la singulière structure de ces cailloux, je n'osai point entreprendre d'en expliquer la cause ; elle me parut enveloppée d'obscurités et de mystères difficiles à pénétrer. Ayant vu dans un autre lieu et décrit des morceaux isolés d'incrustations calcaires, dont les cavités se remplissent accidentellement de matières étrangères, lorsqu'elles ont été détachées et roulées par les eaux, je crus un moment pouvoir trouver dans ces productions, des indices propres à me faire découvrir la véritable origine des cailloux cellulaires d'Ogenne ;

mais des caractères trop opposés dissipèrent bien vite l'espoir dont je m'étais flatté ; il fallut envisager ces cailloux comme un effet inconnu du caprice de la nature ; et quoique plein d'une ardeur qui n'est pas volage ni facile à lasser, je fus obligé de les ranger au nombre de plusieurs autres substances, sur lesquelles on a moins de connaissances que d'idées conjecturales : mon esprit incertain attendait le résultat de plus longues recherches, lorsqu'un heureux hasard me dévoila le secret d'une formation qui m'avait paru jusqu'alors inexplicable.

En examinant, sur le territoire de Luc, lieu voisin de la commune d'Ogenne, un côteau formé d'argile, lequel côteau se trouve sur la rive gauche du *Larré*, et près de la source de cette petite rivière, qui va confondre ses ondes avec le Gave, non loin du château de Baure, dont elle baigne les murs, je ramassai précisement, au-dessous d'une habitation qu'on appele *Mirande*, et le long d'un chemin vicinal, quelques morceaux de cette terre, dont la couleur vive et rougeâtre avait maintes fois fixé de loin mon attention ; et lorsque je les observai de près, je fus agréablement surpris d'y voir plusieurs cavités semblables à celles des cailloux cellulaires ; mais la substance ferrugineuse dont ces petites loges étaient formées, paraissait moins dure et moins abondante : ce n'était, pour ainsi dire encore, que le commencement de sa conversion en oxide de fer. Les grains qu'elles contenaient, étaient de la même nature et dans le même état ; en un mot, cette argile rougeâtre indiquait la première origine de ces pierres roulées ; tant il est vrai qu'il n'est rien à négliger pour les observateurs, et que l'examen des matières les plus communes, peut fournir souvent des lumières. C'est donc dans la terre argileuse même que prennent naissance ces globules terreux ou ferrugineux, dont je ne pouvais concevoir la cause.

Il faut croire qu'ils se forment à peu près de la même manière que la mine de fer en grains. M. de Buffon, que l'on place au premier rang, parmi les naturalistes français, qui, par leur goût et leur savoir, ont ouvert les portes de la philosophie naturelle, dit que cette mine de fer en grains n'est qu'une secrétion qui se fait dans la terre limoneuse, d'autant plus abondamment, qu'elle contient une plus grande quantité de fer décomposé. On sait, ajoute cet illustre naturaliste, que chaque pierre et chaque terre ont leurs stalactites particulières, différentes entr'elles, et que ces stalactites conservent toujours les caractères propres des matières qui les ont produites. La mine de fer en grains est dans ce sens, une vraie stalactite de la terre limoneuse. Ce n'est d'abord qu'une concrétion terreuse, qui peu à peu prend de la dureté par la seule force de l'affinité de ses parties constituantes. *Hist. nat. des Min.*, t. 2, p. 148.

On ne peut se dispenser d'admettre pareillement cette espèce de transmutation; mais la terre argileuse dans laquelle se forment les grains et les cavités qu'on observe dans les pierres cellulaires d'Ogenne, ne paraît point présenter toutes les circonstances qui, selon M. de Buffon, contribuent à donner naissance aux globules ferrugineux : « l'eau pluviale, dit-il, produit par son
» séjour dans les terres grasses, une sorte d'effervescence; l'air qui y était contenu s'en dégage et forme dans toute l'étendue de la cou-

» che, une infinité de bulles qui soulèvent et
» pressent la terre en tout sens, y produisent un
» nombre égal de petites cavités dans lesquelles
» la mine de fer vient se mouler. » *Hist. nat.
des Min.* t. 2, p. 151.

La formation des particules ferrugineuses est pareillement visible dans l'argile rougeâtre, que j'ai soigneusement observée sur le territoire de Luc; mais on n'y découvre pas les cavités produites par les bulles d'air, et qui, suivant M. de Buffon, seraient destinées à recevoir les grains de fer. On voit au contraire, que les molécules ferrugineuses s'insinuent, pénètrent et s'étendent insensiblement en veines circulaires, entre les parties d'argile, pour former sans doute, par stillation, les petites loges dont nous avons parlé, et qui sont tellement unies à l'argile qui les environne, qu'on ne peut les en séparer sans fracture; la formation de ces veines circulaires d'oxide de fer a précédé celle des creux ou moules, qui n'ont lieu que lorsque les matières qu'ils contiennent, se décomposent et tombent en poussière; vérité d'autant plus frappante que la plupart sont remplis de parties argileuses, qui ne sont pas encore transformées en oxide de fer, tandis que les petites coupes qui les renferment, ont subi cette métamorphose en entier : je le répète, les grains d'oxide de fer ne viennent point se mouler dans les cavités qui sont dans l'argile : ces petites loges ne se forment, au contraire, que lorsque les globules terreux ou ferrugineux s'en détachent.

Telle est l'origine des cailloux cellulaires d'Ogenne. On voit que la terre argileuse qui les produit se consolide, se couvertit en oxide de fer, sous une forme arrondie ou circulaire, forme qu'on sait appartenir particulièrement aux substances ferrugineuses. La mine de fer en pois, en grains, en fèves présente cette même disposition. *Manuel du Minéralogiste.*

L'hematite se montre aussi quelquefois en couches concentriques. M. Patrin rapporte que dans la plupart des terrains marneux, chargés d'oxide de fer, cet oxide se réunit en masses ovoïdes, composées de couches concentriques. *Hist. nat.*, t. 2, p. 281.

M. Sage dit que le fer accumulé dans quelques parties de pierre de corne, forme quelquefois dans leur intérieur, des couches concentriques. *Jour. de Physique* an 2. J'ai moi-même observé cette disposition des molécules ferrugineuses, dans une pierre calcaire micacée, qui forme une partie des rives du Gave, aux environs de Navarrenx, et dans plusieurs morceaux de mine de fer limoneuse, trouvés dans la commune d'Ogenne, etc., etc.

La terre argileuse dont il est ci-dessus fait mention, après avoir acquis de la dureté, en passant à l'état d'oxide ferrugineux, se détache en divers morceaux que les eaux entraînent ensuite à de grandes distances. Le frottement qu'ils éprouvent en roulant, leur donne quelquefois le poli de la pierre de Lydie, et l'on peut alors les employer comme pierre de touche. *Roche Trapéenne ou Cornéene*, *Haüy.*

Ces cailloux cellulaires ne sont point particuliers aux côteaux d'Ogenne; on en trouve aussi sur les bords du Gave d'Oloron, parmi les pierres roulées par cette rivière, mais partout, ils sont rares. J'ai cru devoir communiquer ces observations à ceux qui s'appliquent à l'étude de la minéralogie, persuadé qu'ils ne trouveront pas le sujet trop peu curieux pour en mériter.

MÉMOIRE
SUR
L'OPHITE DES PYRÉNÉES.

PREMIÈRE PARTIE.

I.

Principes constituans et position de l'Ophite : doutes sur la nature de cette roche, son analyse : apparence de ses rapports avec la Serpentine.

L'OPHITE que les minéralogistes Allemands nomment *grunstein*, dénomination que j'emploirai d'une manière indistincte avec la précédente, se trouve principalement dans la région inférieure de l'extrémité occidentale des Pyrénées : il compose des bandes ou masses continues au pied de cette partie de la chaîne et dans son sein : ces bandes s'étendent à peu près de l'O. à l'E., depuis les bords de l'Adour jusqu'aux rives de la Nive : ce qui comprend une étendue d'environ 60,000 toises; elles sont coupées du Sud au Nord, par le cours de ces rivières, par les Gaves Béarnais et d'Oloron ; par les vallées d'Asson, d'Ossau, d'Aspe, de Soule et de la Navarre; vallées qui, de même que les rivières sont parallèles entr'elles. Nous allons observer successivement, en remontant du N. au S., les bandes d'ophite qui les traversent : on trouve dans d'autres parties des Pyrénées, la même espèce de roche ; mais comme elle s'y montre moins abondante, j'ai cru par cette raison devoir porter mes principales recherches, dans les pays dont je viens de présenter une description sommaire.

L'ophite est composé d'hornblende et de lames de feld=spath : l'œil y découvre très-rarement des parties calcaires ; il est nuancé de vert clair et de vert obscur : une teinte grisâtre et terne en déguise néanmoins très-souvent la couleur, au point de la rendre difficile à distinguer ; mais si l'on mouille un peu l'ophite, on la fait communément reparaître, lorsqu'il est encore intact.

L'ophite forme des masses continues, séparées par des fentes irrégulières, sans aucune apparence de bancs : sa position est au milieu des montagnes calcaires, avec lesquelles il alterne, en se dirigeant de même, à peu près de l'E. à l'O., mais leurs mutuels élémens ne se confondent point.

Ces masses constituent quelquefois des monticules coniques, ou tronqués à leur sommet, notamment aux environs d'Accous et d'Osse, communes de la vallée d'Aspe ; et comme si la nature avait destiné l'ophite à remplacer les schistes argileux, on le trouve en général, dans les montagnes où cette roche feuilletée est moins répandue : l'une et l'autre semblent appartenir à la même formation dans les Pyrénées ; très-souvent ces deux espèces sont mêlées, confondues ensemble, mélange dont les différentes proportions rendent les variétés de l'ophite très-nombreuses.

M. Daubuisson, qui place cette roche parmi les grunsteins, (diabases de M. Broignard) m'a fait l'honneur de m'écrire le 2 mai 1807, qu'elle se trouve pareillement, soit en Saxe., soit en Silésie, soit en Bretagne, dans les schistes argileux, et que ces différentes roches paraissent appartenir à la même formation: en effet, ce célèbre minéralogiste ayant eu l'occasion de voir à Poullavouen, la surface du contact du grunstein et des schistes, s'est convaincu que ces deux substances étaient mélangées l'une avec l'autre : les parties du schiste, comprises dans le grunstein, étaient verdâtres, très-onctueuses au toucher : elles se montraient semblables à un talc très-stéatiteux. *Jour. des Min.*, n.° 119.

M. de Bonnard, ingénieur en chef au corps royal des mines, a de même observé que le grunstein grenu se trouve en Saxe, dans les schistes primitifs, et les schistes dits de transition. *Jour. des Min.*, 1815, n.° 228, p. 445.

Le grunstein se rencontre quelquefois en rognons au milieu des schistes des Pyrénées.

M. Daubuisson l'a vu disposé de même, dans ceux de Poullavouen.

Il est dit dans le *Journal de Physique*, messidor an 9, que les grunsteins en couches concentriques, sont mêlés d'ardoise.

M. de Humbold, dont les connaissances ne sont pas moins profondes que variées, dit aussi que la roche verte ou tràap, *grunstein* de Werner, mélange intime de cornéene et de feld-spath, mêlé quelquefois de quartz, se trouve dans l'Amérique méridionale en couches de deux pieds de diamètre, conglutinées par du schiste micacé ou de l'ardoise. *Jour. de Ph.*, messidor an 9, p. 50.

On trouve cependant quelque différence entre les grunsteins observés par M. de Humbold et celui des Pyrénées. Le premier, comme on vient de le voir est par couches, disposition que je n'ai jamais remarquée dans celui des Pyrénées ni des environs de Dax. Cependant MM. Borda et Grateloup observent qu'il a quelquefois cette disposition. M. Daubuisson nous apprend aussi que les couches du grunstein sont assez communes à Poullavouen : celles qu'il a remarquées varient en puissance, depuis trois décimètres jusqu'à plusieurs mètres. *Jour. des Min.*, n.° 119, p. 362.

Ce qui distingue encore l'ophite des Pyrénées, du grunstein de Poullavouen ; c'est que la première roche contient rarement des paillettes de mica, et que certaines variétés de la seconde en renferment au contraire beaucoup. *Jour. des Min.*, n.° 119, p. 363.

Je crus d'abord pouvoir ranger cette pierre, parmi les serpentines dont elle présente l'apparence ; mais la propriété qu'elle a de donner quelques étincelles, lorsqu'on la frappe avec le briquet, et sa grande facilité pour entrer en fusion, détruisirent la vraisemblance de cette conjecture.

Me défiant de mes propres lumières, je rassemblai un grand nombre de morceaux d'ophite, pour les soumettre à l'examen des minéralogistes ; la plupart furent placés dans les cabinets d'histoire naturelle de MM. Lavoisier, Bucquet et de quelques autres savans. J'eus l'honneur d'en présenter plusieurs à l'académie royale des sciences, et faisant en même temps l'aveu de mon ignorance sur la nature de cette pierre, je sollicitai les éclaircissemens que j'avais lieu d'attendre des grandes lumières de plusieurs membres de cette illustre société ; mais après une assez longue discussion, on ne fut point d'accord ni sur la nature, ni sur la dénomination qu'il convenait de lui donner : d'autres naturalistes auxquels j'eus recours, ne satisfirent pas mieux ma curiosité.

Les doutes que la diversité des opinions fit naître dans mon esprit, m'engagèrent à consulter plusieurs ouvrages de minéralogie ; après beaucoup de recherches dans cette sorte d'écrits, alors moins instructifs qu'ils ne le sont aujourd'hui, j'osai soupçonner que la pierre verdâtre des Pyrénées pourrait être de la nature du *trapp* ; nom que les Suédois donnent, non seulement à certaine cornéene simple et compacte, mais en outre aux pierres composées, dont cette cornéene forme la pâte, comme M. de Saussure l'a très-bien observé. *Voyag. dans les Alpes*, t. 4, p. 127.

Ce trapp des suédois, selon MM. Werner et Saussure, est une roche composée de feld-spath et d'hornblende, de même que l'ophite des Pyrénées qu'il faut placer avec le grunstein, que M. Werner range dans la classe des trapps.

Curieux de connaître si l'analyse chimique justifiait ma conjecture, je m'empressai de recourir à l'amitié de M. Bayen, habile dans l'art de la chimie, à la faveur duquel on tente d'approfondir les secrets de la nature : je lui remis dans le courant de l'année 1777, un morceau de la pierre verdâtre des Pyrénées, et le priai d'en faire l'examen : quelques caractères extérieurs, d'accord avec ses expériences, l'engagèrent à la ranger parmi les porphyres ; car cette pierre, soumise à la vitrolisation, donne de l'alum, de la sélenite, du vitriol-martial, du sel de sedlitz, c'est-à-dire, du sulfate d'alumine, de chaux, de fer, de magnésie ; ce qui détermina M. Bayen à la nommer *ophite* ou *granitelle*. Voyez *l'examen chimique de différentes pierres*. Dans le choix de ces dénominations, je donnai la préférence à la première, parce que cette pierre a communément la couleur de la peau du serpent, lorsqu'elle n'est point pénétrée d'oxide ferrugineux.

L'espèce d'ophite qui fait le sujet de ce mémoire, n'était point inconnue au célèbre Walerius, qui l'a décrite dans les termes suivans : *Ophites est saxum basalte solido* (hornblende compacte) *cum spatho scintillante mixtum*.

Quoique l'analyse faite par M. Bayen, semblât ne devoir laisser aucun doute, plusieurs célèbres naturalistes ont nommé *serpentine*, la pierre verdâtre des Pyrénées ; elle en diffère cependant ; car la première ne contient pas de terre calcaire, suivant les analyses de MM. Margraff, Bergman, Kirvan, Monnet, etc., etc.

La manière dont le feu agit sur ces deux substances, prouve aussi qu'elles ne sont pas exactement de même nature ; la pierre verdâtre des Pyrénées, exposée à son action, fond avec une extrême facilité ; la serpentine des Alpes, au contraire, acquiert une si grande dureté, qu'elle donne de très-vives étincelles, lorsqu'on la frappe avec l'acier. *Voyage dans les Alpes*, par M. de Saussure.

La différence de quelques autres caractères, empêche, en outre, de confondre ces deux substances ; la pierre verdâtre des Pyrénées, que je nomme *ophite* ou *grunstein*, n'a point ordinairement le poli gras des serpentines, ni cet éclat qu'elles doivent à la magnésie : plusieurs de ses parties étincellent au choc du briquet, et sa dureté ne permet point de le travailler comme la serpentine de Zœblitz, en Saxe, dont on fait des tasses, des boîtes et divers autres ouvrages.

Les serpentines, dit M. Brochant, sont tendres, passant au semi dur et peu difficiles à casser. *Traité de Minéralogie*, t. 1.er, p. 482, 485. L'ophite, au contraire, est d'une dureté extrême et très-difficile à casser lorsqu'il n'a point éprouvé d'altérations et qu'il est encore intact.

M. Dolomieu aurait pû nous donner des éclaircissemens relatifs à l'ophite; mais il paraît que ce célèbre minéralogiste ne s'est point occupé de déterminer la nature de cette roche quoiqu'elle lui fût connue depuis longues années. Etant à Barèges en 1782, il m'en demanda des échantillons, me chargeant en même temps de les lui faire parvenir à Bagnères, chez M. le prince Camille de Rohan. Je m'empressai de le satisfaire et de lui indiquer l'ophite de Pouzac, qu'il ne manqua point certainement d'examiner, mais il n'a publié aucune observation à ce sujet.

Désireux de pressentir l'opinion des minéralogistes, de profiter de leurs lumières et de les voir déterminer d'une manière précise, invariable, le genre auquel l'ophite doit appartenir, je n'ai cessé de les consulter : voici la réponse de M. Dolomieu : « Le gabro des florentins est une pierre très-
» commune, dans les montagnes voisines de Florence et de *Prato*, et qui est employée dans la
» décoration de leurs édifices : celle-ci est une
» vraie serpentine, d'une couleur verte, obscure,
» prenant un beau poli, quoique bien moins dure
» que la base de la véritable ophite. Elle contient
» quelques lames grisâtres, luisantes, de couleur
» d'une substance analogue à celle que M. de

» Saussure nomme smaragdine : vous voyez que
» le gabro n'est pas votre pierre.

» Quant à la détermination précise de la na-
» ture de votre pierre, je ne puis pas vous la
» donner, parce que je n'en ai pas maintenant
» un seul échantillon, et qu'il serait nécessaire
» de l'examiner de nouveau pour la décrire.

» Tout ce que je puis vous dire, c'est que
» vous avez au pied des Pyrénées de vrais ser-
» pentines, qui ne diffèrent point de celles des
» autres pays ; mais celles là ne sont pas votre
» ophite. Autant que je puis me le rappeler, votre
» pierre est une roche composée de différentes
» substances, parmi lesquelles se trouvent le
» feld-spath, l'hornblende et le pétrosilex stéa-
» tite : les caisses qui contiennent ma récolte des
» Pynénées, sont si loin de moi, et depuis si
» long-temps hors de ma vue, que je ne puis
» pas donner une simple réminiscence pour te-
» nir lieu d'un examen approfondi. » *Lettre de
M. Dolomieu.*

Cependant, on ne saurait nier que la serpentine et l'ophite n'aient quelques rapports. M. Buch dit qu'il est aisé de confondre ces deux sortes de roches, et M. Humbold observe que la serpentine des bords de Tucununemo se mêle peu à peu de feld-spath, et devient insensiblement trapp ou grunstein. *Journal de Physique,* messidor an 9, p. 55.

Il ne faut donc pas être étonné si dans les premiers momens où l'on s'occupa de cette roche, MM. Picot-Lapeyrouse et Dietrich crurent pouvoir placer dans ce genre l'ophite de Labassère, commune située près de Bagnères : le conseil des mines pensa de même.

Quoiqu'il en soit, j'ai reconnu moi=même, d'après les savans écrits de M. Daubuisson, que mon ophite devait être placé parmi les grunsteins, et pour ne pas rester dans le doute à ce sujet, je crus devoir lui faire part de ma conjecture. Ce célèbre minéralogiste me fit l'honneur de me répondre le 2 mai 1807, qu'elle était très=bien fondée.

Les notions acquises sur la nature de la serpentine, telle par exemple, que celle de Zœblitz, ne permettent pas de placer dans ce genre, la pierre verdâtre des Pyrénées, malgré certains rapports que ces deux roches présentent; surtout lorsque de savans naturalistes, et notamment M. Bayen, dont les expériences ont aussi fait connaître les parties constituantes de la véritable serpentine, né les confondent pas dans la même classe.

Mais si l'analyse de la pierre verdâtre des Pyrénées, dont cet habile chimiste s'est également occupé, fut un motif pour me déterminer à suivre son exemple, en la rangeant parmi les porphyres, il faut convenir aussi que la texture de ces sortes de pierres, et les différentes époques de leur formation, empêchent de les réunir dans la même classe, malgré la ressemblance que la chimie découvre dans leurs principes constituans.

Le porphyre, de l'aveu de tous les naturalistes, est une roche primitive, contemporaine du granit; la pierre verdâtre des Pyrénées est, au contraire, de formation moins ancienne : d'ailleurs les nomenclateurs modernes rangent la première de ces roches parmi les pierres composées, dont le fond renferme des cristaux épars de feld=spath, et peut en même temps contenir de l'amphibole : la pierre verdâtre des Pyrénées présente à peu près le même ciment que certains porphyres; l'œil découvre principalement dans cette pierre, un mélange confus d'hornblende et de feld-spath, mais elle n'est point ordinairement parsemée de cristaux isolés de cette dernière substance.

J'ai vu, néanmoins, dans les atterrissemens de Barèges, un morceau d'ophite, dont le ciment était parsemé de gros cristaux de feld-spath; j'ai pareillement remarqué dans les schistes argileux de St.-Sauveur, des ophites où le feld-spath se montrait en cristaux épars et bien distincts; j'ai découvert un autre fragment de cette espèce, sur les bords du Gaison, rivière qui prend sa source dans les montagnes du pays de Soule.

Malgré ces singularités, il faut avoir soin de distinguer l'ophite ou pierre verdâtre des Pyrénées, des véritables porphyres, quoique ces deux roches soient composées des mêmes élémens, et qu'elles ne diffèrent que par leur texture : M. Daubuisson nous apprend que le grunstein est un mélange de hornblende et de feld-spath, dont il admet plusieurs variétés, que lorsque la masse devient entièrement homogène et qu'elle contient des cristaux de feld-spath, on a le *porphyre vert* des anciens. *Traité de Minéralogie*, par M. Brochant, t. 2, p. 582.

M. Daubuisson a remarqué de même à Pollaouen, que dans certaines couches, le feld-spath se trouve en cristaux bien prononcés, dans le grunstein, roche faisant partie de la formation des trapps, et qu'il lui donne alors la structure du porphyre. *Journal des Mines*, n.° 119, p. 263.

Les minéralogistes modernes placent l'ophite, comme on l'a dit, parmi les grunsteins qui font partie des roches connues sous le nom de *trapp*: quand les élémens de l'ophite sont d'un gros diamètre, cette roche ressemble au granit : quand le feld-spath s'y trouve seulement parsemé, c'est un porphyre : enfin quand les élémens sont infiniment petits, c'est une roche qui se rapproche des schistes argileux et de la texture du basalte.

Nous avons dit que l'ophite des Pyrénées se trouvait au milieu des montagnes calcaires, secondaires, sans que leurs parties constituantes se confondent, qu'il composait des chaînes particulières mêlées de plusieurs espèces de schiste argileux, auxquelles sa formation paraît subordonnée : ces différentes chaînes d'ophite et de schiste, alternant avec des chaînes de carbonate de chaux, sembleraient devoir être, d'après les observations suivantes, le résultat d'un travail simultanée de la nature : je crois devoir les rapporter, avec d'autant plus de raison, que l'histoire des minéraux dans son état actuel, admet moins d'explications, qu'elle demande des faits nombreux, propres à dissiper son obscurité : ne nous lassons point d'en ramasser, quoique leur uniformité fatigue, et qu'ils n'offrent point de variétés qui plaisent ; car sans les faits, on écrit plutôt le roman que l'histoire de la nature. Nous allons suivre pas à pas les traces de ses opérations, pour éviter le reproche que l'Institut adresse aux auteurs des systèmes géologiques qui cherchent, dit-il, les causes des faits qu'ils ne connaissent pas. *Journal des Mines*, n.º 126, p. 419.

II.

Disposition alternative de l'ophite en masse et des couches calcaires dans les montagnes de la Navarre, de la Soule et de Baretous, au département des Basses-Pyrénées.

Nous allons parcourir diverses vallées, pour examiner la position respective de l'ophite et des pierres calcaires : nous suivrons dans ces recherches, le plan d'observations que la nature indique : comme les roches des Pyrénées se prolongent à peu-près de l'O. à l'E., et qu'elles traversent les vallées dont la direction est au contraire du S. au N. nous suivrons, successivement, ces diverses lignes transversales : par ce moyen, à mesure que nous pénétrerons dans les collines et les montagnes, les différentes matières dont elles sont composées, s'offriront tour à tour, à notre vue, de manière à permettre de démêler, en quelque sorte, leur ordre mutuel et relatif à l'ophite ou grunstein. Commençons cet utile examen, dans les terrains montagneux de la Navarre.

VALLÉES DE CIZE ET DE LAURHIBARRE.

On trouve à St.-Jean-Pied-de-Port, des bancs d'une pierre calcaire, grise, dure, compacte, mêlée de spath, et dont la direction est de l'O. N. O. à l'E. S. E., et l'inclinaison du N. N. E. au S. S. O. La partie de la citadelle, qui regarde le Nord, est bâtie sur cette pierre, comme on peut l'observer près la porte de la ville, dont les murailles qui l'entourent, furent, dit-on, construites par Charlemagne.

Les fortifications qui sont du côté du Sud, ont pour fondement des masses continues d'ophite, ces deux espèces de roches forment à côté l'une de l'autre, sans aucun ordre de superposition, et depuis la base jusqu'à la partie la plus élevée, l'éminence sur laquelle sont bâties la ville et la citadelle de St.-Jean : l'église paroissiale, située près du pont qui traverse la Nive, est adossée contre des masses d'ophite continues : j'ai remarqué que dans le glacis de la citadelle, cette roche était très-ferrugineuse, de couleur jaune ou brune à l'extérieur, mais verdâtre dans le centre, et qu'elle avait la propriété de se détacher par écailles du reste de la masse ; l'intérieur présente des dendrites. Les bancs calcaires forment et traversent au-dessous de la ville, du côté de l'Ouest, le lit de la Nive. L'ophite en masses continues paraît se prolonger de même ; on trouve cette roche dans la commune d'Anhaux et la vallée de Baygorry. Elle est en général accompagnée de matières gypseuses.

Au delà, du côté d'Olhonce, et non loin de l'habitation de M. de Logras, on trouve des masses continues de marbre gris, traversé de veines spathiques ; on observe aussi quelques bancs de cette même espèce de pierre, près de ce lieu, sur les bords de la Nive ; ces bancs se prolongent de l'O. N. O. à l'E. S. E. Leur inclinaison est du S. S. O. au N. N. E.

Avant que d'arriver à St.-Michel, on trouve de la terre glaise, qui sert à faire de la brique.

A St.-Michel les collines sont composées de bancs calcaires, dont le plan d'inclinaison varie ; ils se prolongent de l'O. N. O. à l'E. S. E.

A 200 toises au delà du village de St.-Michel, les montagnes sont composées d'ophite plus ou moins ferrugineux, et dont quelques parties se réduisent facilement en poudre : dans cet état de dégradation, la couleur est d'un gris jaunâtre : je ne doute pas que l'ophite ne se dérobe, maintefois, sous ce déguisement, aux yeux de l'observateur : comme la décomposition a lieu de la circonférenc au centre, il faut pénétrer jusqu'au sein de la roche pour la reconnaître. Elle conserve sa couleur verdâtre dans les parties intactes.

Des galets siliceux, ayant pour base des matières calcaires, succèdent à l'ophite jusqu'à Berbal, maison éloignée de St.-Michel, d'environ 2000 toises.

On trouve ensuite, une succession alternative de bandes calcaires et de schiste argileux, jusqu'à la fontaine salée de Cize, qui jaillit du sein de la pierre calcaire : le sel en est très-blanc ; il est consommé par les habitans de ce pays.

Je ne sais pas si l'on rencontre du gypse, aux environs de cette source ; il paraîtrait assez vraisemblable qu'ils n'en sont pas dépourvus ; car les sources salées ne se trouvent, suivant l'observation des naturalistes, que dans les contrées gypseuses. *Jour. des Min.*, n.° 93, p. 168.

J'ignore de même si l'on trouve du gypse dans d'autres endroits de la vallée de Cize ; mais j'ai vu cette substance salino-terreuse, près de Leccumberri et de Mendive, dans la vallée de Laurhibarre, voisine de celle de Cize ; elle y est adjacente des masses d'ophite.

En effet, on trouve à Leccumberri, le long d'un petit ruisseau, qui passe dans cette commune, du gypse grenu, rougeâtre : on en trouve aussi de blanc en descendant le val de Laurhibarre. Les montagnes qui s'élèvent depuis Leccumberry, sur la rive droite, sont calcaires ; la rive gauche est composée de matières argileuses et principalement d'ophite.

On ne peut douter, d'après ces observations, que les masses continues d'ophite n'alternent dans cette partie des Pyrénées, avec les couches calcaires, mais sans observer aucun ordre apparent de superposition.

VALLÉE DE SOULE.

Traversons, en nous portant du Nord au Sud, plusieurs autres différentes chaînes minéralogiques qui, presque toutes se prolongent de l'O. N. O. à l'E. S. E.; nous trouverons d'abord des couches inclinées de pierre calcaire feuilletée, au-dessous de Mauléon, ville qui fut brûlée avec le château, à l'époque des troubles du Béarn, du temps de la reine Jeanne, mère du grand Henri.

Plus loin, en remontant la rivière qu'on nomme *Gaison*, on trouve successivement des couches verticales de schiste noir argileux; des masses d'ophite brunâtre, en général décomposé, au milieu desquelles on voit, après avoir passé Gottein, de la pierre calcaire grise, compacte, susceptible de prendre le poli, et dont les couches presque verticales se prolongent à peu près de l'O. à l'E.; on n'apperçoit point leur base: cette pierre de chaux carbonatée est pénétrée de veines de spath grenu cristallisé; elle devient marneuse et feuilletée en approchant des matières argileuses, ou des masses continues d'ophite, qu'on trouve au-delà, du côté du Sud, et dont la superficie présente des cristaux d'épidote.

Les altérations que l'ophite éprouve ici, rendraient cette roche absolument méconnaissable, si l'on n'avait l'attention de la casser; on voit alors dans le centre des blocs ou des fragmens, tous les caractères du véritable ophite des Pyrénées, composé de feld=spath et d'horblende; tandis que la superficie montre la contexture noirâtre, unie et compacte, des schistes argileux mêlés d'oxide de fer. Telles sont quelques-unes des modifications sans nombre, qui dénaturent cette roche : au point qu'on a tenté de la convertir en fer à la forge de Larrau. D'après cette observation accompagnée d'une infinité d'autres exemples, il faut regarder avec un ingénieux auteur, la terre comme un grand laboratoire, où celui seul qui connaît les principes de la nature, prend soin de composer les substances minérales, selon les différens degrés des besoins de l'homme.

Si l'on passe à la rive gauche du Gaison, on rencontre du gypse gris dans le lit d'un ruisseau près Menditte. Il est grossier et n'acquiert par la calcination qu'une médiocre blancheur : ce gypse se trouve par rognons ; sa base est inconnue : il est situé au pied de deux collines argileuses, au-dessous des cailloux mobiles de cette nature, entraînés et déposés par le ruisseau. Ils sont en général d'un assez gros volume et d'une couleur grisâtre, verdâtre ou brune ; ces mêmes collines fournissent aussi de l'argile dont on fait de la poterie. Le gypse est mêlé de marne terreuse grise ou rougeâtre, très=compacte, située dans le lit du ruisseau ; c'est peut=être à la proximité de cette marne et de l'argile qu'il faut attribuer la formation du gypse, substance qu'on ne doit pas s'étonner de trouver dans ce quartier, non seulement parce qu'il abonde en ophite et d'autres matières argileuses, mais parce qu'il renferme, en outre, une fontaine salée.

Plus loin, on découvre sur le territoire de Sauguis, des couches de schiste argileux, dont la direction est de l'O. N. O. à l'E. S. E., et l'inclinaison du S. S. O. au N. N. E.; ici, comme presque par tout, les schistes sont adjacens de l'ophite.

La colline à laquelle la ville de Tardets est contigue, présente des couches de marne pierreuse presque verticales, ainsi que les précédentes qui se prolongent de même de l'O. N. O. à l'E. S. E., et sont inclinées du S. S. O. au N. N. E.; cette substance mixte doit vraisemblablement son origine aux mélanges des schistes avec des matières calcaires qu'on trouve au-delà; car, les couches de carbonate de chaux feuilletée annoncent ordinairement que les schistes n'en sont pas éloignés.

Les couches de chaux carbonatée se trouvent aussi sous des cailloux roulés, dans la commune de Troisville, et servent de fondement au château, qu'on dit avoir été bâti sur le dessin du fameux architecte François Mansard.

Au Sud, et non loin de Tardets, les montagnes de la région inférieure des Pyrénées, au pied de laquelle on trouve une fontaine salée, sont composées de bancs de pierre calcaire compacte, secondaire, dont la direction est de l'O. N. O. à l'E. S. E., et l'inclinaison du S. S. O. au N. N. E. Telle est la montagne de Lichaux, au pied de laquelle, et non loin de la rive gauche du Gaison, on voit, au contraire, quelques bancs inclinés du N. N. E. au S. S. O., comme s'ils étaient destinés à supporter la montagne entière. Voyez la planche III de l'*Essai sur la Minéralogie des Monts-Pyrénées*.

Au-delà de cette chaîne de montagnes, dont la pierre calcaire est, en général, susceptible de prendre le poli du marbre, s'élèvent du côté de Licq, d'autres protubérances composées de masses continues d'ophite, voisines des schistes argileux, et dans lesquels on pourrait ouvrir des carrières d'ardoise ; la direction des masses d'ophite suit celle des matières adjacentes. Le gypse se trouve ici près de ces masses d'ophite, dont la texture est schisteuse dans quelques unes des parties de cette roche, qui présente plusieurs variétés.

En continuant d'avancer vers le Sud, on observe que les montagnes sont composées de pierre calcaire dure et compacte, dont les bancs paraissent être dans la direction de l'O. N. O. à l'E. S. E. ; ils alternent avec des couches de schiste argileux, jusqu'au confluent des rivières qui descendent de Larrau et de Ste.-Engrace. Ici, s'élèvent de très-hautes montagnes composées de galets, étroitement unis les uns aux autres : ces murs, construits par la nature, ont des schistes argileux pour base, et sont très-escarpés. Un des endroits le plus remarquable et le plus dangereux par la profondeur des précipices, est la partie du chemin de Ste.-Engrace, qu'on nomme le *Saut du Prêtre*.

Je m'arrête à cette partie de la vallée de Soule, qui renferme une des formations les plus étonnantes des Pyrénées, quoiqu'on n'y rencontre point les scènes majestueuses des montagnes de Bigorre, du Comminges, etc., etc. Je me borne à faire observer que toutes ces différentes matières, c'est-à-dire, les ophites et les calcaires disposées par bandes, se succèdent alternativement depuis Mauléon, et qu'elles sont distinctement placées les unes derrière les autres, en observant des plans d'inclinaison presque verticaux; de manière qu'elles ont leur base à des profondeurs inconnues, et s'élèvent sans qu'on puisse en distinguer aucune comme primitive : toutes, au contraire, paraissent être d'une formation contemporaine, lorsqu'on examine leur ordre respectif. Il est essentiel de faire observer que partout les schistes argileux accompagnent les roches calcaires.

Avant de finir cet article, mon amour pour la vérité me fait un devoir d'avertir le lecteur, qu'il ne doit point avoir une pleine confiance dans l'observation suivante, rapportée dans mon *Essai sur la minéralogie des Monts-Pyrénées.* J'ai dit à la page 44, « que non loin de Ste.-Engrace, » on découvre des couches d'ardoise argileuse, » jaunâtre et des masses d'ophite, ayant pour » base des pierres calcaires. »

Comme à mesure que je me suis occupé des recherches relatives à l'ophite, la dernière assertion m'a paru trop intéressante pour ne point revoir le même local, j'ai fait dans cet objet un second voyage à Ste.-Engrace, commune située à l'extrémité de la Soule. J'ai visité les rives escarpées de la Piste, où ma première observation avait été faite ; et M. l'abbé Vigualet, sujet distingué, de la commune de Lées, a porté ses recherches dans le même lieu, sans qu'il nous ait été possible d'y découvrir l'ordre de superposition rapporté ci-dessus; la Piste sépare la formation de l'ophite, de celle du calcaire; mais aucune des matières ne paraît servir de base à l'autre. J'ai lieu de craindre d'avoir été induit en erreur à ce sujet, par le plan d'inclinaison des couches calcaires : comme il est du S. S. O. au N. N. E, j'aurai pu croire qu'elles servaient de base à l'ophite, ainsi qu'aux matières argileuses contigues, situées du côté du Nord; il faut donc regarder l'objet de ce paragraphe comme très-incertain, il demande de nouvelles recherches.

Telles sont les observations que j'ai faites en Soule, pays qui, quoique d'une médiocre étendue, offre des particularités très-curieuses, par rapport à l'histoire naturelle; il rappelle, en outre, à ceux qui se plaisent à le visiter, le souvenir des exploits glorieux des Vascons : on sait qu'il en devint le théâtre dans le septième siècle; circonstance remarquable, mais dont les détails sont peu connus.

Je ne peux quitter cette partie intéressante du pays des Basques, sans faire observer que les habitans ont soin d'orner par la culture, les lieux destinés à renfermer leurs dépouilles mortelles : les cimetières sont couverts de fleurs; usage louable, pieux, qui semble propre à écarter les tristes pensées que l'aspect lugubre des tombeaux, doit naturellement faire naître, et qui n'est point particulier au pays des Basques.

> Du bon Helvétien qui ne connaît l'usage?
> Près d'une eau murmurante, au fond d'un vert bocage,
> Il place les tombeaux, il les couvre de fleurs.
> Par leur douce culture, il charme ses douleurs;
> Et semble respirer, quand sa main les arrose,
> L'ame de son ami, dans l'odeur d'une rose.
> DELILLE.

VALLÉE DE BARÉTOUS.

Les montagnes qui bordent cette vallée, parallèle à la vallée de Soule, offrent la même disposition alternative que les précédentes, comme nous allons nous en convaincre.

Avant que d'arriver au village d'Ance, les collines sont composées de couches marneuses, séparées par des couches de schiste argileux, friable.

Le territoire d'Ance fournit de la pierre à plâtre grenue, mêlée de pyrites d'un jaune pâle cristallisées.

Entre cette plâtrière et le village d'Issor, on trouve au quartier de Bernet, de l'ophite et de la serpentine noire.

Si l'on revient sur les bords du Vert, pour continuer à porter les recherches du côté du Sud, on rencontre au village d'Aramits, qu'une distance de mille toises sépare de la commune d'Ance, on rencontre, dis-je, des couches de schiste argileux, mol et friable.

Au sud d'Arette s'élèvent des montagnes composées de couches presque verticales d'ardoise marneuse, et de bancs de marbre gris, inclinés du N. E. au S. O., et dans la direction du N. O. au S. E.

Plus loin, on voit des montagnes d'ophite qui se prolongent à peu près de même.

Elles sont suivies de couches presque verticales d'ardoise marneuse, et de bancs très-réguliers de marbre gris, ayant environ un pied d'épaisseur; leur direction est de l'O. N. O. à l'E. S. E., comme dans la plupart des matières qui traversent la vallée de Baretous.

Viennent ensuite des masses d'ophite continues qui, dans cet endroit ainsi qu'ailleurs, sont mêlées de schiste, et forment des montagnes moins élevées que les pierres calcaires qui les renferment ; mais comme ces deux différentes matières, c'est-à-dire, les pierres de chaux carbonatée et les ophites, dont la direction est la même, pénètrent verticalement au-dessous du niveau des eaux d'une rivière qu'elles traversent, et qu'on appelle le *Vert*, on ne peut découvrir ici laquelle de deux sert de base à l'autre : tout semblerait indiquer une formation contemporaine.

On trouve encore au-delà de ces masses continues d'ophite, des couches marneuses, dont la direction est de l'O. N. O. à l'E. S. E. ; il faut néanmoins convenir que la première chaîne de montagnes d'ophite dont il est ci-dessus question, paraît bornée du côté de l'E. par des matières calcaires : on peut observer toutes ces particularités, en suivant le vallon qui conduit au port d'Arlas, lieu limitrophe entre la France et l'Espagne, et dans lequel des députés de Baretous conduisent trois génisses le 14 juillet de chaque année, en vertu d'une transaction passée en 1375, avec les habitans de la vallée de Roncal, qui vont les recevoir comme une sorte de redevance dont le motif n'est pas exactement connu.

Le vallon du Barlanais, parallèle aux précédens, offre la même disposition alternative d'ophite et de pierre calcaire : il renferme, en outre, du gypse et des ardoisières où les couches paraissent être la continuité des couches d'ardoise de Licq, en Soule.

Les montagnes de Baretous étant très-boisées, opposent beaucoup d'obstacles aux recherches des minéralogistes, dont le but est de connaître les rapports que les différentes matières observent entr'elles : les chênes ombragent ordinairement les parties les plus basses de ces montagnes ;

les hêtres en couvrent les flancs; les sapins couronnent avec les hêtres, des lieux plus voisins de la crête; le sorbier des oiseleurs, le bouleau vergne, ornent les bords humides des torrens.

Le naturaliste qui n'est point insensible au plaisir de la chasse, peut trouver une agréable distraction, lorsqu'en parcourant en automne, cette partie des Pyrénées, il est fatigué de la monotonie des observations minéralogiques et des difficultés qu'elles présentent. Il voit avec autant de surprise que d'admiration, dans les penthières établies dans la commune de Lanne, pour la chasse des ramiers, des bandes nombreuses de ces timides oiseaux qui, quoiqu'elles traversent d'un vol rapide, le vague des airs, sont dirigées de loin, par l'adresse des chasseurs, vers des filets tendus sur leur passage et forcées de s'y précipiter; sorte de triomphe qui, remporté dans la moyenne région de l'atmosphère, n'est peut-être pas moins étonnant (j'ai presque dit moins cruel), que de réduire à la surface de la terre, de malheureuses bêtes fauves aux abois.

III.
Position relative de l'ophite et des roches calcaires, dans la vallée d'Aspe.

Examinons maintenant la structure des collines situées au Sud d'Oloron, et celle de quelques montagnes de la vallée d'Aspe, parallèle à la vallée de Baretous. On ne saurait bien raisonner sans avoir beaucoup observé : remontons contre le cours du Gave, rivière qui coulant dans la plaine, embellit tous les lieux qu'elle arrose; nous trouverons jusqu'au village de Lurbe, des couches inclinées et quelquefois verticales de marne, de schiste argileux et de pierre calcaire, en général compacte, disposées alternativement : elles se prolongent de l'O. N. O. à l'E. S. E., leur inclinaison varie beaucoup et présente aux regards curieux de l'observateur, des formes singulières, bizarres et trop nombreuses pour essayer de les décrire ; mais je crois ne devoir pas me dispenser de faire connaître un exemple très-remarquable de ce genre.

Au Nord et non loin de Soiex, village situé près d'Oloron, on voit à côté de la grande route qui conduit à la vallée d'Aspe, et le long d'un bois dépendant du château, des couches calcaires blanchâtres, dont le plan d'inclinaison varie dans un très-court espace de terrain. Quelques-unes sont en forme d'ondes : d'autres couches inclinées représentent aux environs de ce même lieu, soit à côté de cette même route, soit sur les rives du gave d'Aspe qu'elle côtoie, des espèces de chevrons, pointus dans la partie supérieure et s'élargissant en bas en forme de compas à demi ouvert. On observe ces particularités sans découvrir les moindres vestiges d'aucune rupture. De pareils exemples sont aussi très-fréquens sur les bords du gave d'Oloron, et principalement sous le village de Dognen près Navarrenx.

Les pierres marneuses se divisent fréquemment en rhombes, particularité qui se fait remarquer aussi, selon M. Patrin, dans les granits et les schistes.

On trouve, en outre, du gypse grenu et d'une couleur grise tirant sur le blanc ; il est situé à Lurbe, dans le lit d'un ruisseau qui traverse cette commune ; on en trouve aussi quelques morceaux de rougeâtre : il est couvert de cailloux roulés.

Des pierres calcaires séparent ce gypse, d'un terrain où l'on trouve de l'ophite.

Cette dernière roche est située au Sud, non loin de Lurbe, parmi des matières argileuses et des masses continues d'une pierre composée de même, de feld-spath et d'hornblende, principaux élémens de l'ophite : c'est un ophite ou grunstein commun, à gros grains ; elle contient, en outre, de très-petites lames de mica jaune et presqu'imperceptibles. Cette pierre, étant dans un état de décomposition, a l'apparence d'un vrai granit, et je l'avais ainsi dénommée dans l'*Essai sur la Minéralogie des Monts Pyrénées*, édit. de 1784 ; en effet, la nature semble s'être essayée à former ici cette sorte de roche, puisque, si l'on en excepte le quartz, elle en présente les élémens.

Mon erreur paraîtra d'autant plus excusable, que M. de Charpentier, ingénieur des mines de S. M. le roi de Saxe, et dont les grandes connaissances en minéralogie, sont propres à justifier l'opinion avantageuse qu'on a des Allemands, qui, naturellement laborieux, vont loin dans les sciences qu'ils cultivent, a trouvé la même ressemblance à ces deux roches. Voici ce que ce savant minéralogiste a bien voulu m'écrire à ce sujet, le 29 août 1812 : « On remarque dans
» l'ophite de Lurbe, plusieurs variétés, dont la
» plus commune (mais ailleurs la plus rare) est
» le grunstein commun à très-gros grains, dans
» lequel le feld-spath domine singulièrement et
» qui, en s'associant avec d'assez grandes lames
» de mica, ressemble souvent d'une manière frap-
» pante au granit. »

Nous verrons que cette texture granitique est assez fréquente : nous l'observerons dans la plupart des ophites décomposés des collines situées au Nord du pont de Pouzac, sur l'Adour, ainsi qu'à Betarram; quelques ophites de la commune de Salies et de Caresse, en Béarn; de Mont-Caut, en Chalosse, etc., etc. présentent la même configuration.

La roche d'ophite, qu'on trouve sur le territoire de Lurbe, est d'une couleur grise dans les parties altérées, et conserve, néanmoins, dans quelques-unes, la couleur et la texture de l'ophite ou grunstein compacte. La vapeur de l'haleine y développe une odeur argileuse : on découvre, en outre, au même endroit, plusieurs variétés de schiste argileux, parmi lesquelles on distingue des couches de schiste friable et mou, et de pierre jaunâtre, grenue, pareillement argileuse : les couches ne suivent aucune direction constante.

Ces matières, qui accompagnent l'espèce d'ophite précédente, se prolongent du côté de l'Est, vers le col de Marie-Blanque, d'où l'on descend dans les prairies du Benou; parterre immense dont les plantes belles et fécondes montrent la grande complaisance de la nature pour les habitans des communes voisines : les matières argileuses sont suivies de couches marneuses, feuilletées comme l'ardoise; leur inclinaison est du N. N. E. au S. S. O. Elles se trouvent mêlées, quelquefois, de couches d'argile molle; il est bon d'observer que les schistes du col de Marie-Blanque, placé entre des montagnes calcaires, renferment aussi, comme je l'ai dit, dans mon *Essai sur la Minéralogie des Monts Pyrénées*, de l'ophite au milieu de leurs couches, fait constaté par M. de Charpentier. Enfin, on voit dans la commune d'Escot, beaucoup de morceaux d'ophite, qu'on emploit pour la construction des murailles : il est vraisemblable qu'ils se trouvent dans les terrains schisteux qui sont aux environs.

On trouve pareillement, sur la rive gauche du Gave, à l'O. du territoire de Lurbe et de la partie du village d'Escot, nommée *Barescous*, des couches argileuses et des couches de marne, qui se succèdent alternativement, et dans lesquelles on a ouvert des ardoisières : ces matières composent une partie de la montagne du Lagnos : mais les couches marneuses, d'un gris noirâtre, sont les seules qui fournissent ici de l'ardoise : on rejette celles dont la composition est purement argileuse, comme ne pouvant être employées au même usage : c'est une espèce d'argile endurcie, grise ou jaunâtre, quelquefois assez douce au toucher : il n'est pas douteux que ces différentes matières forment la continuité des couches de schiste argileux que nous avons observées au col de Marie Blanque, et sur la rive droite du Gave entre les communes de Lurbe et d'Escot.

Outre ces couches feuilletées, on voit au pied, sur les flancs ainsi qu'à la crête de la montagne du Lagnos, un nombre prodigieux de gros blocs d'ophite ou grunstein commun, de différente grosseur; les uns sont plus ou moins arrondis, d'autres ont conservé leurs angles; ces amas couvrent seulement la surface de la montagne, puisqu'on ne trouve à sa base que des couches feuilletées de marne ou d'argile, soit qu'on l'observe sur la rive gauche du gave d'Aspe, soit sur la rive droite du Lourdios, rivières entre lesquelles la montagne du Lagnos s'élève.

Au reste, les couches des ardoisières marneuses, dont il est fait ci=dessus mention, se prolongent de l'O. N. O. à l'E. S. E. et sont, en général, verticales : on en observe seulement au dessous quelques unes dont l'inclinaison est du N. N. E. au S. S. O. On découvre, en outre, parmi ces couches marneuses, d'autres couches de matières argileuses, dures et d'un gris verdâtre. Je n'omettrai pas de faire observer que toutes touchent à de monceaux de roches d'ophite, dont il est parlé ci-dessus, et qu'elles traversent la montagne du Lagnos d'un côté à l'autre, c'est-à-dire, de la rive gauche du Gave à la rive droite du Lourdios.

La chaîne calcaire qui, du côté du Sud, est contigue à l'ophite, renferme dans son sein du gypse, qui se distingue par sa blancheur et la finesse de son grain, c'est de l'albâtre gypseux, entièrement semblable à celui qu'on trouve du côté de Saragosse.

Nous avons déjà remarqué, comme nous aurons occasion de le faire encore fréquemment, que la couleur fauve ou jaunâtre annonce l'état d'altération des ophites qui sont ainsi colorés : cette sinistre indication des ravages du temps dans le règne inorganique, semble pareillement regarder le règne végétal : on voit aux approches de l'hiver, le vert feuillage qui, durant la belle saison, faisait l'ornement des forêts, des bois et des jardins, se dessécher, jaunir et tomber.

Au reste, l'ophite de la montagne du Lagnos présente les mêmes variétés que partout ailleurs : certaines parties sont intactes et dures ; d'autres entièrement décomposées et très friables ; enfin des matières argileuses, compactes, assez douces au toucher et jaunâtres l'accompagnent. Quelques unes sont tachées de blanc et de noir, singularité que l'on rencontre dans plusieurs autres gisemens d'ophite, altéré, et qu'il faut attribuer je pense, à la décomposition du feld-spath et de l'hornblende. Ces matières renferment des cristaux de fer sulfuré, cubique; substance remarquable par la régularité de sa cristallisation, et qui n'est pas rare dans les montagnes inférieures des Pyrénées ; on la trouve du côté des forges d'Asson ; près de Bagneres, en allant aux bains de Salut, etc., etc.

Il est très essentiel d'observer ici, que l'ophite et les matières schisteuses adjacentes, sont renfermées du côté du Nord et de celui du Sud, entre deux chaînes de montagnes de pierre calcaire, compacte, ou d'un grain fin, encore plus élevées, qu'on doit envisager comme étant de seconde formation : la montagne de *Binet*, couverte de bois de hêtres, fait partie de la chaîne septentrionale ; et la *pene d'Escot* sous laquelle on passe par un chemin étroit, dont le Gave dispute une partie, est une appendice de la chaîne située au Midi ; mais nulle part, les masses continues d'ophite et les grandes bandes purement calcaires et secondaires qui les renferment, ne présentent un point de contact qui les unisse et les mêle les unes aux autres.

Dans la première de ces montagnes, les bandes sont inclinées du S. S O. au N. N. E., et semblent venir chercher un appui sur l'ophite qu'on trouve au sud de Lurbe et de la montagne de Binet; mais ce n'est qu'une apparence ; la seconde, où l'on voit une inscription latine que j'ai rapportée dans mon Essai, présente le même plan d'inclinaison ; les montagnes de schiste argileux et d'ophite, entièrement dégagées à leur cime, de pierres calcaires, sont placées incontestablement entre les montagnes formées de pierres de cette nature ; mais il n'est pas possible de découvrir la base sur laquelle sont assises les unes et les autres de ces différentes matières argileuses et calcaires : leur plan est presque vertical jusqu'au dessous du niveau des eaux du Gave, dont les bords escarpés sont ombragés de frênes, de tilleuls, de chênes, d'érables et de saules : cette position respective, semblerait indiquer que l'origine de ces roches date de la même époque.

On peut faire la même observation au-delà d'un lieu de dévotion qu'on appelle *Nôtre-Dame de Sarrance*, où l'ordre des chanoines réguliers de Premontré avait une maison : en effet, on voit aux environs de Bedous deux chaînes horriblement escarpées, pareillement calcaires, renfermant des montagnes de schiste et d'ophite, roche désignée par les Aspois, sous la dénomination *de Nioure* : ces deux chaînes de carbonate de chaux, composées de rochers stériles et nuds qui dominent une vallée féconde, doivent être comprises parmi les formations secondaires : une de ces chaînes qui traverse la vallée d'Aspe, au pont d'Esquit, se prolonge à l'Est vers l'aride et haute montagne d'Abesse, où l'on trouve des corps marins pétrifiés.

L'ophite du bassin de Bedous est mêlé de schiste argileux, de plusieurs espèces ; on peut l'observer près d'Osse, commune dont une partie des habitans suit la doctrine des protestans, qui fut prêchée en Béarn, à la même époque où l'on commençait à sévir en France contre les huguenots, auxquels Marguerite, sœur de François I.er, épouse d'Henri d'Albret donna asile.

9

On sait que le premier ministre qui porta la parole fut Fabertas *Palensis*, que l'on regardait comme la lumière de son temps.

Les ardoises d'Aydius sont dans les couches feuilletées qui, avec l'ophite, constituent la bande dont il est ici question, et qui est dominée au-dessus de Bedous, par des dépôts énormes d'incrustations calcaires : il est facile de s'en convaincre en remontant le torrent qu'on nomme les *Ors*, qui roule de gros blocs de quartz, et traverse Bedous. Ces roches feuilletées, dont la direction est de l'O. N. O. à l'E. S. E., et l'inclinaison du S. S. O. au N. N. E. se prolongent vers la vallée d'Ossau, qu'elles traversent près de Laruns ; mais ici, les ophites ont déjà cessé de paraître : ils sont remplacés par des schistes argileux.

Cette disparition des ophites semblerait même devoir commencer aux environs de la commune d'Aydius, dans la vallée d'Aspe, vû la prodigieuse quantité de blocs de quartz dont est jonché le lit du torrent qui se précipite avec fracas à travers les débris des rochers, pour grossir près de Bedous les eaux du Gave : ces blocs ne se trouvent point avec les masses continues d'ophite : on doit les envisager, comme provenant de la destruction des montagnes de schiste, mêlé toujours plus ou moins de silice. Il est aisé de concevoir que les parties de roches où cette terre abonde le plus, étant moins susceptibles d'altération que celles qui sont principalement formées de substance argileuse, ces dernières se dégradent, se réduisent en poudre, tandis que les blocs de quartz restent intacts.

Le terrain schisteux de Poullaou en renferme

également, selon le rapport de M. Daubuisson, du quartz et du grunstein, roche qui de même que l'ophite des Pyrénées fait partie des trapps.

Si l'on suit à l'Ouest la direction de ces mêmes schistes argileux, que nous avons vu mêlés et confondus avec l'ophite, on les retrouvera sur la rive gauche du gave d'Aspe, au pied d'un monticule conique, composé de couches de pierre calcaire feuilletée, et située non loin du pont de *Brase*, qui s'appuie sur les masses d'ophite, agréablement nuancées et très-dures : ce pont est sur le Gave, entre les communes de Bedous et d'Osse : la bruyère, la fougère avec d'autres plantes couvrent tellement la surface du terrain, qu'il est très-difficile de découvrir l'ordre respectif de ces différentes matières ; mais malgré ces difficultés, les schistes m'ont paru plus contigus aux ophites, qu'on trouve bientôt après, en allant au village d'Osse, et qui s'étendent en largeur jusqu'à celui d'Atas, c'est-à-dire, l'espace d'environ 200 toises : ici, ces roches très-dures forment quelques monticules coniques.

Cette bande d'ophite est voisine de différentes espèces ou variétés de schiste argileux : la direction de celui qu'on trouve à la distance d'une demie lieue d'Atas, en suivant le chemin de la forêt d'Isseaux, est de l'O. N. O. à l'E. S. E. L'ophite forme, en grande partie, les montagnes dont la chaîne se prolonge à l'O. vers la forêt d'Isseaux, renommée par la beauté des sapins qu'elle a produit, et dont la marine a profité : on retrouve cette même bande au quartier du *Pui*, situé au Nord du Pic d'Anie, montagne calcaire, nue et décharnée, qu'habite l'agile chamois, et qui, conservant les neiges de l'hiver jusqu'à la saison où l'on commence à moissonner les grains, ne produit à son sommet, selon l'observation de M. Lalanne, savant botaniste, d'autres plantes que le caillelait de roche, *galium saxatile*. La bande d'ophite traverse le quartier du Pui pour pénétrer au-delà.

Si l'on continue à porter ses pas vers l'Ouest, on rencontre la même roche sur les bords d'une rivière qu'on nomme *Lourdios*, qui coule du Sud au Nord : enfin elle va former une haute montagne au pied de laquelle, et du côté du Midi, le bourg de Ste.-Engrace est situé. Nous avons ci-devant observé, que dans ce lieu, la Piste, rivière qui descend des montagnes voisines, sépare les masses continues d'ophite qui sont sur la rive droite, des roches calcaires qui s'élèvent sur la rive gauche, et que les bords horriblement escarpés et d'autres obstacles, ne permettent point de reconnaître l'ordre de superposition de ces différentes matières.

Mais on voit, en traversant la chaîne montagneuse qui sépare la vallée d'Aspe, du bourg de Ste.-Engrace, on voit, dis-je, la position respective de la bande d'ophite et des montagnes calcaires, qui la bornent et la dominent, soit du côté du Nord, soit du côté du Sud : aucune de ces différentes matières ne paraît superposée à l'autre : ici, l'on ne peut se refuser à croire qu'elles sont contemporaines, puisqu'elles forment des chaînes particulières parallèles, dont on ne découvre point la base, et que leurs crêtes sont entièrement dégagées des matières étrangères à celles qui constituent chacune d'elles, c'est-à-dire, que les ophites ne couvrent point les pierres calcaires, ni celles-ci les roches précédentes : les unes et les autres ne se touchent que par des plans verticaux.

Je ne dois pas m'éloigner de cette bande d'ophite, sans faire observer qu'on trouve du gypse au pied de la montagne de Layens, non loin du quartier nommé le *Pui*, composé pareillement d'ophite; il a récemment été découvert. J'ignore l'ordre de superposition de ces différentes matières.

Si l'on revient sur les bords du Gave, près du pont de Brase, où s'élève un monticule d'ophite, roche très-intacte et dure, que j'ai dit se prolonger vers l'O. et qui, non loin de là, forme un autre éminence de la même nature, on observe au N. de cette bande d'ophite, des couches calcaires qui, dans certaines parties sont verticales et dans quelques autres inclinées du Sud au Nord; mais ces couches qui se prolongent à peu près de l'E. à l'O., ayant leur base sous terre, ne paraissent point appuyées sur l'ophite. Enfin une chose digne d'être remarquée, c'est qu'au Nord des couches calcaires, on trouve un autre monticule d'ophite médiocrement élevé, et dont la superficie est hérissée de gros blocs de la même nature, ayant quatre ou cinq pieds de diamètre; mais ces amas ne présentent point les horreurs des débris granitiques.

Après ces matières et toujours du côté du Nord, vient la grande chaîne collatérale calcaire de seconde formation, qui fait partie de la montagne de Layens, et qui, quoique plus élevée que les masses continues d'ophite, ne paraît pas reposer sur elles.

On trouve au pied de la grande chaîne de chaux carbonatée, dont il vient d'être fait mention, de grands atterrissemens de cailloux et de blocs d'ophite, ce qui prouve que cette roche formait ici primitivement de hautes excrescences dégradées par le temps. Des débris de schiste argileux se mêlent à ces amas. Partout il accompagne l'ophite, mais nulle part je n'ai pu découvrir ici, l'ordre de superposition que les couches calcaires observent avec les masses continues d'ophite. Cette particularité est couverte de nuages. La gloire d'en percer les ténèbres est reservée à des observateurs qui savent pénétrer mieux que moi, les secrets de la nature.

Nous venons de voir au sein de cette partie des Pyrénées, des amas considérables, composés de blocs ou cailloux d'ophite, qui ne permettent pas de douter de la grande hauteur à laquelle ont atteint quelques montagnes de cette roche; on peut encore s'en convaincre dans les plaines arrosées par le gave d'Oloron; elles sont en partie formées de pareils débris; mais nulle part les pierres roulées de ce genre ne commencent à se montrer en plus grande abondance qu'au dessous du confluent du gave d'Oloron et de la rivière qu'on nomme le *Vert*, qui descend des montagnes de Baretous : on les trouve à chaque pas sur le territoire des communes d'Orin, de Geronce et de St.-Goen; terre que possédait la famille de Mesplés, dont était issu Auchot de Mesplés qui défendit en 1591, avec une telle vaillance, Berre en Provence, que le duc de Savoye, qui fesait le siége de cette petite ville, lui offrit la lieutenance générale de ses armées, s'il eût voulu entrer à son service.

IV.

Discussion sur une sorte de roche calcaire, superposée à l'Ophite de la vallée d'Aspe.

Nous n'avons point encore observé que les bandes d'ophite et de chaux carbonatée offrissent à la vue aucun ordre de superposition, mais nous allons nous convaincre qu'il existe dans les montagnes d'ophite situées entre les communes d'Osse et d'Atas, et dont l'ophite du quartier qu'on nomme le *Pui* n'est que la prolongation. On observe avec surprise, au-dessus d'une partie seule de ces montagnes de grunstein, un massif assez considérable en forme d'arête, qui se prolonge à peu près de l'O. à l'E.; il est composé de pierre calcaire grise, dont la texture est à petits grains, avec quelques veines spathiques: tels sont du moins les morceaux que j'ai vus: il est possible qu'il contienne d'autres variétés dans les endroits que je n'ai point visités, et cela paraît assez vraisemblable: ce qu'on peut regarder comme certain, c'est que cette espèce de pierre ne se prolonge pas beaucoup vers l'O., ayant les mêmes caractères, puisqu'on ne trouve avec les ophites qui constituent le terrain du canton du *Pui*, qui n'est guère éloigné, que des matières calcaires, jaunâtres, isolées, quelquefois de la nature des brèches, et qui, mêlées d'autres matières calcaires de la même couleur et poreuses, semblent devoir être placées au nombre des dépôts pierreux, formés par l'eau de quelque fontaine ou rivière.

La pierre calcaire placée sur l'ophite, entre les communes d'Osse et d'Atas, ne prend point son essor du côté de l'E.; car, non loin de là, s'élève un monticule conique, entièrement composé d'ophite et très-remarquable par sa forme ; il est connu sous la dénomination de *St.-Felix*, à cause d'une église de ce nom, qu'on dit avoir anciennement été bâtie sur la cîme ; je n'ai pas vu non plus qu'elle se prolongeât vers le Sud, et les grands obstacles qui naissent de la prodigieuse quantité de plantes qui croissent sur ces montagnes, les débris terreux qui résultent en outre de la continuelle décomposition des rochers, ne m'ont point permis d'observer si ce groupe de chaux carbonatée avait quelque rapport avec les matières de ce genre, situées du côté du Nord ; mais je présume qu'il en est entièrement séparé : quelques habitans de ce canton que j'ai consultés, en sont persuadés de même.

D'autres matières calcaires, en général, d'une couleur un peu jaunâtre, et qui sont connues dans la vallée d'Aspe, sous le nom de *peyre-franque*, se trouvent par groupes isolés parmi les roches d'ophite, le long du torrent de Cap-Vielle, qui traverse le village d'Osse ; M. de Charpentier ayant porté d'après mon invitation, ses recherches dans cette partie des Pyrénées, qui présente beaucoup d'obstacles à l'observateur, et des singularités dont il est difficile d'expliquer la cause, s'est pareillement convaincu que ces matières calcaires étaient, à plusieurs reprises, interrompues par l'ophite. Comme les points de contact sont, d'après ses observations, absolument cachés, M. de Charpentier se borne à de simples conjectures ; mais laissons parler cet observateur, aux talens duquel les savans ont rendu hommage, en disant qu'il réunit à un haut degré les connaissances du minéralogiste à celles du géologue. Voici ce qu'il me fit l'honneur de m'écrire le 29 août 1812.

« Arrivé à Bedous, j'allai desuite voir les prin-
» cipaux monticules coniques d'ophite, qui se
» trouvent aux environs d'Osse : je montai au
» sommet de la montagne d'ophite, sur laquelle
» on voit un énorme rocher calcaire, qui m'a
» paru être, comme à vous, une espèce de tuf,
» ainsi que la majeure partie de la pierre qu'on
» appelle *peyre-franque*..... Au reste, la mon-
» tagne sur laquelle ce grand rocher calcaire se
» trouve, et que l'on nomme la montagne de
» *Théis*, présente d'autant plus d'obscurités,
» que la végétation y rend les recherches très-
» difficiles...... J'y retournai le lendemain; mais
» je ne fus pas plus heureux. La nature a des
» secrets qu'elle s'obstine constamment à nous
» cacher.
» J'allai ensuite par Atas vers la forêt d'Isseaux;
» le mauvais temps m'empêcha d'arriver jusqu'au
» col, mais je me suis bien convaincu que l'ophite
» est suivi et accompagné par du schiste argi-
» leux; je n'ai pas eu le bonheur de bien recon-
» naître les rapports géognostiques de ces deux
» roches : je m'apperçus bien que la gorge dans
» laquelle je me trouvais, séparait l'ophite en
» quelque sorte, de la chaîne calcaire qui tra-
» verse la vallée au pont d'Esquit; mais la terre,
» la végétation et la pluie m'empêchèrent de re-
» connaître le point du contact de leur base.
» Peu satisfait de ce voyage, je me retirai par le
» pont d'Esquit à Bedous espérant d'être un peu
» plus heureux, en remontant le torrent de *Cap-
» de-Vielle*, qui descend à Osse, et qui sépare
» l'ophite, de la Montagne calcaire de Layens; je
» me rendis le lendemain matin à Osse, et je re-
» montai la gorge de Cap-de-Vielle par son côté

» septentrional ou son côté gauche ; effective-
» ment, j'étais un peu plus heureux dans ce
» voyage. Je voyais d'abord que les montagnes
» qui bordent cette gorge au Nord, étaient du
» calcaire, et faisaient partie de la base de la
» montagne de Layens, et que le côté méridio-
» nal de la gorge était formé par l'ophite. En
» poursuivant le sentier sur la pente gauche de
» la vallée, laissant le moulin de *Serre-Longue*
» à la gauche, j'observai que le calcaire était à
» plusieurs reprises interrompu par l'ophite, et
» que cette roche ne paraissait être ici que les
» lambeaux d'un manteau d'ophite, qui avait re-
» couvert la montagne calcaire..... Mais je n'ose
» rien assurer, je désire seulement que vous veuil-
» lez rendre ce service à la science, de visiter
» cette gorge aussitôt que vos occupations vous
» permettront de retourner dans la vallée d'Aspe,
» et je suis persuadé que vous y parviendrez à
» décider la question importante, si l'ophite de
» Bedous est contemporain avec le calcaire, ou
» s'il est postérieur, et n'a fait que remplir une
» vaste gorge ou vaste bassin : quoique ce der-
» nier gisement me parut avoir lieu dans la gorge
» de Cap-de-Vielle, j'hésite de juger d'un seul
» point sur tous les autres, où les points de con-
» tact sont absolument cachés. »

Quoique je dûsse me faire un vrai plaisir, de m'occuper de la demande de M. de Charpentier, qui désirait, comme on vient de le voir, que je parcourusse de nouveau les montagnes d'ophite de la vallée d'Aspe, que j'avais visitées plusieurs fois, sans avoir été pleinement satisfait du fruit de mes recherches, découragé par cette dernière circonstance, et surtout par le peu de satisfaction que ce célèbre observateur avait trouvé lui-même à parcourir un champ où je n'aurais fait que glaner après lui, je crus devoir renoncer à faire de nouvelles courses dans cette partie des Pyrénées, bien persuadé d'ailleurs, qu'elles ne serviraient qu'à fournir une preuve de plus de mon ignorance, par rapport à la position relative des matières précédentes.

Mais je profitai de la bonne volonté que me témoigna M. l'abbé Vignalet, de la commune de Lées : cet estimable et jeune ecclésiastique voulut bien à ma prière, prendre la peine de faire quelques recherches dans ces montagnes d'ophite ; mais il ne vit que les mêmes particularités observées par M. de Charpentier, et les mêmes difficultés pour découvrir l'ordre respectif des roches situées aux environs des communes d'Osse et d'Atas.

M. l'abbé Vignalet ne se borna point à ces seules recherches ; il parcourut la partie de terrain, située à l'Ouest du pont de Brase, et dans laquelle s'élèvent quelques monticules coniques d'ophite, environnés de matières calcaires ; il suivit jusqu'au bourg de Sainte-Engrace, cette bande d'ophite que bornent, du côté du Nord et de celui du Sud, deux hautes et longues chaînes de carbonate de chaux ; mais nulle part il ne put découvrir l'ordre de superposition. Il trouva les mêmes obstacles dans les monticules d'ophite des environs de la commune de Jouers, sur la rive droite du Gave, dont nous allons nous entretenir. La pierre calcaire qu'on nomme *peyrefranque*, s'y trouve aussi fréquemment. Il n'a pû néanmoins parvenir à voir laquelle de ces deux roches sert de base à l'autre.

Quoiqu'il en soit des observations précédentes, qui, à chaque pas que l'on fait, présentent de nouvelles difficultés, il n'est pas douteux que les montagnes d'ophite et de schiste sont renfermées, ainsi qu'on l'a dit, entre deux hautes chaînes de marbre gris de formation secondaire, et que, par conséquent, ces trois chaînes montagneuses sembleraient avoir une origine contemporaine entr'elles, excepté la pierre calcaire, immédiatement placée sur l'ophite, entre les communes d'Osse et d'Atas ; pierre calcaire qui paraît devoir être comprise parmi les tufs.

Passons sur la rive droite du Gave, pour examiner les matières minérales qu'elle offre à nos regards toujours avides de nouvelles découvertes. On trouve, pareillement, à l'Est de la montagne de St.-Félix, sous le village de Jouers, des matières calcaires, qui m'ont paru de la même nature que celle du massif qui surmonte l'ophite, entre les communes d'Osse et d'Atas : ces matières calcaires sont peut-être plus variées du côté de Jouers ; mais c'est communément de la pierre calcaire jaunâtre, solide, dure, et qui paraît devoir être rangée parmi les tufs, à cause des trous nombreux qu'on y remarque.

Il faut cependant distinguer cette sorte de tuf, de celui qu'on trouve abondamment dans cette vallée d'Aspe, sur-tout au bord des torrens, et que les habitans appellent *espongnes*, ce qui signifie *éponges*; dénomination que son extrême légèreté et les cavités ou trous qui la traversent, ont fait donner à cette sorte d'incrustation, qu'on appelle en Italie *spugnone*.

Je crois néanmoins que ces deux substances calcaires ont une même origine, quoique leurs caractères ne soient pas aujourd'hui semblables ; car en examinant avec attention, ce genre de pierre, il est facile de suivre les changemens successifs qu'il éprouve : ce n'est d'abord qu'une concrétion très-légère et percée à jour dans toutes ses parties, et quelquefois mamélonnée : insensiblement les ouvertures se remplissent de molécules calcaires, que les eaux charrient, et qui, lorsqu'elles sont mêlées d'argile, conservent un aspect terreux. On observe en même-temps, que ces molécules durcissent, se cristallisent, se dégagent de l'argile qui les colore : alors cette pierre prend une couleur grise, mêlée de taches blanches : les pores se remplissent, la pierre devient plus pesante ; et des yeux accoutumés à considérer de pareils changemens, en découvrent les vestiges, jusques dans les fragmens qu'une suite non interrompue d'altérations a rendu semblables au marbre spathique et grenu. Nous avons vu que des masses énormes de ces dépôts, couvrent les flancs des montagnes qui bordent la rive droite du Gave d'Aydius. Je possède plusieurs morceaux de ce genre, qui présentent différentes variétés, depuis le tuf le plus cribleux et le plus léger jusqu'à la texture la plus compacte : il est très-facile de reconnaître ces transformations successives, qui sont l'ouvrage du temps et des eaux.

Les observations précédentes semblent autoriser à présumer que les pierres calcaires, que l'on trouve dans les montagnes d'ophite de la vallée d'Aspe, pourraient bien faire partie de cette sorte de dépôts, avec d'autant plus de vraisemblance, que ce canton est arrosé de quatre rivières, qui ne sont guères éloignées les unes des autres, et dont le cours est perpendiculaire à celui du Gave qui le traverse du Sud au Nord.

Quand on considère, en outre, que le genre de pierre calcaire, particulier aux montagnes d'ophite de la vallée d'Aspe, ne forme même au-dessus d'elles, que des protubérances d'une médiocre élévation, et qu'au contraire les chaînes calcaires collatérales, qui renferment cet ophite, du côté du Nord et de celui du Sud, ont des crêtes hautes et menaçantes; quand on considère que la pierre calcaire, mêlée à l'ophite, est en général, d'une couleur jaunâtre, sans être disposée par bancs; qu'au contraire, la couleur des marbres des chaînes adjacentes est grise; que ces marbres sont divisés par couches ou bancs, on penche à croire que ces deux espèces de carbonate de chaux ont une origine différente, puisqu'elles n'ont pas une entière conformité dans leur texture et les autres circonstances qui les accompagnent.

Il est essentiel de faire observer que les matières calcaires des environs de Jouers, sont contigues aux roches d'ophite qui occupent la colline qui sépare le territoire d'Accous, de celui de Bedous, et que cet ophite dont il est très-difficile d'observer la position relative, à cause du gazon et de la fougère qui couvrent la surface du terrain, est en général, intact et d'un beau vert sombre ou noirâtre : des cristeaux d'épidote brillent fréquemment à sa surface : cet ophite a pour bornes du côté du Sud, la petite rivière qu'on nomme la *Berte* : le cours de celle qu'on appelle les *Ors*, baigne et traverse l'extrémité septentrionale de cette bande amphibolique, constamment mêlée de schiste dur argileux, dont l'inclinaison est du Nord au Sud et la direction de l'Ouest à l'Est. Cette disposition se fait sur-tout remarquer en montant au village d'Aydius.

Au reste, la pierre calcaire de la nature de celle de Jouers, est connue par les habitans de la vallée d'Aspe, comme celle des environs d'Osse, sous la dénomination de *peyre-franque* ; ils savent parfaitement la distinguer des autres espèces, telles que les marbres dont les chaînes collatérales renferment les masses d'ophite ; ils ne l'emploient que pour la construction, et n'en font pas de la chaux, quoique quelques unes de ces parties aient la texture et la dureté des pierres employées à cet usage : elle ne se trouve que dans les terrains formés d'ophite qui, dans la langue du pays s'appelle, comme nous l'avons dit, *nioure*, à cause de sa couleur d'un vert noirâtre : nous verrons que cette même espèce de chaux carbonatée accompagne l'ophite dans la colline qui domine le pont de Pouzac sur l'Adour, près de Bagnères : elle n'offre nulle part des traces d'une nature organisée.

Je pencherais avec d'autant plus de raison à penser que les masses pierreuses de chaux carbonatée, qui se trouvent mêlées ou superposées à l'ophite du bassin de Bedous, sont des dépôts anciennement formés par les eaux des différentes rivières, dont les sources nombreuses sortent des chaînes calcaires adjacentes, que plusieurs parties de cette chaux carbonatée offrent la même texture que le tuf produit par les dépôts de l'Anio aux environs de Tivoli ; M. Breislak observe que la couleur de cette pierre calcaire, disposée en lits horizontaux est d'un blanc jaunâtre, son grain terreux; sa cassure inégale.. ... Les cavités où la substance calcaire a pris le grain spatheux, sont fréquentes dans ce tuf, que les italiens appellent *travertino*, qui forme des carrières immenses: quelquefois ces cavités ont été remplies depuis, par une stalactite calcaire plus blanche, d'un grain plus fin et plus dur. *Voyages dans la Campanie*, t. 2, p. 262.

L'opinion de M. Charpentier, relative à l'origine du carbonate de chaux, situé au-dessus de l'ophite de la vallée d'Aspe, ne diffère pas de la mienne, ainsi qu'on a pu s'en convaincre dans l'extrait de la lettre qu'il me fit l'honneur de m'écrire le 29 août 1812, et que j'ai cru devoir insérer ci-dessus.

Quant à la formation des chaînes calcaires et des montagnes d'ophite qu'elles renferment, et qui entourent la plaine qu'on nomme le *Bassin de Bedous*, la succession alternative de ces grandes protubérances, indique pareillement ici, comme dans les vallées précédentes, que ces deux sortes de roches ont été formées à la même époque.

SECONDE PARTIE.

I.

Recherches relatives à l'ophite, faites au débouché des montagnes d'Ossau et du Lavedan.

Comme l'observation est le premier fondement de la géologie, et le principal moyen d'éclaircir ses obscurités, continuons à nous occuper de l'ophite et des matières minérales adjacentes : transportons nous maintenant vers la vallée d'Ossau, arrosée par le gave d'Oloron et parallèle à la vallée d'Aspe ; mais ne connaissant qu'imparfaitement deux endroits où l'on trouve l'ophite, le premier au N. et non loin du village d'Aste, situé sur la rive droite du Gave, dans une plaine agréable et fertile ; l'autre, au col de Lurdé que dominent des pics hideux, décharnés, nous allons nous occuper de l'ophite des terrains adjacens.

Mais auparavant, je demande la permission de faire connaître la forme singulière que présentent les bancs calcaires de la montagne de Susoeu, située non loin du col de Lurdé ; elle est certainement une des plus remarquables des Pyrénées : ces bancs sont presqu'horizontaux à la base de cette haute montagne ; ils deviennent inclinés du N. au S. vers le milieu : mais insensiblement le plan d'inclinaison change, les bancs suivent une ligne demi circulaire ; ils se dressent et se courbent peu à peu, de manière qu'au sommet de la montagne ils sont inclinés du S. au N., c'est-à-dire, que leur plan est contraire à celui des bancs qu'on observe au milieu de cette haute protubérance.

M. Dietrick rapporte qu'on trouve dans un ravin, au-dessous du col de Lurdé, des fragmens de galène dans une roche verdâtre argileuse et quartzeuse. *Description des gîtes de minérai des Pyrénées.* Cette roche est le grunstein ou ophite dont nous venons de parler.

ENVIRONS DE LA VALLÉE D'OSSAU.

On trouve sur le territoire de la commune de Herrère, et près d'une maison qu'on appele la *Pene*, de l'ophite en masse : cette roche, tellement altérée, qu'elle ne présente ici que rarement sa couleur verdâtre, est en général d'un gris sale ; ce qui ne permet pas de la reconnaître au premier aspect : elle est entourée de terre d'argile et renferme des couches de schiste : ces matières sont suivies de couches marneuses, dont on ne connaît point la position respective. Quelques parties de l'ophite ont pris l'apparence du granit ; c'est par conséquent du grunstein commun; il ne fait pas mouvoir l'aiguille aimantée : cette roche n'a point échappé à l'attention de M. Charpentier.

Au N. O., non loin de la maison de la *Pene*, et de l'autre côté de la plaine de Herrère, on trouve dans un côteau sur lequel l'église paroissiale est située, la même roche avec toutes les variétés qui l'accompagnent presque partout : j'ignore si cette bande argileuse se prolonge plus loin à l'Ouest ; j'ai fait d'inutiles recherches pour la découvrir sur les bords escarpés du gave d'Oloron ; mais si l'on dirige les pas vers l'Est, on trouve au milieu de la plaine d'Ogeu, couverte de cailloux roulés, une butte de grunstein qui semble former la continuité de l'ophite de Herrère ; cette butte paraît isolée et se présente comme une espèce de noyau ; les côteaux qui la dominent, soit du côté du Nord, soit du côté du Sud, sont formés de couches marneuses : je n'ai pu découvrir l'ordre de superposition de ces différentes matières. Cet ophite a la texture du granit et se trouve mêlé de cristaux d'actinote, substance envisagée aujourd'hui, comme congenère de l'hornblende : il est placé presqu'au pied des montagnes inférieures, au milieu desquelles s'ouvre la profonde grotte d'Iseste dont les environs recèlent des médailles : celles qui me sont connues paraissent avoir été frappées du temps de Gallien et de Tetricus.

Il est vraisemblable que cette même bande traverse l'étroit vallon où coule la petite rivière du Nés ; mais les grands atterrissemens qui en couvrent le sol et qui surmontent les flancs et la crête des collines dont cette gorge est bordée, la dérobent aux yeux de l'observateur.

Telles sont les observations que j'ai cru devoir mettre sous les yeux du lecteur, en parlant de la vallée d'Ossau, mot qui se prononce dans l'idiome Béarnais *Aoussaou*, mais qu'on écrit *Ossau*. Je dois dire à cette occasion que quelques curieux de la nature, qui ont porté leurs recherches dans les Pyrénées, écrivent les noms de certains lieux comme les habitans les prononcent en leur patois ; pour moi, j'ai cru devoir au contraire, les écrire tels qu'on les trouve dans les cartes géographiques, autrement il n'est guère possible de s'entendre ; Pau, par exemple, se prononce en Béarnais *Paou*, on dit *Caouterés* pour Cauterés, *Aoulourou* pour Oloron, *Aougene* pour Ogenne, *Aoudaoux* au lieu d'Audaux ;

vallée d'*Aoure* au lieu de vallée d'Aure : il résulte de ces observations, qu'on devrait écrire les noms Béarnais de la même manière que les géographes ; si l'on n'a point cette attention il sera très-facile, ainsi que je l'ai déjà dit, de se méprendre sur l'indication des endroits qu'un observateur voudra faire connaître.

Mais reprenons à l'Est du vallon du *Nés*, les recherches minéralogiques dans la bande de terrain située au pied et hors la chaîne des Pyrénées : elle se prolonge aussi dans la même direction, c'est-à-dire vers l'Est.

On trouve de l'ophite ou grunstein au hameau de Loubie-dessous, en Béarnais *Loubie-debaig*, près duquel sont situées les ruines du château de Ste.-Colome ; qui fut brûlé en 1569 par l'armée de Montgomerry, qui marchait vers Navarrenx pour secourir cette place occupée par les protestans, et dont le comte de Terride faisait le siège. Ce grunstein se fait principalement remarquer au milieu d'une chaîne de collines que coupe et traverse la petite rivière de Lesteres, qui s'est ouvert un passage étroit dont les bords sont très-escarpés ; cette singulière ouverture se trouve non loin des palommières du Lys, et de la jonction des routes de Nay et du château des Forges de Loubie *debaigt* ou dessous.

On observe sur les bords de cette tranchée, de nombreuses variétés de grunstein, mêlées souvent de schiste argileux ; ici, le grunstein est d'une couleur verdâtre, et ressemble au porphyre dont il a toute la dureté ; l'hornblende et le feld-spath qui le composent, sont très-intacts ; la superficie de la roche démontre seulement par sa couleur brune, un commencement de décomposition. M. de Charpentier a découvert de la prehnite dans ce grunstein.

A côté de la même roche très-intacte, on voit avec surprise des portions très-décomposées de la même espèce, dont la couleur est jaunâtre et la texture grenue et friable; partout cette couleur est l'indice certain de l'altération du grunstein, dont les grains semblent d'ailleurs d'autant plus grossiers qu'il est décomposé : ils sont au contraire d'autant plus petits, serrés et durs, que la roche conserve sa couleur verdâtre ; toutes ces matières exhalent une odeur terreuse en les humectant avec la respiration.

Les mêmes singularités que je viens de décrire, n'ont point échappé à l'attention de M. le marquis d'Angosse, dans une bande de grunstein qui renferme la mine de fer de Loubie, dont il est propriétaire, laquelle bande est séparée par une chaîne de montagnes calcaires, des collines précédentes. Ce bon observateur m'a fait l'honneur de m'écrire que les nuances, la dureté des échantillons de grunstein qu'il a trouvé dans divers gîtes varient à l'infini ; qu'ils passent du vert obscur au vert le plus tendre ; que les uns tombent en poussière ; que les autres sont assez durs pour faire feu au briquet ; qu'enfin les masses de grunstein présentent dans quelques endroits des feuilles de mica, etc., etc.

Au reste, le grunstein des bords de Lesteres est suivi du côté du Nord d'une bande de schiste argileux, se divisant quelquefois en feuillets, comme l'ardoise, et n'ayant pas une couleur différente : cette bande où l'on ne découvre pas de couches bien distinctes, sépare le grunstein des marnes feuilletées qui sont au-delà, c'est-à-dire du côté du Nord : on trouve pareillement des couches marneuses au Sud de ces mêmes roches de grunstein ; mais nulle part elles ne lui sont superposées, étant presque toujours perpendiculaires à l'horizon : on marche sur le tranchant de ces couches, qui se prolongent à peu près de l'O. à l'E. depuis les environs de *Loubie dessous*, jusqu'au château des Forges, construit sur des bancs calcaires, dont la position présente une admirable régularité. Leur inclinaison est du S. S. O. au N. N. E., et la direction de l'E. S. E. à l'O. N. O. ; enfin, ces bandes paraissent indépendantes les unes des autres, et par leur arrangement alternatif, indiquent une origine contemporaine.

Mais avant de finir la description de la partie de grunstein, traversée par le cours de Lesteres, je ne peux résister au désir de hasarder une conjecture relative aux amas de cailloux de cette roche, dont j'ai fait mention dans mon mémoire, sur les atterrissemens formés des débris des Pyrénées. On pourrait se rappeler qu'ils se trouvent sur le côteau de Jurançon, au-dessous d'une agréable maison de campagne qu'on appelle *Montplaisir*; car quoique la forme actuelle du terrain soit telle que le transport de ces cailloux, depuis les rives de Lesteres jusqu'aux côteaux de Jurançon, doive paraître impossible, néanmoins la ressemblance de ces cailloux avec les roches continues, dont il est ici question et qui doivent se trouver pareillement du côté de Rebenac, rendent cette opinion assez vraisemblable ; les eaux en suivant le vallon du Nés ont pu rouler ces cailloux à cette distance, à l'époque où le terrain n'était point encore coupé d'un si grand nombre de ravins et d'autres intervalles qu'il présente aujourd'hui, et qui seraient autant d'obstacles pour un pareil déplacement. Il faut se rappeler que ces cailloux d'ophite décomposés présentent, comme je l'ai dit, une singularité très-remarquable ; c'est qu'ils font une vive effervescence avec les acides, ce que je n'ai vu nulle autre part. Ce curieux mélange de la substance calcaire aux élémens de l'ophite, semblerait pouvoir être attribué aux sucs lapidifiques, provenant d'un amas considérable de cailloux de chaux carbonatée, au milieu desquels se trouvent ceux d'ophite.

Toutes ces différentes roches des bords de Lesteres, dans lesquelles on ne distingue aucun ordre de superposition, se prolongent par les environs du pont de Latape, sur le Louzon, et par les collines de Betarram, de St.-Pé, vers celles qui sont près de Lourde et de Bagnères : nous allons les retrouver dans ces divers lieux, en nous éloignant de Loubie et d'Arudi, communes agitées en 1814, par de violentes secousses de tremblement de terre.

Il est essentiel de faire observer que cette bande de grunstein et de schiste se prolonge aussi du côté de l'Ouest, et traverse le hameau de Sevignac, qui renferme en outre, une platrière dont j'ai parlé dans l'*Essai sur la Minéralogie des Monts-Pyrénees*. On trouve près d'elle de la marne, de l'ophite ou grunstein commun. On ne connaît pas l'ordre de superposition que ces matières observent entr'elles.

Au surplus, le château des Forges est sur la rive gauche d'une rivière qu'on nomme le *Louzon*, qui roule des cailloux d'ophite intacts, d'ardoise, de marbre et de schiste dur ; on n'y découvre point de cailloux de granit, ce qui prouve que les montagnes où le Louzon prend sa source n'en contiennent pas: les environs de la plate-forme sur laquelle cette habitation solitaire est située, sont jonchés de beaucoup de cailloux d'ophite, dont la circonférence a commencé d'éprouver des altérations; les uns se convertissent en argile d'autres en oxide de fer; on remarque des dendrites dans certains morceaux. Je suis redevable à M. le marquis d'Angosse, de savoir que ces débris de roches amphiboliques, proviennent de la montagne de Babaret dans la vallée d'Asson, et située sur le territoire de Loubie dessus.

Au reste, il est essentiel d'observer que dans cette partie des Pyrénées, comme dans beaucoup d'autres, les roches d'ophite commun sont d'une couleur grise, et ressemblent parfaitement au granit; mais en les examinant avec un peu d'attention, on s'apperçoit qu'elles ne contiennent point de cristaux de quartz, ce qui sert à les distinguer des roches essentiellement granitiques.

Qu'il me soit permis de faire observer, au sujet du nom de *Loubie dessus*, commune dont il est fait ci-devant mention, la ressemblance de certaines dénominations employées par les habitans des Alpes et des Pyrénées.

La vallée d'Ossau renferme deux villages dont l'un s'appelle *Loubie dessus* et l'autre *Loubie debaig* ou (*dessous*). On trouve dans les Alpes *Blaitière dessus* et *Blaitière dessous*.

Les deux plus hautes montagnes granitiques des Alpes et des Pyrénées portent le même nom; le Mont-Blanc, situé dans la première chaîne, est désigné par quelques géographes, sous la dénomination de *Mont-Malay*, montagne maudite; la *Maladetta* est située dans la seconde et sur le territoire d'Espagne.

Il est d'autres lieux remarquables par la conformité des noms; *plan* signifie chez les habitans des Pyrénées, une petite plaine; c'est ainsi qu'on dit le *plan d'Aragnouet*, situé à l'extrémité méridionale de la vallée d'Aure; le *plan des Etangs*; le *plan des Aigouaillets*; le *plan d'Albe*, auprès de la *Maladetta*; cette dénomination est pareillement usitée dans les Alpes : M. de Saussure fait mention du *plan y Beu*, plaine aux bœufs, du *plan du glacier de Talefre*; du *plan de l'aiguille du Deu*.

On remarque plusieurs autres expressions, communes à ces deux chaînes montagneuses : M. de Saussure fait mention du glacier de Buissons, au *sommet de la côte*, montagne des Alpes : on trouve de même auprès de Gavarnie, dans les Pyrénées, le *som de la coste*; ces deux chaînes renferment des montagnes qui portent le nom de *Mont-Suc*.

Mais c'est assez s'entretenir de ces rapports singuliers, dont on ne sera point étonné, si l'on fait attention que les habitans des Pyrénées et des Alpes sont d'origine celte, et qu'ils peuvent avoir conservé beaucoup de noms propres de leur ancienne langue.

Rives du Gave Béarnais depuis les environs de Coarraze jusqu'à Lourde.

Après nous être un moment écarté, au-dessus de la commune de Herrère, de la direction du Nord au Sud, pour suivre la bande argileuse qui se prolonge de l'O. à l'E. vers le Gave Béarnais, en passant au hameau de Loubie et sur le territoire de Miſaget, de Bruges, d'Asson, etc., etc., nous allons reprendre la direction du Nord au Sud, que nous suivons ordinairement.

On observe dans les côteaux de Boeil, commune située sur la rive droite du Gave Béarnais, des pierres calcaires, renfermant des coquilles bivalves : elles sont ordinairement de la famille des cames, et de celle des moules, ayant différentes grosseurs.

Plus loin, sous le pont de Coarraze, on trouve des bancs de pierre calcaire, compacte et blanchâtre, qui se prolongent de l'O. N. O. à l'E. S. E., inclinant du S. S. O. au N. N. E. ; elle est susceptible de prendre un poli grossier. Tout le monde sait que Coarraze est un lieu qu'Henri IV habita dans son enfance.

A la distance d'environ une demie lieue Sud du pont de Coarraze, le côteau qui borde la rive droite du Gave est composé de couches verticales d'une pierre calcaire, grise, grenue, contenant des paillettes de mica ; ces couches sont à peu près dans la direction de l'O. à l'E.

En continuant d'aller vers le Sud, on arrive à la chapelle de Betarram, où Hubert Charpentier, après avoir établi des prêtres du calvaire, sur le Mont-Valerien près de Paris, fit un pareil établissement, de même qu'à Notre-Dame de Garaison, dans le diocèse d'Auch. Le monticule de celui de Betarram est composé de diverses espèces de roches argileuses, qui varient beaucoup dans leur dureté : on trouve à la base, des masses d'ophite commun, qui traversent le Gave sous le pont de ce lieu, pour former ici la rive droite de cette rivière ; plus haut, des bancs de schiste qui présentent un grand nombre de variétés ; les unes sont grenues, les autres feuilletées : l'espèce la plus friable est sur la crête : on la trouve aussi dans d'autres parties de la même colline.

M. Darcet, dans son intéressant discours sur l'état actuel des Pyrénées, paraît avoir confondu l'ophite avec le granit fondamental : mais il en diffère parce qu'il ne renferme point de cristaux de quartz. Ses élémens ne consistent qu'en lames de feld-spath et d'hornblende. C'est par conséquent de l'ophite que les allemands nomment *grunstein*, sorte de roche qui n'est parfaitement connue que depuis un petit nombre d'années. Ainsi M. Darcet ne dirait pas aujourd'hui que « l'église de Betarram et la première station du » calvaire sont fondées sur la roche du granit. » Il est certain qu'on observe devant la principale porte de la chapelle, des blocs énormes de vrai granit isolés ; mais ces gros blocs ont été roulés par les eaux qui se précipitent de la crête des Pyrénées : la base de la colline du calvaire est composée du grunstein.

Les environs de ce lieu solitaire abondent en outre, en ardoises argileuses, dont les couches presque verticales traversent le Gave au-delà, non loin du pont de Betarram avec une grande régularité : l'on y trouve encore des schistes durs argileux : d'autres présentent une texture singulière, qui ne s'est offerte nulle autre part à mes yeux ; ils sont mêlés de cristaux de feld-spath plus ou moins nombreux, ce qui donne à ces schistes l'apparence d'un prophyre ; quelques uns en contiennent très-peu : on y trouve de plus une sorte de roche composée de petits grains siliceux et blanchâtres, disposée par bancs qui sont renfermés entre des couches de schiste argileux feuilleté : ces divers lits se prolongent dans la direction de l'O. N. O. à l'E. S. E. ; leur inclinaison est du N. N. E. au S. S. O. ; les ophites de Betarram se décomposent par écailles qui se détachent successivement comme celles de Saint-Jean-Pied-de-Port. D'après cette diversité de matières dont la texture est si différente, on dirait que la nature, lorsqu'elle forma le terrain en collines qui les renferme, était indécise pour le choix de ces productions minérales.

Quelques unes des matières argileuses des collines de Betarram, sembleraient devoir être placées au nombre des primitives, à ne consulter que leur nature et leur apparence antique : cependant leur arrangement alternatif avec les pierres calcaires secondaires qui les précèdent et les suivent, indiquerait une formation de la même époque. Nous avons vu que les pierres argileuses de Betarram, étaient précédées du côté du Nord, par des couches calcaires presque perpendiculaires à l'horizon ou verticales : on en trouve pareillement au Sud de ce lieu, qui sont disposées de même. Je n'ai pas observé que les matières argileuses de Betarram servissent de base aux pierres calcaires adjacentes : on voit au contraire, une disposition alternative et verticale, qui semblerait pouvoir faire conjecturer une formation contemporaine ; et l'ophite de même que les schistes dont il est accompagné, paraissent avoir une origine d'autant moins antique, qu'ils ne pénètrent point visiblement au-dessous des montagnes de marbre compacte ou d'un grain fin, situées au Sud. Les collines formées de ces matières argileuses semblent au contraire, en s'élevant peu à peu, chercher un appui contre ces hautes protubérances de chaux carbonatée, ou du moins se joindre à leurs flancs.

Enfin, le porphyre argileux qui se trouve adjacent des terrains qui forment la montagne du calvaire, semble un motif de plus pour nous autoriser à croire que la bande argileuse dont il s'agit ici, est de seconde formation ; car nous lisons dans le traité de minéralogie de M. Brochant, que les terrains qui contiennent des veines de houille, sont quelquefois mêlés d'une sorte de porphyre argileux qu'on nomme *porphyre secondaire*, t. 2, p. 601.

Il est très-essentiel d'observer que cette chaîne de collines que j'appele *argileuse*, que nous avons vu composées de matières hétérogènes, et qui se prolonge vers Lourde et Bagnères, renferme à l'E., non loin de St.-Pé, une haute excrescence très-remarquable, dans laquelle abonde l'ophite qui, dans cet endroit ainsi qu'ailleurs, est mêlé d'une terre argileuse ou d'une pierre de ce genre qui se délite, mais sans pouvoir être employée comme l'ardoise. Les montagnes calcaires, dont cette excrescence n'est séparée que par le Gave, la dominent du côté du Sud : on observe sur les limites de ces deux genres de formation, et près d'une maison qu'on appele *Bataille*, que la pierre calcaire et l'ophite alternent visiblement par bandes verticales, depuis la crête de la colline jusqu'à sa base baignée par les eaux limpides du Gave Béarnais ; la pierre calcaire est d'une couleur grise, d'un grain fin ou compacte, et comme l'ophite, sans aucune apparence de couches : la chaux qu'on en retire, quoique d'une bonne qualité, n'a point, dit-on, une grande blancheur; altération qu'on pourrait attribuer peut-être à l'ophite avec lequel alterne la pierre calcaire adjacente, ci-dessus mentionnée.

Au-delà de St.-Pé, petite ville dans laquelle il y avait un monastère de Bénédictins, fondé par Sance-Guillaume, duc de Gascogne, cette disposition alternative de bandes calcaires et d'ophite est remplacée dans la commune de Peyrouse, par des couches verticales de schiste dur, argileux, qui se prolongent de l'O. N. O. à l'E. S. E. Au surplus, les masses calcaires et continues qui dominent la maison de Bataille, renferment une grotte et sont de la nature du marbre.

Les collines calcaires et de schiste argileux qui séparent Betarram de St.-Pé, présentent à leur crête, des pantières pour les bizets et les ramiers, sorte de chasse que les habitans des montagnes inférieures des Pyrénées, font depuis plusieurs siècles ; car on prétend que la commune de St.-Pé acquit dans le 13.*, moyennant une redevance, ces pantières dont les Bénédictins avaient la propriété.

La bande argileuse dont nous suivons la direction vers l'E., traverse le lac poissonneux de Lourde où l'on pêche des brochets et d'excellentes anguilles, la plaine de Poeyferré et la grande route de Tarbe, au même endroit où se forma, il y a quelques années, un profond abîme dans lequel on voit aujourd'hui un petit lac.

Si, laissant la ville de Lourde à droite, on continue ses recherches vers l'E., on trouve dans la plaine qu'arrose une petite rivière, des blocs isolés d'ophite remarquable par sa dureté et sa belle couleur verdâtre ; il est probable qu'ils sont tombés de la colline qui, du côté du Nord, borde la plaine de Lourde; je ne saurais l'assurer n'ayant point eu le loisir d'en examiner la structure: genre d'observation qui présente d'ailleurs des difficultés, à cause des terres et des végétaux qui dérobent à la vue sa constitution intérieure.

On retrouve la bande argileuse entre Escoubés et Loucrup, où l'on remarque des carrières d'ardoise : ici, ces roches feuilletées se mêlent à des roches de granit ; particularité que nous examinerons bientôt et qui demande la plus grande attention. Elles traversent à l'Est de Montgaillard le lit de l'Adour.

Nous allons quitter pour un moment, le sol peu fécond de Loucrup, et cotoyer les fertiles bords de l'Adour qu'animent de riches moissons, de vastes prairies, de limpides eaux, de nombreux villages et la ville de Bagnères.

I.I.

Observations concernant l'Ophite, sur les rives de l'Adour, près de Bagnères.

Continuons d'observer cette même position respective des pierres calcaires secondaires, et des matières désignées par quelques minéralogistes, sous le nom de *cornéenes*, de *porphyroides*, de *diabase* et que je nomme *ophite* ou *grunstein*. Voyons aux environs de Bagnères, les collines et les côteaux que ces pierres composent, et s'il ne serait point possible de découvrir dans leur structure, des indices de leur formation. Nulle part, il faut l'avouer, l'observateur ne rencontre plus d'obstacles : des végétaux, quoique faibles et languissans, se sont emparés de la surface des collines ; ce n'est qu'à la faveur de quelques rochers taillés pour la confection des chemins, qu'il est possible d'interroger ici la nature.

Commençons d'examiner la structure de ces terrains incultes, à l'Est de Montgaillard, commune que traverse l'agréable et belle route de Tarbes à Bagnères. Transportons-nous du N. au S. comme dans presque toutes les autres vallées que nous venons de parcourir. On trouve non loin du pont de cette commune de Montgaillard, et sur la rive droite de l'Adour, des pierres marneuses grises, compactes, disposées par couches, et qu'on emploie pour améliorer les terres : elles sont suivies du côté du Sud, de bancs calcaires blanchâtres, qui se prolongent à peu près, de l'O. à l'E., en inclinant du S. au N. ; c'est une espèce de pierre de *liais*, que l'on sait être susceptible de prendre un poli grossier; les couches marneuses n'ont ni la même direction ni la même inclinaison : ces bancs ou couches calcaires pénètrent presque verticalement dans le sein de la terre, sans paraître avoir pour appui, des schistes argileux adjacens, qui se montrent au Sud, et dont les masses continues se prolongent vers l'Ouest, comme on peut s'en convaincre sous le pont et le village de Montgaillard, où ces schistes ne sont pareillement couverts d'aucune matière étrangère. Il est probable que la bande calcaire dont il vient d'être fait mention, traverse du côté de l'Est, le territoire d'Orignac, passe entre St.-Romé et la Ciotat, et qu'elle forme plus loin, la colline au pied de laquelle était situé le ci-devant monastère de l'Echelle-Dieu, sur les bords d'une rivière qu'on nomme *l'Aroux* : ces lieux abondent en pierre calcaire ou marne.

Si l'on observe la direction de ces mêmes bancs

vers l'O. ; et qu'on examine leur disposition et leur texture, on aura du penchant à les regarder comme une suite des pierres calcaires que nous avons remarquées sous le pont et le château de Coarraze, et qui de ce lieu se dirigent vers Nay, où l'on voit de belles carrières dont les couches se prolongent vers le territoire d'Arros, lieu qui rappele le seigneur d'Arros, fait prisonnier ainsi qu'Henri d'Albret, à la bataille de Pavie, et qui se sauva de prison avec ce roi, en descendant au moyen d'une échelle de corde.

La même bande se prolonge beaucoup plus loin et toujours vers l'Ouest ; elle offre successivement plusieurs autres carrières ; les principales sont celles de Bosc=d'Arros, de Gan, de Lasseube, de Dognen, de Montfort, d'Oriule, etc., etc. ; dont quelques unes ont été fouillées pour en extraire les matériaux nécessaires pour la construction du château de Sauveterre, bâti par Gaston=Phebus ; surnom que lui acquirent ses victoires, sa générosité, sa somptuosité et l'amour qu'il avait pour les lettres. La même espèce de pierre de liais fut employée pour le revêtement du château de Pau, dont on admirait autrefois la magnificence, et que la naissance d'Henri IV rend encore plus remarquable.

Comme la nature n'oppose nulle part, plus de difficultés à ceux qui cherchent à pénétrer ses mystères que dans la bande argileuse, dont nous nous occupons maintenant, il sera peut=être bon de faire observer que des couches de marne comme celles qui sont purement calcaires, se prolongent de même vers l'Ouest, dans les parties contigues du côté du Nord. On peut remarquer cette disposition, non loin de Visquer et de

Loucrup, où l'on fait usage d'une marne noirâtre peu solide qui bonifie des terres granitiques et sableuses, qui, privées de cet amendement, ne produiraient que du seigle.

Plus à l'Ouest, les matières marneuses de Barleix, de Lonbejac, renferment pareillement du côté du Nord, la bande qui contient de l'ophite, des schistes argileux, etc., etc., qu'on observe aux environs de Lourde et de Betarram. Nous avons déjà remarqué cette même disposition respective entre Bruges et Loubie, et sur le territoire des communes d'Ogeu et de Herrère, où se trouvent différentes sortes de marne, recherchées du laboureur, dont elles sont le plus riche trésor.

Enfin, en examinant les terrains contigus à cette même bande argileuse, du côté du Sud, nous les avons trouvés également composés en général, de couches de marne pierreuse qui la renferme, comme nous l'avons observé sur la route d'Arudi à Bruges, sous le château des Forges de Loubie, près du lac de Lourde, etc., etc., etc. On voit que partout, les bandes argileuses dans lesquelles je comprends l'ophite ou (grunstein), sont placées au milieu des montagnes et des collines de chaux carbonatée, où je n'ai pu remarquer aucun ordre de superposition. Revenons sur les bords de l'Adour.

On trouve au Sud du pont de Montgaillard, en remontant cette rivière, des schistes argileux, près d'Ourdisan, commune où l'on fait de la poterie; il ne faut pas oublier que ces schistes argileux succèdent à des couches marneuses, ainsi qu'à des pierres de liais..

La même colline dont nous examinons la constitution physique, présente à l'Est de ce beau village, des couches d'ardoise calcaire compacte, feuilletée, plus dure que la marne du terrain qui s'étend à l'E. du pont de Mont gaillard, et qui consiste en côteaux assez élevés : ces couches qui m'ont paru ne pas occuper un grand espace, ne suivent aucune direction régulière.

Depuis le village d'Ourdisan, jusqu'au pont de Pouzac, les collines qui bordent la rive droite de l'Adour, contiennent des roches argileuses ; elles paraissent se prolonger à l'Est, vers l'ancien château de Mauvesin dont le duc d'Anjou s'empara sur les anglais en 1374 : ce sont des schistes durs feuilletés, des ophites en masse intacts, et des roches de la même nature décomposées, ayant l'apparence du granit ; quelquefois mais rarement, c'est du vrai granit formé de quartz de feld=spath et de mica : il se trouve au milieu de l'ophite qui semble passer insensiblement à l'état granitique ; mais la partie où l'on observe cette sorte de transmutation, n'occupe que peu de terrain ; l'ophite dont les élémens ne consistent qu'en hornblende et feld=spath, remplace bientôt après, la roche de granit qui se montre, au reste, très-décomposée et d'une couleur jaunâtre. Ces variétés sont plus voisines du village d'Ourdisan que du pont de Pouzac.

Mais quand on approche de ce pont, on remarque une formation qui mérite d'autant plus de fixer l'attention des observateurs, qu'elle est aussi singulière que difficile à concevoir. On trouve immédiatement après l'ophite, des roches composées d'une pierre calcaire assez dure, et qui fait une vive effervescence avec l'acide nitrique. Elle est d'un gris jaunâtre et creusée dans une infinité de ses parties ; c'est vraisemblablement du tuf dont les trous se sont insensiblement plus ou moins remplis : à ces roches calcaires succède du granit en masse très-décomposé, ayant une couleur grise : on découvre néanmoins au milieu de ces débris, des parties très-dures et très-solides. On voit déjà par cette courte description, que le calcaire sépare ici l'ophite du granit qui, au reste, a tous les caractères de la roche primitive.

Ce granit se prolonge vers le Sud, l'espace d'environ 150 pas : il est coupé de l'O. à l'E. par un chemin qui conduit à la crête de la colline, au pied de laquelle est le pont de Pouzac, et dans cette partie le granit occupe un espace d'environ 60 pas de largeur : il est comme le précédent, friable, très-décomposé et de la même nature ; mais il contient aussi des noyaux ou rognons de la même espèce qui sont très-durs : j'ai vu dans ce granit l'apparence d'un petit nombre de couches, mais aucune n'en présente la régularité.

Au pied de la colline où se trouve le granit dont il est ici question, on observe du côté de l'O. un mamelon d'ophite compact très-dur, très-intact, quoique divisé par des fentes en tous sens : il domine une branche de l'Adour qui baigne sa base : il est séparé du granit par quelques roches calcaires de la même espèce que les précédentes ; elles forment, pendant un très-court espace, le sol du chemin qui conduit du pont de Pouzac au village d'Ourdisan. Une couche de terre végétale, ombragée de chênes roures, et le gazon dont elle est couverte empêchent dans le moment actuel, de voir si le calcaire touche immédiatement au granit; mais d'après quelques fragmens verdâtres en partie décomposés, et qui paraissent au jour, il semble que l'ophite doit se trouver encore à la gauche du chemin, tout comme au mamelon qui s'élève sur la rive droite de l'Adour, à côté du pont de Pouzac.

Quoi qu'il en soit, il n'est pas douteux que le granit, situé à l'Est du mamelon d'ophite, est suivi de la même roche calcaire que nous avons déjà décrite, et qui paraît envelopper presqu'entièrement tout le noyau granitique, puisqu'elle en couvre la partie supérieure; qu'elle est placée en outre verticalement à deux de ses côtés et même près de sa base, entre l'ophite et cette roche de granit.

Il est essentiel d'observer que l'ophite reparaît bientôt après, et que de même que le granit, il est couvert ici par du calcaire de la même espèce que celui dont nous avons fait plus d'une fois mention, qui paraît être un tuf semblable à celui de Jouers et d'Osse, villages de la vallée d'Aspe, dans lesquels il est connu sous la dénomination de *peyre-franque*.

Si lorsqu'on a remarqué ces particularités, on monte un peu plus haut vers l'E., on retrouve l'ophite; il est surmonté de terre argileuse, douce au toucher, de couleur grise, et de plus, d'argile mêlée de paillettes talqueuses.

D'après ces observations, il paraît certain que l'ophite et le granit dont il est ici question, sont d'une date contemporaine: j'ai dit au contraire, il est vrai, dans l'*Essai sur la minéralogie des Monts-Pyrénées*, p. 186, édit. de 1784, que la formation de ce granit était antérieure à celle de l'ophite et j'ai commis cette erreur, parce que j'avais borné mes recherches au pied de la colline;

mais l'ayant gravie du côté de l'Est, j'ai retrouvé l'ophite à une certaine hauteur ; et cette roche avec celle de l'ophite du pont de Pouzac, du côté de l'Ouest, m'ont paru renfermer le granit, sans observer aucun ordre de superposition.

Il est très=vraisemblable que le calcaire dont il est ci=dessus question, ayant la couleur grise ou jaunâtre qui se change dans quelques unes de ses parties, en une couleur noire, est ici d'une formation postérieure à celle des monticules de grunstein ou d'ophite, qu'on observe près du pont de Pouzac, et que les intervalles que ces monticules laissaient primitivement entr'eux, ont été remplies dans la suite des temps, par des masses de chaux carbonatée que les eaux ont dé=posées. Telles sont les conjectures que l'aspect des lieux semble permettre de former ; lieux qu'il est très=difficile d'observer à cause de la terre végétale et des plantes qui les couvrent.

Quoi qu'il en soit de ces particularités, je pen=se que les observations ci=devant rapportées, au=torisent à croire que la formation des schistes, des ophites et des granits est dans cette partie du département des Hautes=Pyrénées, de la même époque. Mais faut=il la regarder comme primitive ? C'est ce que nous n'omettrons pas d'examiner.

Au reste, la terre qui provient de la décom=position de l'ophite et des schistes dont les côteaux situés au Nord du pont de Pouzac sont formés, consistent en argile blanche, verte ou jaunâtre, en argile smectite ; et dans tout cet intervalle, ces matières terreuses et pierreuses, dont quel=ques unes s'emploient comme terres à foulon, d'autres pour la poterie, ne sont point arrangées par couches : elles sont divisées seulement par des fentes irrégulières ; il ne sera point inutile d'observer que certains morceaux de l'ophite de Labassère, commune située de l'autre côté de l'Adour, éprouvent une altération qui les convertit de même, en une terre argileuse blanche.

III.

Suite des observations relatives aux roches calcaires, voisines du pont de Pouzac, et suite des recherches sur l'ophite aux environs de Bagnères.

Comme les dépôts calcaires de la colline qui domine le pont de Pouzac, et dans lesquels on distingue quelques grains brillans, paraissent d'une formation postérieure à celle des ophites et des autres pierres calcaires disposées par bancs ou par couches, je pense qu'on ne doit pas les envisager comme pouvant tenir rang dans l'ordre alternatif des matières argileuses et des pierres calcaires, qui constituent une grande partie des Pyrénées, quoiqu'ils pénètrent ici verticalement dans les masses d'ophite, ainsi qu'on peut s'en convaincre, en jettant les yeux sur la planche XI de l'*Essai sur la minéralogie des Monts-Pyrénées*: et cette opinion paraîtrait d'autant plus vraisemblable, que la pierre calcaire dont il s'agit, est assez fréquemment pénétrée de petites cavités, comme certaines incrustations, et formée dans plusieurs de ses parties, ainsi que du côté d'Atas, dans la vallée d'Aspe, de divers fragmens qu'il faut ranger parmi les brèches ; d'ailleurs cette pierre en général mêlée d'argile, ne paraît pas se prolonger au loin, dans la direction des autres matières des Pyrénées, quoiqu'au dessus du pont de Pouzac, elle abonde dans le côteau qui le domine ; ce que l'on peut observer en suivant un chemin qui, des bords de l'Adour, mène du côté de l'Est. On trouve cependant à certaine hauteur, ainsi que je l'ai déjà dit, une terre argileuse, douce au toucher, de couleur grise, et de plus, de l'argile mêlée de paillettes talqueuses : une pareille formation semble, disons-le encore une fois, se rapprocher de celle que nous avons observée dans les ophites du bassin de Bedous, où les tufs sont abondans et quelquefois renfermés entre des masses continues d'ophite, comme on le voit dans la commune de Jouers et le long d'un ruisseau qui traverse le village d'Osse.

Au surplus, la pierre calcaire du côteau qui domine le pont de Pouzac, est compacte et d'une couleur jaunâtre ; elle fait une vive effervescence avec l'acide nitrique, caractère qui ne permet point de la ranger parmi les dolomies : il en est de même de toutes les matières de chaux carbonatée qui se mêlent à l'ophite.

Quoique je n'aie point épargné ni mes voyages ni mes peines, je n'ai pas su découvrir sur la rive gauche de l'Adour, les pierres calcaires, dont M. Pasumot présume que la colline de Pouzac, située à l'Ouest de ce village, est composée. *Voyages physiques dans les Pyrénées* ; p. 321. Je n'ai trouvé dans cette colline où croissent le bouleau blanc, le chêne roure et le châtaignier, que des pierres argileuses, tantôt grenues et mêlées de petites paillettes de mica ; d'autres fois elles en sont dépourvues : on y trouve aussi des schistes, ayant l'apparence de l'ardoise ; enfin on y rencontre des pierres argileuses, dont la texture et les élémens se rapprochent de ceux du granit, et qui contiennent même évidemment quelques petites portions de cette roche composée de quartz de feld-spath et de mica ; aucune de ces matières n'est disposée par couches régulières ; toutes sont coupées par des fentes qui se croisent en tous sens. Les observations que j'ai faites dans cette colline, entièrement dépourvue de chaux carbonatée, prouvent que celle qui se trouve dans la colline opposée, sans faire continuité d'un côté de la rivière à l'autre, c'est-à-dire, de l'E. S. E. à l'O. N. O., comme les autres roches qui composent les Pyrénées, est purement d'une formation accidentelle et postérieure.

Outre les matières qui se montrent sur la crête de la colline dont la rive droite de l'Adour est bordée, on y voit, non sans une extrême surprise, un grand nombre de gros blocs isolés, arrondis et seulement de la nature du quartz, que les eaux paraissent avoir entraîné sur cette espèce de plateau, des montagnes supérieures; ils ont en général 2 à 3 pieds de diamètre : ces blocs sont épars çà et là, sans être accompagnés de cailloux roulés d'une autre nature ni de matières terreuses : la surface du plateau n'a dans cette partie qu'une mince couche de terre stérile ; celle-ci devient plus épaisse près Bagnères, où l'on trouve des dépôts d'argile, de marne terreuse et de tuf calcaire, d'un gris jaunâtre et souvent en forme de brèche; substances qui n'ont aucune suite et ne sont pas disposées par bancs, comme les marbres des Pyrénées, dont elles diffèrent : il est facile de les observer au pied et vers le milieu de la colline qui domine le pont de Bagnères ; elles sont contigues à des atterrissemens formés de gros cailloux de quartz et de cailloux de granit décomposés, et d'un moindre volume : les amas de quartz occupent principalement la partie supérieure de cette éminence, dont le sol est d'une extrême aridité. On observe la même nature de terrain sur le revers oriental ; les blocs de quartz y sont enfouis dans une terre argileuse, où l'on sème plus de seigle que de froment et de maïs ; c'est un pays hérissé de collines et de profonds ravins. Les blocs de quartz présentent une forme arrondie, ce qui prouve qu'ils sont venus de loin.

Au reste, comme l'ophite est en général accompagné de gypse, on s'étonne de ne pas trouver cette substance dans les terrains que nous venons de parcourir, et qui sont dépendans du département des Hautes-Pyrénées ; on n'en a point encore découvert ni du côté de Lourde, ni de Baguères, où l'ophite abonde.

Continuons d'examiner les ouvrages de la nature, qui n'ouvre ses trésors et ne révèle ses mystères qu'à ceux qui s'appliquent à l'étudier : portons nos recherches vers le Sud, sans nous écarter de la colline que nous suivons depuis les environs du pont de Montgaillard : cette colline s'élevant d'une manière insensible, atteint jusqu'à la hauteur des montagnes inférieures et calcaires, auxqu'elles il semble qu'elle doit s'unir et s'appuyer ; nous y trouvons différentes pierres argileuses ; sa base à côté de Gerde, village où l'on voit des maisons bien bâties, des rues propres et larges, est d'ophite décomposé, dont la couleur verdâtre a disparu ; certains morceaux ressemblent au granit.

On observe, à mesure que l'on monte, des schistes durs, grenus ou feuilletés, mais ne se divisant pas bien en ardoises: ces schistes argileux, d'une couleur grisâtre, sont à certaine hauteur de la colline, disposés par couches verticales qui se prolongent à peu près de l'O. à l'E.; mais elles se montrent peu nombreuses. On rencontre dans un endroit plus élevé, du grunstein ayant l'apparence granitique; il est composé de feldspath et d'hornblende.

De grandes masses isolées, soit quartzeuses ou schisteuses, se trouvent éparses sur les flancs et presqu'au sommet de la colline, qui se termine en une espèce de plateau d'où l'on jouit, non-seulement du magnifique spectacle que présentent les côteaux, et les plaines de Bigorre arrosées par les eaux limpides et fécondes de l'Adour, mais d'où l'on contemple en outre, avec autant d'admiration que d'intérêt, le pittoresque aspect des montagnes qui s'élèvent successivement jusqu'à vers les Pics du Midi et de Monteigu. La base de la colline dont il s'agit ici, est bordée du côté de l'O., soit au castel de Gerde, soit entre cette commune et celle d'Asté, de pierre calcaire grise, compacte ou faiblement grenue.

Il n'est point inutile d'observer qu'à l'E. N. E. de Gerde, on trouve les ardoisières de Liés, commune éloignée de Bagnères, d'une lieue: les couches sont à peu près dans la direction du N. N. O. au S. S. E.: l'effervescence qui se manifeste dans les ardoises de cette commune, en les soumettant à l'action de l'acide nitrique, prouve qu'elles contiennent un peu de chaux carbonatée, qui provient sans doute, des roches calcaires qui s'élèvent du côté du Sud, et auxqu'elles ces couches vont probablement s'unir, tandis que du côté de l'Ouest, elles touchent à différentes variétés de schiste argileux.

Au surplus, les gros blocs de quartz sont très-communs sur d'autres monticules : on en trouve un grand nombre d'épars sur le plateau de pierre calcaire qui forme le castel de Gerde, dont la position est précisement au pied de la colline précédente. Les allées situées sur la rive gauche de l'Adour, au Sud de Bagnères, et connues sous le nom de Maintenon, depuis que la veuve Scaron, qui était destinée à éprouver toutes les vicissitudes de la fortune, mena M. le duc de Maine aux bains de Barèges, sont bordées d'une grande quantité de ces blocs quartzeux. On rencontre dans le même lieu, des cailloux de granit décomposé, des cailloux intacts contenant de la grénatite et des cailloux de grauwake pareillement intacts ; tous ces débris dont le nombre prodigieux étonne, et qui prouvent que les matières même les plus solides n'échappent point aux ravages du temps, ont été charriés du haut des montagnes, néanmoins encore très-imposantes par leur élévation.

Les environs des bains de la Reine sont jonchés de même de gros blocs de quartz; ces masses isolées étaient anciennement beaucoup plus nombreuses dans certaines parties de ces collines qu'elles ne le sont aujourd'hui : chaque jour le laboureur les brise, en diminue le nombre dans les terres qu'il convertit en guérets.

Je crois devoir faire observer à l'occasion de ces gros blocs quartzeux, dispersés sur la crête ou les flancs des collines situées au Nord et près de Bagnères, qu'on n'en trouve point qui soient composés de granit, ni de carbonate de chaux. Ce qui doit paraître d'autant plus étonnant, que ces collines sont contigues à la chaîne des Pyrénées où ces roches abondent : je ferai observer en outre, ici, qu'il n'en est pas de même au déboucher des montagnes de Lavedan, d'Ossau, où l'on remarque des monticules composés d'immenses atterrissemens de blocs de quartz, de granit, de pierre calcaire, etc., etc., confusément mêlés de terre, de sable et de gravier : en un mot, l'image de la destruction n'attriste point la vue dans les collines près de Bagnères, comme dans celles qui s'élèvent à l'entrée du Lavedan et de la vallée d'Ossau. Par une faveur singulière, la nature en dégradant la surface des montagnes du comté de Bigorre, n'a point voulu que les bords rians et fertiles de l'Adour fussent couverts de leurs épouvantables débris. Les eaux vagabondes de cette rivière se sont presque bornées à les entasser au sein des vallées étroites et désertes, plus voisines de sa source. Mais revenons sur la rive droite de l'Adour. Rapprochons-nous du pied des Pyrénées et rapportons, malgré la sécheresse des détails, ce qu'elles présentent à la curiosité de l'observateur.

A l'E. du village d'Asté, un profond et large ravin sépare la colline argileuse et d'ophite dont il était ci-devant question, des montagnes calcaires inférieures qui, quoique de formation secondaire, ne paraissent pas venir chercher leur appui sur cette colline. Celle-ci semble primitive, si l'on ne considère que l'état d'altération de ses roches : mais les pierres calcaires qui se montrent au Sud, sous les ruines du château d'Asté, ancienne propriété de l'illustre maison de Gramont, et dans les montagnes adjacentes, pénètrent verticalement sous terre, comme les matières argileuses dont la colline est composée ; de manière que je n'ai pu déterminer laquelle de ces deux formations est antérieure : il paraîtrait vraisemblable qu'elles datent de la même époque, si l'on ne consultait que leur disposition respective : on aurait d'autant plus de penchant à ne pas s'écarter de cette opinion, que de nouveaux faits sembleraient lui prêter un appui.

Au reste, le calcaire est ici disposé par masses continues non par couches : un torrent le traverse et passe au milieu de la commune d'Asté, située au débouché des montagnes qui couronnent les magnifiques vallées de Campan et de Bagnères, contrées charmantes où le soleil ne brûle jamais de ses feux les plantes des riches prairies qui embellissent les bords de l'Adour et s'abreuvent de ses ondes limpides. On distingue parmi les hautes protubérances, au pied desquelles coule cette rivière, la montagne de l'Heris, couverte de plantes salutaires ; précieux dons qui ne doivent pas moins exciter notre reconnaissance envers le Créateur, que de nous avoir donné les sources de Bagnères, qui n'en sont guère éloignées, et dont les vertus médicinales ne cessent d'attirer dans ce délicieux séjour, depuis un temps immémorial, une infinité de malades que l'espoir de rétablir la santé, y conduit chaque année dans la belle saison.

Parcourons maintenant la rive gauche de l'Adour, et commençons nos recherches dans une montagne qui s'élève près de Bagnères et qu'on nomme le *Bedat* : elle offre une singularité dont il est difficile d'expliquer la cause. Cette haute excroissance remarquable par les carrières de marbre et par une profonde caverne qu'elle renferme, est composée de pierre calcaire grise, disposée en masse, dont quelques parties sont compactes et d'autres grenues : elle est fréquemment mêlée de rouge; couleur qui provient de l'argile qui se trouve dans les fentes ou les creux des masses calcaires : l'argile se rencontre de même abondamment à la superficie de cette montagne de marbre, et sépare par intervalle, les roches calcaires dont elle est composée : si l'on suit, par exemple, le chemin bordé de peupliers, qui conduit de Bagnères à Salut; si l'on suit ce chemin, dis je, jusqu'au pont qu'on trouve à une très-petite distance de cette ville, on rencontre d'abord à droite en montant au Bedat, dont la base est non loin de ce pont, de grandes masses de chaux carbonatée; un peu plus haut, ce sont des terres argileuses dans lesquelles on distingue quelques schistes argileux, du grunstein dur et friable. On rencontre au-dessus de ces roches, de la pierre calcaire, encore surmontée de même à son tour, de matières d'argile terreuse et de schiste argileux avec un peu de grunstein; du moins dans une position supérieure. Plus haut, l'on trouve jusqu'au sommet du Bedat, des masses continues de chaux carbonatée, de manière que cette montagne offre un mélange de roches calcaires et de terres argileuses.

Il serait difficile de déterminer d'une manière précise si le schiste argileux et le grunstein du Bedat, proviennent d'une argile originairement terreuse, ou si l'argile et le grunstein sont le résultat de la décomposition de ces mêmes roches argileuses, que la nature aurait recomposé. Ce qu'il y a de certain, c'est que l'argile abonde au milieu des matières calcaires du Bedat, et qu'elle a pénétré dans les fissures des masses calcaires;

je présume néanmoins qu'elle ne pénètre pas très-profondément dans le sein de la montagne. On voit peu de bancs au Bedat, le marbre s'y trouve en masse, traversé de fentes en tous sens.

Hâtons nous, actuellement, de monter sur les collines de Labassere, creusées de profonds ravins : on trouve au Nord de l'Eglise de ce village, des couches de schiste argileux, dont la direction et l'inclinaison varient. Au milieu de ces couches de schiste sont renfermées des masses continues d'ophite, contenant de l'amiante, substance singulière, composée de fibres flexibles et parallèles, dont on prétend que les anciens avaient l'art d'ourdir des toiles incombustibles qui servaient à envelopper les corps destinés à être brûlés. Ces masses d'ophite sont de la même nature que celles qu'on trouve près du pont de Pouzac, sur la rive droite de l'Adour : certaines parties éprouvent un tel état de décomposition, qu'elles deviennent sableuses et même se convertissent en argile blanche ; les parties décomposées renferment aussi de l'amiante : on voit cette dernière substance disposée en veines verticales, dans une terre argileuse, brune et meuble. Ces veines ont environ un pouce d'épaisseur. Elles sont de couleur blanchâtre et composées de filamens soyeux et très-déliés. Il paraît certain qu'ici les schistes et l'ophite ont une origine contemporaine.

Les schistes argileux se trouvent pareillement à la crête de la colline, dans une espèce de col où l'on tend, en automne, des pantières pour la chasse des bizets. Cette crête est surmontée de chênes rouvres, de frênes, de bouleaux blancs et de quelques hêtres : les terrains contigus, du côté de l'occident, consistent en hautes collines, dont la pente est extrêmement rapide, et qui produisent, néanmoins, du blé, du seigle, des pommes de terre; mais on n'y voit pas de vigno=bles: les côteaux ne m'ont paru nulle part, au pied des Pyrénées, si élevés, ni leur pente si roi-de, ni coupés de ravines et de fondrières plus profondes.

Avançons vers le Sud, nous trouverons sous la tour antique de Labassere, des roches nues et calcaires; il n'est pas douteux qu'on doit les pla-cer parmi celles de formation secondaire, comme les marbres qui dominent les bains de Salut, dont elles forment la continuité. Les schistes ar-gileux sont au Nord et près de la tour de Labas-sere, disposés par bancs presque verticaux; les marbres à grains fins ou compacts qui leur suc-cèdent du côté du Sud, se trouvent placés de mê-me: de sorte que ces deux différentes bandes con-tigues, dégagées dans leur partie supérieure, de toute matière étrangère, ne paraissent avoir au-cune antériorité d'origine, l'une relativement à l'autre.

On peut dire la même chose des couches cal-caires, marneuses, ou purement argileuses, qui se mêlent et se confondent souvent entr'elles. On observe qu'au Sud et près de l'église de Labassere, elles sont placées toutes verticalement, et péné-trent même à de grandes profondeurs, sans que les matières calcaires servent de base aux couches argileuses, ni celles ci aux calcaires : la partie du terrain profondément creusée par les eaux; les travaux qui chaque jour, ont lieu dans les ardoi-sières de ce canton; les montagnes de marbre qui leur succèdent du côté du Sud et de celui du Nord; l'uniformité de leur direction montrent partout la disposition alternative des matières déposées dans une seule et même époque, puisque d'ailleurs les schistes et les calcaires se mêlent au point de contact, pour former des couches marneuses, au pied de la chaîne méridionale de pierre à chaux, couverte de hêtres en buisson.

Cette conjecture semblerait d'autant plus vraisemblable, que ces matières schisteuses, quelquefois pyriteuses, et donnant une odeur terreuse à l'expiration, forment par leur continuité vers l'E., la montagne de schiste argileux, entre Bagnères et les bains de Salut, au milieu de deux chaînes calcaires, secondaires. On observe cet arrangement vers sa crête, que l'on nomme le *Col de Ger*, dont le terrain adjacent est orné de riantes prairies; les mêmes couches présentent au pied de la montagne, du schiste pyriteux et ligniforme; elles étaient beaucoup plus apparentes qu'elles ne le sont aujourd'hui, à l'époque où l'on répara la route qui mène aux bains de Salut.

Ceux qui désirent considérer l'ordre admirable et régulier que les couches des Pyrénées observent, peuvent aisément satisfaire leur curiosité, dans l'étroit et profond vallon qui s'ouvre au-dessous de l'église de Labassere, et dont la direction est à peu près la même que celle des couches d'ardoise argileuse et de marne qui en forment le sol: ces lieux écartés et solitaires ne présentent pas le moindre désordre; toutes les couches, au contraire, suivent une ligne tellement droite, que la nature semble avoir pris l'équerre pour les former: il est aisé de se convaincre de leur régularité, surtout dans les environs d'une habitation appartenant à un ci=devant Gentilhomme de Bigorre, devenu l'époux de M.me Larnette, célèbre actrice de l'opéra comique, qui par les agrémens de sa voix et les talens de la déclamation, avait fait pendant plusieurs années les délices de Paris, avec Clairval et Cailleau, acteurs de ce même théâtre.

Une des observations qui paraît propre à nous faire présumer, avec une grande vraisemblance que les matières argileuses, qui composent les collines des rives de l'Adour, depuis Montgaillard jusqu'aux environs de Bagnères, ne sont pas de formation primitive; c'est celle de la position respective des hautes protubérances qui s'élèvent immédiatement à l'Ouest de Bagnères, autrefois couvertes de bois, et d'où sortent les eaux thermales de la Reine. Si l'on gravit le roide penchant de la montagne située au Nord de celle qu'on nomme le *Bedat*, couverte de Bruyère, de fougère et d'ajonc marin, et qui domine une plaine dans laquelle de nombreux ruisseaux, dociles à la main qui détourne leur cours, distribuent des eaux abondantes, claires et fécondes, on ne trouve depuis la base jusqu'au sommet, que des terres ou des roches argileuses: celles ci sont, en grande partie, décomposées, et dans leur altération offrent des nuances, des variétés infinies, auxquelles l'oxide ferrugineux, dont elles sont fréquemment colorées, donnent souvent une teinte sale, brune ou noirâtre: on ne distingue pas de couches dans ces roches, mais celles ci sont traversées en tous sens par de nombreuses fentes.

Cette montagne qu'on nomme *Montolionet*, est située à côté de celle du Bedat, qui est composée d'une roche calcaire, grise, de la nature du marbre, fréquemment compacte : les matières de ces deux montagnes adjacentes, s'élèvent verticalement, à côté les unes des autres, sans aucun ordre de superposition, quoique la montagne calcaire du Bédat soit plus élevée et dût naturellement s'appuyer sur la montagne composée de schiste argileux. Cet arrangement semble démontrer qu'elles sont de formation simultanée, puisqu'aucune ne sert de support à l'autre: je me suis convaincu de la vérité de cette observation, en visitant ces montagnes depuis la base jusqu'à la cîme.

La présence de l'amiante au milieu des schistes argileux, et dans les ophites de Labassere, n'est pas un motif pour refuser à ces matières, une origine secondaire. M. Hericart de Thury a trouvé fréquemment cette substance, dans les schistes impressionnés, qui recouvrent les gîtes de houille sèche dans les Alpes. *Jour. des Mines; décembre* 1812, *n.°* 192, *p.* 443.

TROISIÈME PARTIE.

I.

Disposition alternative des masses d'ophite et des bancs calcaires: elle indique une formation simultanée: doutes sur l'origine primitive du granit du Loucrup et des environs de Pouzac, sur l'Adour, etc., etc., etc.

Quoique les masses continues d'ophite aient une apparence de formation antique, à cause des élémens dont elles sont composées; quoique la nature ait donné fréquemment à cette pierre, la contexture granitique assez ordinaire aux matières destinées à supporter la croûte extérieure du globe, la disposition que l'ophite observe avec les pierres calcaires, évidemment secondaires, semblerait néanmoins devoir faire présumer que ces différentes roches sont contemporaines : en effet, si l'origine de l'ophite était d'une époque antérieure, et qu'il fallut la supposer non moins antique que celle du granit, ne verrait-on pas ce même ophite, comme la roche primitive, servir plus généralement de base aux matières d'une formation postérieure, au lieu d'être placées verticalement, les unes après les autres, dans un ordre alternatif? Ne verrait-on pas, quelque part, ces montagnes d'ophite, dont la crête ne s'élève point au-dessus des pierres calcaires, contigues, qui les renferment, soit du côté du Nord, soit du côté du Sud, ne verrait-on pas, dis-je, ces montagnes enveloppées et surmontées de ces pierres de seconde formation? Leurs crêtes sont presque toujours entièrement dégagées de matières étrangères.

Il faut néanmoins convenir qu'un mamelon qui s'élève au S. E. près de la ville de Lourde, au pied d'une montagne calcaire, semble présenter dans une de ses parties, une disposition contraire : l'ophite en masse dont il est composé, se trouve mêlé d'un schiste dur, argileux : il est pareillement voisin de la pierre calcaire, qui n'est point disposée par bancs; ces deux différentes matières s'élèvent verticalement à côté l'une de l'autre ; mais la première roche étant un peu couverte de pierre calcaire, compacte, ayant d'ailleurs l'aspect antique des roches primordiales, semblerait devoir être d'une formation antérieure : cependant comme cette disposition respective ne se montre que dans un seul point, elle ne me parait pas suffisante pour décider que les masses de l'ophite se continuent par dessous la montagne calcaire ; je pense qu'elle ne peut-être valablement opposée aux exemples nombreux et contraires que nous avons rapportés, ni balancer les conséquences que l'on peut déduire de cet arrangement : et cette conjecture paraîtrait d'autant plus vraisemblable que les masses d'ophite qui, partout, dans les Pyrénées, se prolongent à peu près de l'O. à l'E., ne se trouvent point à l'entrée du vallon des *Angles*, qu'elles devraient traverser, en formant continuité.

Il faut observer que ce mamelon d'ophite, très circonscrit, est à côté d'une plaine fertile, couverte d'atterrissement, qui ne permettent pas de voir la roche continue que nous devons supposer être au-dessous : si elle était à découvert, peut être trouverait-on que la même espèce de calcaire sur lequel le château de Lourde est bâti, passe sous ces atterrissemens, pour aller former la montagne de chaux carbonatée qui s'élève au S. E. de Lourde, au pied de laquelle est situé le mamelon d'ophite dont il s'agit ici; et dès lors il serait naturel d'envisager ce groupe singulier, comme un rognon anciennement renfermé dans le calcaire, ou placé postérieurement dessus.

Malgré cette vraisemblance, j'aurais plutôt du penchant à croire que cet ophite est une dépendance des matières argileuses du côteau qui s'élève au Nord de Lourde, et qui maintenant en est séparé par une plaine couverte de cailloux que les eaux ont roulé du haut des Pyrénées; et ce qui semblerait devoir le faire présumer, c'est que suivant l'observation de M. Daubuisson, le grunstein se montre quelque fois en rognons dans les schistes : c'est ainsi qu'il l'a remarqué dans ceux de Poullaoüen. Nous l'avons vu de même au milieu des schistes des Pyrénées.

En faisant mention de la plaine de Lourde, où l'on remarque deux petits lacs qui sont à sec, une partie de l'année, et dont la forme du terrain représente dans l'un, selon le vulgaire, le genou de Samson, et dans l'autre, le pied, je ne peux résister au désir de répéter ici, que cette plaine, arrosée aujourd'hui par l'Echer, l'était anciennement par le gave dont le cours se dirigeait vers les campagnes de Bigorre, et qu'il pourrait être rétabli par des dérivations au-dessus de Lourde, ainsi que M. de Laboulinière l'indique pour l'ouverture d'un canal de navigation : si cette prise d'eau était un peu considérable, les débordemens du gave Béarnais, rivière qui méconnaît souvent ses rives, deviendraient moins nuisibles aux terres des plaines qu'elle arrose en Béarn, puisqu'elle aurait perdu une partie des eaux. Quoi qu'il en soit de l'exécution de ce projet, reprenons la discussion relative à l'ophite.

Nous serions d'autant plus disposés à croire que les ophites et les granits antiques ne datent pas de la même époque, que la première de ces roches est toujours placée parmi les schistes argileux et leurs nombreuses variétés, et qu'au contraire, le granit primitif ou central est, d'ordinaire, sans mélange d'aucune autre espèce ; il n'est uni qu'aux argiles qui sont le résultat de sa propre décomposition.

Pour se convaincre de l'existence de toutes les diverses nuances de l'ophite, on peut examiner les roches de cette nature, qui, depuis les environs de Betarram, se prolongent avec les schistes argileux, vers le lac de Lourde et les rives de l'Adour : en suivant à peu près la parallèle de l'O. à l'E., le minéralogiste qui n'aurait pas encore acquis l'habitude d'interroger la nature dans ses propres ateliers, ne verrait que des formations différentes, en observant ces productions minérales.

Mais le géologue qui embrasse tout à la fois, l'ensemble des substances qui, dans une grande masse de rochers, sont le plus clairement prononcées, et dont les rapports et la position peuvent contribuer à dévoiler leur origine, n'apperçoit sous ce déguisement, qu'un même genre de roche, chez lequel des altérations continuelles produisent des variétés infinies, dont il serait superflu, peut-être même impossible de faire l'énumération. Il est rare que quelqu'une de ces variétés ait tous les caractères de granit central : on

pourrait envisager cette formation de la même manière que M. Pasumot a considéré les roches granitoïdes des environs de Bagnères. « Elles ne for-
» ment point, dit cet observateur, une région à
» part, elles sont tout au milieu des autres ro-
» ches qui ne sont simplement que roches schis-
» teuses; elles forment entre ces roches, tantôt
» de très-grandes bandes, alternatives et pres-
» que perpendiculaires, qui s'élèvent très-haut;
» et tantôt des masses assez considérables, qui
» paraissent comme nichées dans les autres ro-
» ches feuilletées. » *Voyages physiques dans les Pyrénées*, p. 37; M. Pasumot décrit plusieurs de ces granitoïdes : il les dit semblables à des échantillons que M. le président Ogier avait rapporté de Suède, et dont quelques uns étaient étiquetés *Traap*. Ces sortes de roches se trouvent fréquemment dans les montagnes des environs de Barèges.

Il faut néanmoins convenir qu'au milieu des ophites et des matières argileuses, qu'ils contiennent dans la ligne minéralogique qui se prolonge par le lac de Lourde, on trouve comme nous l'avons déjà vu, du granit décomposé; il forme une partie des collines de Loucrup, village entre Lourde et Bagnères, à la distance d'environ 4 mille toises, S. S. E. du château de Banac, que possédait Philippe de Montault, duc de Navailles, seigneur du Lavedan; pays dont on trouve une courte mais intéressante description dans les mémoires de M.me de Motteville. Le quartz, beaucoup de mica et de feld-spath entrent dans la composition du granit de Loucrup, extrêmement friable et tendre : le feld-spath qui s'y trouve abondamment, a subi surtout une grande altération : il paraît passer insensiblement à l'état d'argile ou de kaolin.

Quelques parties, ou masses de cette même sorte de granit se trouvent, ainsi que je l'ai dit, au Sud, et non loin de la commune d'Ourdisan, dans les collines de la rive droite de l'Adour : ce granit qu'il serait naturel d'envisager comme la suite de celui de Loucrup, et qui de même a subi de grandes altérations, se trouve confondu avec l'ophite au milieu duquel il est évidemment placé : il n'occupe qu'un petit espace, contient moins de mica que celui de Loucrup, et les lames ne sont pas aussi grandes : on trouve en outre, comme nous l'avons vu, du granit enchassé dans la colline d'ophite qui domine le pont de Pouzac : ce granit est très-décomposé, mais l'ophite est ici d'une extrême dureté. Cette dernière roche est verdâtre, la couleur du granit est grise : nous répétons qu'il occupe un espace d'environ 80 pas de largeur et de 160 de longueur.

Les granits dont il est ici question, ont toute l'apparence et les élémens du granit primitif, avec lequel il semblerait naturel de les comprendre ; mais il est essentiel de remarquer que du côté de l'O. et de celui du N., ils s'unissent et se confondent dans la commune de Loucrup, non loin d'un terrain couvert de blocs d'ophite, avec les schistes argileux feuilletés, *ardesia tegularis*, dont les couches se prolongent vers le lac de Lourde ; que du côté de l'Est, ils paraissent se joindre aux collines d'ophite de la rive droite de l'Adour, aux schistes argileux d'Ourdisan, qui passent auparavant sous l'église et le pont de Montgaillard, et qu'enfin du côté du Sud, ils se mêlent à ceux des **communes de Trebons et de Labassère.** La largeur de cette bande occupe l'espace compris entre le village de Montgaillard et les environs de celui de Pouzac. Ce schiste que nous avons vu mêlé près d'un ancien camp, de parties graniteuses, et que l'on trouve pur et feuilleté dans les collines de Trebons et de Labassère, situées sur cette même bande ou ligne minéralogique, va former non loin de là, sur la rive droite de l'Adour, les collines composées de matières argileuses, parmi lesquelles on distingue l'ophite, soit intact, soit décomposé; états différens que cette roche présente presque partout, et dont on ne peut s'empêcher d'être fort étonné.

Cette formation se trouve encore plus loin à l'Est sur le territoire de Mauvesin, où l'on considère un ancien château qui paraît avoir été bâti, ainsi que la tour d'Asté, de Labassère, des Angles, de Lourde et plusieurs autres de Bigorre, pour défendre et protéger cette belle contrée pendant la guerre.

Quand on considère les nombreuses variétés que ces bandes argileuses contiennent, on ne peut s'empêcher de reconnaître avec M. Hauy, que les argiles sont susceptibles d'une infinité de modifications qui tiennent à la nature des substances dont elles sont formées, aux quantités relatives de ces substances, au degré de finesse de leurs particules, etc., etc., etc. En sorte que chacun des terrains qu'on nomme *argileux*, peut fournir un nombre plus ou moins considérable de variétés qui différeront à quelques égards, soit entr'elles, soit par rapport aux variétés situées dans d'autres terrains. *Traité de Minéralogie*; t. 3, p. 109.

Les bandes argileuses des Pyrénées présentent,

à chaque pas, des preuves de cette vérité. Le schiste feuilleté se montre seul abondamment dans une partie : il éprouve des altérations sans nombre dans une autre. On le voit ici remplacé par le schiste dur ; là, par diverses variétés de grunstein : plus loin, l'argile se mêle aux serpentines, aux granits ; peut-être le pyroxène en roche que M. Charpentier a découvert dans la vallée de Vic-Dessos et les montagnes de Couserans, se mêle-t-il aux bandes argileuses, qu'il modifie au point d'en faire disparaître quelquefois, les premiers élémens, mais dont quelques vestiges décèlent encore l'origine : en un mot, la nature a répandu dans ces bandes une infinité de substances qui, quoiqu'elles ne paraissent avoir aucun rapport avec l'argile qui les constitue, doivent néanmoins être rapportées à la même formation.

Il ne sera peut-être pas inutile de faire observer que le granit de Loucrup est dans un état d'altération qui surpasse celui des granits primitifs décomposés, que j'ai remarqué dans plusieurs autres terrains : il est tellement mêlé d'argile et d'oxide ferrugineux, qu'on a de la peine à le reconnaître dans plusieurs de ses parties, en quoi cette roche ne diffère pas du grunstein que la nature semble se plaire à rendre entièrement méconnaissable, en lui faisant subir de nombreuses altérations.

Il convient de répéter ici que toutes les matières qui se trouvent placées sur la parallèle de la bande argileuse, sont renfermées avec elle entre des collines calcaires ; mais je n'ai point vu que les ophites, les schistes argileux et les granits qui forment la chaîne ou bande dont il s'agit, pénétrassent sous les pierres calcaires, pour en former la base; excepté sous les tufs qu'on trouve entre les communes d'Osse et d'Atas, ainsi qu'aux environs du pont de Pouzac; partout au contraire, ces différentes matières donnent ordinairement naissance à des chaînes particulières parallèles, sans qu'aucune d'elles paraisse servir de base à l'autre.

S'il existe un ordre différent, il a lieu dans les endroits qui me sont inconnus, où les végétaux embellissent naturellement, ou par la culture, la surface de la terre et présentent des obstacles aux recherches de l'observateur, comme cela n'arrive que trop ici, dans toute la partie septentrionale des collines argileuses et granitiques, couverte de fougère et de bois, ou cultivée. La partie méridionale offre moins de difficultés, parce que les travaux nécessaires pour la confection de la route de Lourde à Bagnères, ont mis à découvert beaucoup d'endroits : c'est là qu'on peut observer plus aisément les rapports des matières; ce qui me paraît d'autant plus essentiel de faire, que ce genre d'observation est le plus sûr moyen pour déterminer l'époque de leur formation et pour distinguer les primitives des secondaires. Car si l'on ne considère que les élémens de la roche granitique qui forme les collines peu fertiles de Loucrup, et quelques parties de celles qui s'élèvent au Sud du village d'Ourdisan, essentiellement composeés de feld-spath, de quartz et de mica, l'on ne doit pas hésiter à la placer parmi les primitives; si l'on réflechit à la position qu'elle observe relativement aux matières latérales, il semble permis d'avoir quelques doutes..

La seule expérience est un guide pour moi.
DELILLE.

I I.

Suite de la discussion relative à l'origine primitive du granit de Loucrup, etc., etc.

Si le granit de Loucrup est un noyau réellement central, n'a t-on pas lieu de s'étonner, que placé au pied de la chaîne antérieure des Pyrénées et formant des collines d'une médiocre hauteur, en les comparant aux montagnes de chaux carbonatée qui les dominent du côté du Sud, n'a-t-on pas lieu de s'étonner, dis-je, que ce noyau granitique ne serve nulle part de base aux matières calcaires contigues, ou bien aux schistes argileux qui l'avoisinent ? Ce que je n'ai point vu. Il paraît probable en outre, que les schistes sont ici de la même époque que ce granit, puisque les couches, au lieu d'être seulement parallèles aux masses continues de cette roche, et séparées d'elle, soit du côté du N., soit du côté du S., vont au contraire, en se dirigeant de l'O. à l'E. se confondre avec ce même granit qui se prolonge aussi dans cette direction. Ce mélange semblerait pouvoir faire présumer que ces matières argileuses et les granitiques datent de la même époque, quoique les premières ne soient pas mêlées de mica et que les secondes en contiennent au contraire beaucoup. L'exemple suivant pourrait être un motif pour nous autoriser à le présumer.

« Les trapps, dit M. Patrin, se rapprochent
» des cornéenes, lorsque leurs grains deviennent
» si petits que leur assemblage forme une masse
» qui paraît homogène.

» Ils se rapprochent des granits, lorsqu'au
» contraire leurs grains acquièrent un volume
» qui les rend facilement reconnaissables.

» Enfin ils se rapprochent des porphyres, lors-
» que quelques uns des élémens sont réduits en
» molécules si fines, qu'elles forment une espèce
» de pâte continue, tandis que quelque autre
» élément, et surtout le feld-spath, se montre en
» petites masses distinctes et d'une forme plus
» ou moins déterminée.
» En Sibérie, beaucoup de montagnes en sont
» entièrement composées et contiennent en même-
» temps des masses ou des filons de granit ».
Hist. nat. des Min. ; t. 1, p. 127.

Les modifications que les bandes argileuses des Pyrénées subissent, peuvent également être comparées à celles qui sont propres à la roche de corne, décrite par M. de Montlosier, et qui à chaque instant peut perdre une partie de ses traits généraux et devenir méconnaissable....... C'est au surplus, ajoute ce célèbre observateur, la destinée de toutes les productions minérales. Leurs élémens forcés de subir tantôt un travail violent et convulsif, tantôt des élaborations lentes et progressives, tendent sans cesse à changer de situation et à former des combinaisons nouvelles. *Notice sur la Roche de Corne.*

M. de Saussure dit : « que le trapp est une
» pierre composée de petits grains, de différente
» nature, confusément cristallisés, renfermés
» dans une pâte; quelquefois aussi liés entr'eux,
» sans aucune pâte distincte et sans qu'on y voie
» des cristaux réguliers, si ce n'est rarement et
» accidentellement : il dit aussi que cette défi-
» nition rapproche les trapps, des granits et des
» porphyres ; mais M. Dolomieu a très-bien fait
» voir que ce rapprochement existe dans la na-
» ture : il a observé à Rome, dans des masses de

» granit et de porphyre, choisies et travaillées
» par les anciens, des transitions nuancées entre
» ces différentes pierres, comme il l'avait observé
» lui=même dans les Alpes. » *Voyages dans les
Alpes*, t. 4, p. 127.

Il n'est pas douteux que les mêmes variétés se trouvent mêlées avec les ophites des Pyrénées, qui sont de la famille des trapps; et puisque dans cette chaîne, les schistes argileux alternant incontestablement avec des bancs calcaires, sont regardés comme secondaires, les matières dont il est ici question, placées entre des chaînes également de seconde formation, sans leur servir d'appui, ne pourraient-elles pas avoir une même origine ? Certainement les couches inclinées ou verticales de schiste argileux qu'on trouve près des bains de Salut, à Bagnères, entre deux montagnes calcaires, schiste qu'aucun observateur n'a placé parmi les matières primitives, n'ont pas une apparence moins antique que les couches schisteuses de Loucrup, dans lesquelles l'ardoise abonde.

Il ne faut pas se dissimuler que la prodigieuse quantité de mica qu'on observe dans le granit de Loucrup, semblerait devoir séparer cette roche de la formation de l'ophite où l'on n'en trouve que rarement : mais de même que l'on voit dans plusieurs parties des Pyrénées, et notamment au Mont-Perdu, des pierres calcaires mêlées de mica, sans que les bancs de la même nature qui en forment la continuation, présentent dans toute leur étendue, aucune parcelle micacée, ne pourrait-on pas admettre aussi dans un même ordre de formation, le granit des environs de Loucrup et l'ophite, tout comme on réunit dans un autre, les bancs de chaux carbonatée, malgré quelque différence dans leur composition ?

Au surplus, le revers septentrional de cette colline schisteuse et granitique de Loucrup est jonché de blocs et cailloux de quartz, de roches talqueuses, qui ressemblent parfaitement à ceux que l'on trouve sur la colline de schiste, d'ophite et de granit, qui borde la rive droite de l'Adour, depuis le pont de Pouzac jusqu'à Montgaillard, et dont les différentes matières forment la continuité de celles de Loucrup; mais elles ne présentent pas la même étendue de roche granitique : le granit se mêle bientôt à l'ophite, quoique ses élémens consistent en mica, feld-spath et quartz.

La grande quantité de feld-spath qui forme un des élémens du granit de Loucrup, la jonction de cette roche granitique avec des schistes argileux, dont la prolongation est exactement sur la même parallèle, les sommets et les flancs des collines granitiques de Loucrup, dépourvues entièrement de pierres calcaires, quoiqu'assez voisines de celles-ci, pour pouvoir leur servir de fondement; tous ces motifs, dis-je, semblent indiquer beaucoup plus, une formation postérieure à celle du granit central, qui forme la base des matières argileuses et calcaires, qu'une production antique de la nature.

Cette conjecture paraîtrait d'autant plus vraisemblable, que le granit de Loucrup contient beaucoup plus de mica, qu'on n'en rencontre ordinairement dans le granit central, circonstance qui le rapproche des roches feuilletées, dans lesquelles il abonde d'avantage.

Malgré les rapports de la disposition du granit de Loucrup, avec les matières adjacentes;

malgré plusieurs autres motifs ci-dessus rapportés, et qui semblent indiquer une formation postérieure à l'origine des roches primitives, il est à désirer que les collines qui présentent ce genre d'observation, qu'on ne peut s'empêcher de considérer comme étant susceptible de beaucoup de difficultés, soient examinées par d'autres observateurs : ils pourraient nous apprendre si le granit de Loucrup est un noyau qu'on doive rapporter aux formations primitives, ou s'il faut seulement l'envisager comme une modification de l'ophite et des autres matières argileuses ou trapéenes, qui forment les collines de cette partie de Bigorre.

On devrait avoir le même désir relativement à la petite quantité de granit isolée, qui se trouve soit au Sud, non loin d'Ourdisan, soit à côté de l'ophite situé près du pont de Pouzac. La grande quantité de feld-spath que ce granit contient, semblerait devoir le faire distinguer du granit fondamental, où le quartz se trouve plus abondant : d'ailleurs, comme les schistes de la colline de Pouzac, située sur la rive gauche de l'Adour, contiennent quelques parties bien distinctes de granit, qu'on doit envisager comme un simple accident, ne serait-il pas possible que le granit qu'on trouve dans la colline opposée, et qui domine le pont de Pouzac, ne fut qu'une anomalie plus remarquable de ce genre ?

Je me permettrai d'ajouter, en outre, que puisque les ophites ou les schistes argileux, comme on ne saurait en douter, se confondent avec les granits d'Ourdisan, de Loucrup, et de la colline située à l'Ouest de Pouzac ; et que le granit des environs du pont de cette commune se trouve au milieu des ophites, sans aucun ordre de superposition, ce qui doit faire présumer une origine contemporaine; je me permettrai d'ajouter, dis-je, que les granits de cette contrée semblent pareillement d'une formation moins antique que le granit central; j'aurais d'autant plus de penchant à le penser que M. Leopold de Buch, savant minéralogiste Prussien, dit que les granits qui se trouvent dans les schistes micacés et dans les schistes argileux, ne doivent être considérés que comme des anomalies accidentelles. *Journal de Physique*, de fructidor an 7, p. 207.

Enfin, le granit de Loucrup semble avoir de grands rapports avec celui que M. Muthuon a vu près de quelques communes des pays basques, et qu'il n'envisage point comme fondamental. « Dans les fréquents voyages, dit ce célèbre mi-
» néralogiste, que je faisais de Baygorri à Bayon-
» ne, lorsque j'étais directeur des mines de Bay-
» gorri, j'avais remarqué dans les environs de
» Louhoussoa, d'Asparren et Mendionde, des
» dépôts de mauvais granit secondaire, quelque-
» fois en masse, le plus ordinairement en cou-
» ches, des espèces de filons de quartz et de
» feld-spath en décomposition, des masses de
» kaolin : mais je n'avais pas encore vu le granit
» primitif : je l'ai trouvé à Hellette, village le
» plus élevé entre Bayonne et St.-Jean-Pied-de-
» Port. » *Journal des Min.*, n.° 11, p. 26.

Ainsi, quoique les élémens du granit de Loucrup soient un motif pour placer cette roche parmi les primitives, et qu'elle semble devoir être comprise dans cette classe, avec plus de fondement que plusieurs parties des Pyrénées, où le granit contient beaucoup d'hornblende et très-peu de mica, la position respective de celui de Loucrup et des matières adjacentes, m'empêche d'être pleinement convaincu qu'on doive rapporter son origine à la même époque. Cette opinion, toute extraordinaire qu'elle pourra paraître, l'est beaucoup moins que de supposer des schistes argileux, servant de base à la roche granitique; c'est néanmoins un ordre de superposition constaté dans quelques parties de la Saxe, par de savans géologues, tels que MM. de Bonnard, de Raumer et d'Engelhardt. *Jour. des M.* 1815, n.° 226.

M. de Charpentier regarde au contraire, le granit de Loucrup et du pont de Pouzac, comme étant de formation primitive. M. Ramond met également dans cette classe, la roche granitique des collines situées aux environs de Bagnères. Leur opinion est un grand motif pour ne proposer la mienne qu'avec défiance. Cependant le terrain granitique est si borné dans cette partie des Pyrénées, qu'il semblerait devoir être envisagé, non comme une dépendance des grandes chaînes de ce genre, mais seulement comme une anomalie dans la bande du grunstein : car le monticule de Loucrup est très-circonscrit; et les roches de granit situées sur la rive droite de l'Adour, n'occupent que peu d'espace.

Quoi qu'il en soit, il est certain qu'on ne pourrait se dispenser d'être de l'avis de MM. de Charpentier et Ramond, de regarder même ces roches comme des plus anciennes parmi les primitives, si l'on devait fonder l'opinion sur la nature de leurs élémens et le dégré de leur altération. Aucune espèce de granit des Pyrénées, composé de quartz, feld-spath et mica, ne paraît avoir subi une plus grande décomposition que celui de Loucrup.

D'un autre côté, l'on doit convenir que, quoique dans les Pyrénées, des montagnes entières soient composées de granit, tendre et friable, elles n'ont point offert jusqu'à présent à l'observateur, des masses de kaolin, telles qu'on en trouve parmi le granit décomposé de Loucrup et des pays Basques; singularité qui semblerait encore indiquer que ces divers granits ne doivent pas être rapportés à la même origine.

On vient de voir plus d'un sujet de doute ; mais ce qu'on doit regarder comme des choses très-réelles, ce sont les peines de notre imagination, en nous livrant à d'infructueuses et longues recherches pour éclaircir les mystères dont la nature enveloppe ses ouvrages : on est forcé de dire avec le sage ; *qui addit scientiam addit et laborem*. Eccl. Qui acquiert science, s'acquiert du travail et du tourment. *Essais de Montagne.*

En attendant de nouvelles observations, je pense que celles dont les questions précédentes sont accompagnées, suffisent pour devoir nous porter du moins à croire que l'origine de l'ophite est postérieure à celle du granit central ou primitif : cela paraît d'autant plus vraisemblable que l'ophite se trouve presque toujours mêlé de schiste argileux, et que ce mélange de roches alterne visiblement, dans toutes les parties des Pyrénées, avec les pierres calcaires de formation secondaire.

Je conçois facilement, ainsi que je l'ai fait observer, que la présence du feld-spath et de l'hornblende dans l'ophite, pourrait paraître à quelques naturalistes, un motif suffisant pour ranger cette roche parmi les primitives. Il faut remarquer néanmoins à ce sujet, que plusieurs minéraux tels que le grunstein, le *porphyre-schiefer* sont placés par M. Werner dans certaines circonstances, au nombre des trapps secondaires, quoiqu'ils contiennent les mêmes substances, c'est-à-dire l'hornblende et le feld-spath. *J. de Physi.* frimaire an 11, p. 448. Et puisque ce minéralogiste célèbre présume que ces trapps sont le produit d'une dissolution particulière, qui probablement a recouvert tout le globe, ou seulement une partie, long-temps après la formation des autres roches, je pense qu'il devrait encore paraître moins extraordinaire, de regarder l'ophite des Pyrénées comme le produit d'une formation contemporaine des matières secondaires, avec lesquelles on le voit alterner.

Pourquoi comprendrait-on dans la classe des roches primitives, les ophites ou *grunsteins* de cette chaîne, voisins des derniers dépôts de la mer, dépôts qui ne contiennent point ordinairement aucun des principaux élémens des roches antiques, lorsque les observations, faites par M. Brochant, ont autorisé cet habile minéralogiste à ranger parmi les matières de transition l'amphibole de la tarentaise et la serpentine de la même vallée, disposée par bancs encaissés dans des couches de calcaire grenu, talqueux, de quartz en masse, etc., etc? *Jour. des Min.* n.° 137 p. 364. M. Brochant a cru pareillement devoir comprendre dans ce même rang de transition, le gneis ou schiste micacé, le porphyroïde à cristaux de feldspath de la tarentaise, et le calcaire compacte ou mélangé, quelquefois de feld-spath et de quartz, sous forme porphyroïde. *Ibid.* p. 334, 336.

MM. Broignard et d'Halloy ont annoncé des faits qui certainement ont dû paraître encore plus singuliers ; c'est qu'en général la constitution géologique de la Bretagne et des pays voisins, tend à confirmer le principe que la nature a pu reproduire des roches cristallisées, après avoir déposé des terrains de sédiments, et lorsqu'elle nourrissait déjà des êtres vivans. *J. des Min.* n.º 206, p. 188.

Tous ces faits ne m'autorisent=ils pas à persister dans une opinion que j'ai depuis long=temps adoptée ? On peut voir dans l'*Essai sur la minéralogie des Monts=Pyrénées*, et dans mon premier mémoire sur l'ophite, que cette roche alterne dans ces montagnes avec des matières calcaires de seconde origine. J'en ai toujours conclu qu'elles étaient contemporaines.

III.

Position relative de l'ophite et des matières contigues ; altérations de cette roche. Conclusion.

On ne saurait trop le répéter, les ophites des Pyrénées et les schistes argileux avec lesquels ils sont mêlés, forment de longues chaînes, et toutes ont la même direction, c'est=à=dire, qu'elles se prolongent à peu près de l'O. à l'E. Ces ophites ne forment pas, comme autour de Salies et des environs de Dax, de simples noyaux isolés, au milieu des matières d'une nature différente : il est facile, au contraire, de voir et de suivre dans plusieurs endroits, la continuité de leurs masses. C'est ainsi que, suivant le rapport de M. le marquis d'Angosse, le grunstein de la montagne de Babaret, située sur la rive gauche du Louzou, se prolonge vers les bords opposés et se trouve à la même hauteur. C'est ainsi que l'ophite et les schistes argileux qu'on trouve du côté de Bagnè=

res, forment jusqu'au delà du village d'Asson, une chaîne d'environ 18,000 toises, qui se prolonge de l'O. à l'E., en passant par le territoire de Loucrup, de Pouey-Ferré, par le lac de Lourde, la commune de Peyrouse, par Betarram, par les collines de Mifaget : la même roche se montre entre les communes de Bruges, de Loubie et de Sevignac : on l'observe plus loin à l'Ouest, dans une butte située au milieu de la plaine d'Ogeu et sur le territoire de Herrère, à côté d'une maison qu'on appele *Lapene*. On trouve près de l'église de cette commune, la même roche avec les variétés qui l'accompagnent presque partout. J'ignore si cette bande argileuse se prolonge plus loin ; on la trouverait peut-être aux environs du gave d'Oloron, rivière rapide qui, de ses flots argentés et bruyans, presse les rives escarpées qui dominent et limitent son cours. Mais je l'ai cherchée en vain de ce côté, comme je l'ai déjà dit.

Il est certain aussi qu'on peut remarquer la prolongation d'une autre chaîne de grunstein et de schiste argileux qui, depuis les environs *du col de Marie-Blanque*, se dirige vers l'Ouest entre deux chaînes calcaires, collatérales, en traversant le gave d'Aspe au Sud de Lurbe.

Les ophites et les schistes argileux de la commune de Bedous et des villages voisins, se prolongent évidemment l'espace d'environ 12,000 toises. Le gave d'Aspe coupe cette chaîne entre Bedous et la commune d'Osse ; le Lourdios la traverse dans la forêt d'Isseaux, où cette rivière prend sa source : si l'on continue les recherches vers l'Ouest, on voit la même chaîne argileuse ; aux environs de Ste.-Engrace, et toujours entre deux bandes calcaires et parallèles.

On trouve encore une suite non interrompue d'ophite et de schiste argileux, depuis les montagnes de Baretous, au sud du village d'Arette, jusqu'au territoire d'Etchabar. Elle traverse le Vert, le Barlanais et le Gaison; on peut lui donner environ 10,000 toises de longueur. Sa direction est aussi de l'E. à l'O. ou à peu près : cette chaîne est dominée, du côté du Sud et de celui du Nord, par des montagnes calcaires qui la renferment.

Si nous réunissons les observations que j'ai faites autour de St.-Jean-Pied-de-Port, et celles que M. de Charpentier a pareillement faites dans ce canton, nous aurons un juste motif de présumer que l'ophite forme ici de même, une chaîne continue. J'ai trouvé depuis le village de Leccumberry, en suivant la rive gauche de la Nive, une chaîne de collines, composée de cette roche : elle traverse la rivière près de la commune d'Ahaxa, et va former un monticule sur la rive droite, vis-à-vis d'une tuilerie située du côté opposé. L'ophite se trouve aussi, sous l'église et la citadelle de St.-Jean-Pied-de-Port, au village d'Anhaux, à Guermiette, à St.-Etienne de Baygorri, au moulin d'Echaux, etc., etc., etc. Quoiqu'il soit difficile ou peut-être impossible de suivre dans toute leur étendue, les diverses parties de cette dernière ligne minéralogique, à cause des terres cultivées, des végétaux qu'elles produisent, et de ceux que la nature fait croître dans les lieux incultes, il est néanmoins possible que cette ligne se prolonge avec d'autres matières argileuses, en suivant à peu près la direction de l'E. à l'O., depuis les environs de Leccumberry jusqu'au delà de St.-Etienne ; communes qu'une distance de

8000 toises sépare : mais comme cette conjecture n'est pas fondée sur des faits certains, il faut de nouvelles recherches avant de pouvoir prendre aucun parti sur la continuité des masses qu'elle forme dans la Navarre et même sur leur position relative. On pourrait, peut-être, la découvrir à l'entrée de la commune de St.-Etienne, où s'élève un monticule d'ophite situé au pied d'une montagne calcaire qui le domine, ou dans le terrain contigu; ici l'ophite abonde tellement qu'il est employé pour la construction des maisons de St.-Etienne.

Quoi qu'il en soit, les différentes chaînes, dont nous avons vu l'existence ailleurs, et qui ne sont, au reste, que des portions de chaînes plus étendues, qu'on pourrait peut-être suivre au loin, et dont la largeur dans chacune d'elles, n'excède pas 4000 toises, sont renfermées, soit du côté du Nord, soit du côté du Sud, entre des montagnes calcaires de seconde formation ; et quoiqu'elles se montrent, comme on l'a déjà dit, moins élevées que ces dernières, et que leur crête soit en général à nud, on ne peut voir laquelle sert de base ou de soutien : elles sont tellement enchassées les unes dans les autres, qu'il semble qu'on ne saurait se dispenser d'envisager cette alternative, **comme le résultat d'une formation simultanée.**

En effet, on trouve l'ophite ou grunstein au milieu des chaînes de pierre calcaire, compacte ou d'un grain fin, avec lesquelles il alterne, en suivant la même direction ; ce que j'ai principalement observé dans les montagnes qui dominent les vallées de Soule, de Baretous, d'Aspe, etc., etc., etc. M. le baron Picot de Lapeyrouse, a bien voulu ne pas me laisser ignorer que cette roche constitue pareillement une chaîne au milieu des calcaires, entre Couledoux et Portet : elle est placée de même suivant les observations de M. de Charpentier, dans les montagnes de Vic-Dessos. Il faut donc envisager toutes les pierres de chaux carbonatée dont il est ici question, comme étant de formation primitive, si les ophites doivent être rangés dans la même classe.

Nous avons dit que l'ophite éprouve beaucoup d'altérations : il montre dans son état le plus dur et le plus intact, une réunion de cristaux d'hornblende (amphibole) et de molécules de feld-spath; peu à peu la roche se décompose, l'hornblende devient terreuse : les cristaux de feld-spath se ramolissent insensiblement, se brisent sous les doigts et ne présentent à la fin qu'une terre argileuse, qui se convertit souvent de même que l'hornblende, en oxide de fer noir ou brun : et comme cette altération a toujours lieu de la circonférence au centre, on trouve dans toutes les montagnes ou collines d'ophite, des parties de cette roche, qui présentent à l'extérieur, la texture, les élémens, la couleur brune d'un schiste argileux, solide ou friable, tandis que le noyau présente une couleur verdâtre, et conserve encore tous les caractères de l'ophite intact.

M. Ramond a pareillement observé cette sorte de transmutation, dans la lisière septentrionale de la chaîne des Pyrénées où je l'ai remarquée moi-même. Ce naturaliste y a trouvé des bancs de cornéenes, de porphyroïdes, de hornblende en masse, de serpentines qui se resolvent spontanément en argiles, en smectites, et qui conservent encore l'aspect ou le grain de la pierre qui leur a donné naissance, quoiqu'elles ne forment plus qu'une terre qui cède au tranchant du couteau. *Voyages au Mont-Perdu*, p. 17.

Si ces changemens successifs, qui ne sauraient échapper à l'attention de l'observateur, éloignent peu à peu le grunstein de son état le plus dur, et le rendent, pour ainsi dire, méconnaissable dans sa couleur, dans sa forme et dans la nature de ses principes; enfin, si cette pierre subit des transmutations continuelles, comme on ne peut en douter, on concevra facilement que son état primitif doit nous être absolument inconnu. Notre ignorance, à ce sujet, paraîtra bien plus certaine encore, si l'on ajoute, par la pensée, aux altérations que l'ophite éprouve, depuis l'état le plus solide, jusqu'au point où cette pierre est devenue terreuse; si l'on ajoute, dis-je, les modifications que les diverses substances, qui la composent, ont pû subir, avant de parvenir de leur état de molesse, à la grande dureté qu'elles ont acquise. M. Bergman a raison de dire que quelques unes des productions de la nature, sont enveloppées d'un tel voile, et les vestiges de leur formation si effacés, qu'il faudrait être un OEdipe pour en retrouver les traces. *Manuel du Minéralogiste*, t. 2, p. 310.

Il n'est pas inutile d'observer ici qu'aucune espèce de roche ne paraît éprouver des altérations aussi promptes et complètes, que les roches où l'hornblende fait partie de leurs principes constituans. M. Bigot-Morogues s'est convaincu dans les carrières du département de la Loire-Inférieure, que des roches amphiboliques, d'une dureté extrême, étaient devenues dans l'espace de trois ou quatre ans, par la seule action de l'atmosphère, tendres et friables; de telle sorte, que ces roches que l'on avait cru excellentes pour ferrer les routes, devaient être de très-peu de durée, et ne seraient que d'un très-mauvais usage pour les constructions exposées aux intemperies de l'air. *Journal des Mines*, n.° 125, p. 360. Je me suis convaincu de la vérité de cette dernière observation, aux environs de la ville de Salies, où certaines routes sont couvertes de cailloux et de gravier d'ophite, matières qui, se réduisant en terre d'argile, les rendent très=boueuses.

La décomposition, dont je parle ci=dessus, a pareillement été remarquée par M. Daubuisson, dans les grunsteins de Pollavouen. « Il est rare,
» dit ce savant minéralogiste, de voir dans ces
» grunsteins, l'amphibole et le feld=spath, qui
» les constituent, distincts l'un de l'autre: leur
» ensemble présente à l'œil une masse homogène
» et verdâtre; mais la décomposition met bien à
» même de les distinguer..... Lorsque les mor-
» ceaux sont restés long=temps exposés à l'ac=
» tion des élémens atmosphériques, leurs sur=
» faces sont toutes parsemées de taches noires
» sur un fond grisâtre. » *Journal des Mines*, n.° 119, p. 268.

Les autres roches doivent présenter les mêmes obstacles pour découvrir leur véritable origine: la nature étant dans une action continuelle, altère, modifie, change tous les corps qu'elle a formés. Nous voyons dans les schistes argileux se développer insensiblement des parties quartzeuses; nous voyons des tufs calcaires se convertir en gypse; d'autres matières calcaires en fer spathique, en Silex; les granits et les laves en argile.

MM. Léonard, Mers, etc., etc. désignent les passages d'une espèce ou d'une variété à un autre, par exemple, de la terre verte, argileuse, de Verone, au jaspe vert; du feld-spath au kaolin; de la hornblende à la rayonnante et au mica; du basalte à la wacke, ect., etc. *Journal des Mines*, n.° 164, p. 91. On connait les altérations d'un grand nombre de substances métalliques; enfin ces transmutations auxquelles le grand architecte de la nature a soumis les substances minérales, pour former cette variété de productions nécessaires à l'homme, sont quelquefois tellement complètes, qu'elles ne laissent plus aucun vestige de l'état primitif des matières.

L'asbeste est encore une preuve de cette vérité. Si l'on observe la roche d'ophite ou de serpentine, qui produit cette substance, on voit clairement que les filets se forment peu à peu, sont l'effet d'un travail lent et mystérieux de la nature, dans le sein du rocher qu'elle transforme : j'en ai remarqué les altérations successives dans les matières pierreuses de Labassere et de Barèges, dont la texture, originairement grenue, devient d'abord fibreuse, sans perdre presque rien de sa dureté; mais, insensiblement, les filets se ramolissent et se convertissent, avec le temps, en amyanthe soyeux et flexible : substance singulière qui, douée de la propriété de pouvoir être filée, semblerait moins appartenir au règne minéral qu'être le produit de la végétation.

M. Patrin dit, en parlant d'un asbeste rayonnant des monts oural, qu'il est probable que cette substance est un produit de la décomposition de schiste micacé, dans lequel on la trouve.

Il ne pense point qu'il fut contemporain à la formation primitive de ce schiste : il en est de même, ajoute-t-il, de beaucoup d'autres substances cristallisées, qui sont le produit du travail lent, insensible, mais non=interrompu de la nature, dans les entrailles de la terre. *Hist. nat. de Min.*, t. 1, p. 210. M. Patrin, croit qu'elle peut convertir une espèce de pierre en une autre. *Idem*, t. 5, p. 147.

Parmi les naturalistes qui paraissent les plus convaincus des altérations que les substances minérales éprouvent, on peut citer M. de Montlosier, qui s'exprime dans les termes suivans :
« Ce n'est pas seulement la main de l'homme,
» ce ne sont pas seulement les tremblemens de
» terre et les ouragans; les invasions de l'Océan
» et les érosions des fleuves, qui défigurent la
» face du globe ; le travail intérieur des roches,
» l'altération continuelle de leurs formes, contri-
» buent encore à la rendre méconnaissable. Des
» roches de corne, autrefois massives, en appa-
» rence homogènes, se trouveront ainsi aujour-
» d'hui, ou en décomposition, ou sillonnées de
» filons. De simple granits seront devenus de
» beaux cristaux de roche; on trouvera des mar-
» bres là, où il n'y eût que de la pierre calcaire
» brute; de l'albâtre, là où il n'y aura eu que
» du marbre. » *Notice sur la pierre appelée cornéene.*

Quand on réfléchit à la décomposition de l'ophite ou grunstein, on ne doit pas s'étonner si les montagnes que cette roche forme, sont ordinairement moins élevées que les chaînes calcaires, collatérales, qui les renferment.

Je pense avoir employé un des moyens qui

paraît le plus convenable pour fixer l'origine des ophites des Pyrénées, et qui consiste à bien examiner les rapports de position qu'ils ont avec les autres matières contigues : comme les roches d'ophite alternent régulièrement avec les secondaires, on peut présumer qu'elles sont contemporaines : si les ophites avaient, au contraire, une disposition alternative avec les roches placées au nombre des primitives, il semble qu'alors on ne pourrait se dispenser de les supposer formées à la même époque que ces dernières. « On » ne saurait trop le répéter ; dans l'examen des » structures des roches en masse, la stratifica= » tion se présente comme l'objet le plus impor= » tant à bien connaître ; elle nous conduit à la » connaissance de la superposition, et la super= » position nous éclaire sur les différentes for= » mations. » *Journal de Physique*, décembre 1809, p. 222.

D'après cela, rien ne paraîtrait, en apparence, plus facile que d'assigner invariablement à l'ophite des Pyrénées, le rang qui lui convient. Cependant je n'ose affirmer, positivement, que cette roche appartient à la même époque que les pierres calcaires, avec lesquelles on la voit alterner. Qui pourrait assurer, par exemple, que les ophites ou les roches calcaires qui paraissent au jour, alternant ensemble, n'occupent pas, en largeur, un plus grand espace dans les profondeurs souterraines et ne plongent point sous les montagnes adjacentes pour en former la base ? Et comme d'autres faits imprévus pourraient, également, triompher d'une longue suite d'observations, je n'ose proposer mon opinion avec une entière et pleine confiance. Ceux qui s'appliquent à l'étude de la géologie ne seront pas étonnés de mes doutes : on sait qu'ils regardent, comme une chose difficile, la détermination de la superposition des roches et des montagnes les unes sur les autres.

Je me reprocherais d'avoir multiplié les observations et fixé l'attention du lecteur sur les matières arides que contient ce mémoire, s'il n'eût été nécessaire d'employer que de simples raisonnemens pour établir des hypothèses relatives à l'ophite ou grunstein des Pyrénées : mais comme on n'accueille favorablement que celles qui sont fondées sur les faits, j'ai cru, avant de hasarder aucune interprétation, devoir présenter tous ceux dont j'avais connaissance, quoiqu'un pareil récit ne soit pas moins pénible à rédiger qu'à lire : car il ne suffit pas que l'auteur d'un système en reconnaisse, seul, les fondemens; il est utile, pour le progrès des sciences, que d'autres observateurs puissent en examiner et vérifier les preuves. On sait que les vrais savans ne cessent de répéter qu'il n'y a guère de choses, en physique, si bien décidées, qu'il n'y ait toujours lieu à la révision, et combien mes faibles lumières ne la rendent=elles pas nécessaire.

CONCLUSION.

Les faits nombreux rapportés dans ce Mémoire, semblent autoriser à présumer :

1.º Que l'ophite des Pyrénées n'était pas connu des minéralogistes Français, lorsque je portai mes premières recherches dans ces montagnes.

2.º Que cette roche, souvent déguisée par ses altérations, fait partie des matières argileuses, telles que les schistes, et qu'elle paraît appartenir à la même formation.

3.° Il est en outre probable que l'ophite de ces montagnes, composant des chaînes continues, et de plus alternant avec d'autres chaînes de pierres calcaires de seconde origine, est de la même époque que ces dernières.

4.° Il paraît certain que cette roche, dont les principaux élémens consistent en cristaux d'hornblende et de feld-spath, est de la même nature que le grunstein de M. Werner, que ce célèbre minéralogiste range dans la classe des trapps, comme j'avais cru pouvoir y placer moi-même l'ophite.

5.° Il semble permis de douter que le granit de Loucrup fasse partie du granit fondamental des Pyrénées.

MÉMOIRE

SUR

L'OPHITE DES ENVIRONS DE DAX

ET DE SALIES,

COMMUNES SITUÉES DANS LES DÉPARTEMENS

DES LANDES ET DES BASSES-PYRÉNÉES.

PREMIÈRE PARTIE.

I.

L'Ophite abonde près de Dax : quelques naturalistes l'envisagent comme une production volcanique.

Cette roche avait fixé l'attention de M. Borda d'Oro, correspondant de l'académie royale des sciences de Paris, observateur aussi recommandable par son mérite personnel, que célèbre par ses connaissances scientifiques.

Comme je cherchais partout des lumières pour découvrir l'origine de cette pierre verdâtre, qu'il nomme *Basalte*, et le genre auquel elle devait appartenir, je communiquai mes doutes à ce laborieux naturaliste, en lui faisant en même temps l'envoi de quelques morceaux de cette roche. Je vais rapporter la réponse qu'il eut la bonté de m'adresser, et qu'il m'a permis d'insérer dans ce mémoire. N'étant guidé que par l'amour de la vérité, je me fais un devoir de la transcrire toute entière. Elle contient l'opinion de M. Dietrick, que M. Borda, plein de confiance pour les lumières de ce savant minéralogiste a cru devoir adopter : d'autres observateurs, qui ont interrogé la nature dans les Pyrénées et les collines des environs de Dax, paraissent loin au contraire de la partager.

Mais avant d'entrer en matière, je crois essentiel de faire observer que la dénomination de *Basalte*, donnée par M. de Borda et d'autres minéralogistes, à l'ophite ou grunstein des environs de Dax, peut induire en erreur sur la nature et l'origine de cette roche, parce qu'elle n'est communément employée que pour spécifier une roche en colonnes noirâtres, produite par les feux souterrains. C'est par ces motifs que M. Hauy nomme le basalte, *Lave lithoïde prismatique :* une autre circonstance qui semblerait ne pas devoir permettre de faire usage de cette dénomination, c'est que le basalte, selon plusieurs naturalistes, et notamment M. Patrin, est uniforme dans sa contexture.

M. Brochant dit qu'il est mat à l'intérieur, et souvent même absolument compact. Si, comme quelques roches de corne, le prétendu basalte des environs de Dax paraît quelquefois homogène, on doit convenir aussi qu'il se montre d'ordinaire sous une forme tellement grenue, qu'en général la configuration de ses élémens est semblable à celle du granit, et qu'enfin cette roche présente toutes les variétés de texture, depuis la plus compacte jusqu'à celle du granit le plus grossier.

Après cette explication qui m'a paru nécessaire, je vais commencer à mettre sous les yeux du lecteur, les conjectures de M. de Borda sur l'origine des roches amphiboliques, qui constituent plusieurs parties des collines des environs de Dax.

« Votre ophite, dit M. Borda, occupe chez nous,
» des espaces très-étendus; sa nature, la forme
» de ses masses, les progrès de sa décomposi-
» tion, depuis l'état d'une vitrification grossière
» jusqu'à celui d'une véritable argile, m'ont four-
» ni la matière d'un ample mémoire...... Cette
» substance est volcanique : parmi toutes les
» preuves de cette assertion que je pourrais rap-
» porter, je m'arrête à une seule ; j'ai sous les
» yeux une masse de ce basalte taillé naturelle-
» ment à pans : j'ai vu ces masses verdâtres qui
» bordent le chemin par lequel on arrive du
» château d'Echaux, à l'église de Baygorri, et
» celles qui sont dispersées dans le bassin de Be-
» doux, vallée d'Aspe, et je puis assurer que les
» unes et les autres ont leurs analogues parmi les
» basaltes; ceux-ci, d'ailleurs, ont tous les ca-
» ractères que vous assignez à vos ophites. Votre
» carte du pays de Soule place du gypse à une
» certaine distance des masses d'ophite, voisines
» du moulin d'Atherey : j'ai vu extraire du gypse
« d'une platrière située au Nord-Est, et à une
» petite distance des masses d'ophite de la vallée
» de Baygorri : dans les environs de Dax, cette
» position respective des deux matières est tout
» autrement fréquente : le basalte est toujours
» l'indice certain de la pierre à plâtre. Vous voyez
» maintenant, pourquoi le pays de Soule reçut
» anciennement le nom de *Suberoua*, qui signifie

» *feu très-chaud*; la chaleur dût être extrême
» dans ce canton, lorsque des montagnes entiè=
» res de matière enflammée s'élevèrent du sein
» de la terre, et ouvrirent de si grandes portions
» de sa surface; quelques unes de nos buttes
» basaltiques portent des noms qui nous ont
» transmis de semblables traditions; je n'en cite-
» rai qu'une seule; on l'appelle *Mont-Caut*. Il
» est donc très-certain que les matières volca=
» niques sont très-fréquentes dans les Pyrénées,
» puisque vous avez découvert aussi souvent des
» basaltes dans ces montagnes. » (*Extrait d'une lettre de* M. Borda.)

Quoique l'autorité de MM. Dietrick et de Borda dût être envisagée comme d'un grand poids, les observations de plusieurs naturalistes et celles qui me sont propres, ne me permettant pas d'ad= mettre l'existence des matières volcaniques, au sein des Pyrénées, je m'empressai d'en faire connaître à M. de Borda les motifs; ils étaient appuyés du témoignage de MM. Montaut, Darcet, Picot=Lapeyrouse, Ramond, Pasumot, de M. Dietrick lui=même; etc., etc., etc.; tous ont parcouru ces montagnes sans y découvrir des tra- ces de volcans; et cependant l'ophite avait fixé leur attention.

M. Borda s'étaie à son tour du sentiment d'au- tres observateurs; je me plais à croire qu'on me saura gré de faire connaître la manière dont il continue de s'exprimer sur les effets des préten= dus volcans éteints des Pyrénées, et du canton de Dax.

« Le basalte qui se trouvait, dit cet habile
» naturaliste, fréquemment sous mes pas, dans
» les environs de Dax, m'offrait partout les sin=

» gularités les plus remarquables ; mais la nature
» m'en était inconnue. En 1753 MM. Venet et
» Bayen vinrent à Dax pour faire l'analyse des
» eaux minérales, répandues autour de la ville;
» je les accompagnai dans la visite qu'ils firent
» de nos bains construits sur des sources chau-
» des, qui sortent du pied d'une montagne nom-
» mée le *Pouy=d'Eure* ; je les conduisis sur le
» haut de cette montagne, dont le sommet est
» formé par un monceau de basaltes : je les priai
» d'examiner cette matière, et de m'apprendre
» à quelle classe du règne minéral elle devait
» être rapportée ; M. Bayen la regarda comme
» une lave.

» Ayant lu très-long-temps depuis lors, l'ou-
» vrage de M. Faujas, sur les volcans du Viva-
» rais et du Velai, je trouvai, à la couleur près,
» la conformité la plus parfaite entre nos basaltes
» et son basalte vert, incontestablement volcani-
» que, et encore entre la manière dont se dé-
» composent les nôtres et ceux dont il donne des
» descriptions.

» Cependant, je ne pouvais pas me détermi-
» ner à voir encore dans nos basaltes, des ou-
» vrages du feu; j'en étais détourné principale-
» ment, parce que j'avais vu dans le cabinet du
» jardin des plantes, le nom de *Schorl*, écrit
» sur un morceau parfaitement semblable à
» quelqu'un de ceux de nos environs. En 1785,
» M. Dietrick vint me demander l'hospitalité,
» lorsqu'il achevait son voyage des Pyrénées ;
» il avait donné à l'académie des sciences, un
» mémoire sur les volcans éteints du Brisgau ;
» je devais par conséquent le regarder comme
» bon juge en matière de basalte; je mis sous

» ses yeux un échantillon de celui qu'on avait
» transporté chez moi, d'une montagne nommée
» le *Pouy-d'Arzet*, située dans la commune où
» se trouve ma maison; M. Dietrick lui présenta
» une aiguille aimantée, qui se dirigea vers ce
» fragment.

» Bientôt après, il en vit plusieurs autres plus
» considérables, taillés naturellement en tetraè-
» dres irréguliers : leur forme et la propriété
» d'attirer l'aiguille, le déterminèrent à m'assu-
» rer *très-positivement*, que ces matières étaient
» des basaltes laves; d'après ce qu'il observa chez
» moi, il a écrit à la fin du second volume de
» son ouvrage, qu'on trouvait des basaltes de
» cette sorte, dans les environs de Dax.

» Quelque temps après, je trouvai encore
» dans ma cour, une masse considérable du *Pouy-
» d'Arzet*, taillée naturellement en pyramide
» quadrangulaire, droite, parfaitement régu=
» lière : sur l'une des faces de la pyramide s'élève
» un prisme triangulaire, coupé de biais en ses
» deux extrémités, par des plans également in-
» clinés, à l'égard de la face sur laquelle le pris-
» me est assis : ces formes polyèdres et réguliè-
» res, jointes à toutes les preuves que j'avais
» d'ailleurs, achevèrent de fixer mes doutes sur
» la nature du basalte qui me les présentait; il
» fut pour lors à mes yeux une production du
» feu souterrain.

» Ce basalte, celui du *Pouy=d'Eure* et le reste
» de ceux qui s'élèvent en monceaux autour de
» nous, offrent, chacun, des variétés dans leur
» contexture, si je puis m'exprimer ainsi; mais
» à cet égard même, ils ont des caractères qui
» sont communs à tous. De plus, dans tous ces

» divers amas, les basaltes se ressemblent par la
» forme des masses, et par les phénomènes qu'on
» observe, quand on essaie de les rompre. On
» voit enfin la plus entière conformité entre la
» manière dont ils se décomposent, et le pro=
» duit qui résulte de leur décomposition ; d'où
» l'on doit conclure que si les basaltes du *Pouy-*
» *d'Arzet* et du *Pouy-d'Eure*, sont des matières
» volcaniques, tous les autres sont de la même
» matière.

» Lorsque je crus pouvoir assurer à M. Palas=
» sou, que ses ophites avaient la même origine,
» et qu'elles ne différaient point de nos basaltes,
» j'entrai, autant que je me le rappelle, dans un
» assez long détail des ressemblances qui justi=
» fient cette identité ; je ne les rappelerai point
» ici, il me suffit de leur ajouter celle que j'o=
» mis alors : les ophites de St.-Jean-Pied-de-
» Port offrent des dendrites, lorsqu'on les rompt ;
» on voit de pareilles peintures sur les faces pro-
» duites par les divisions d'un de nos basaltes.

» Les faces produites par les ruptures de nos
» basaltes, sont parsemées de lames à peu près
» carrées ou rectangulaires. J'ai rassemblé dans
» ma collection, plusieurs pavés tirés des rues
» de Dax ; ils avaient été pris sur les bords du
» Gave, assez près de l'endroit où cette rivière
» se joint à l'Adour. On ne peut s'empêcher de
» reconnaître qu'ils étaient venus des Pyrénées,
» entraînés de ces montagnes, avec des pierres
» roulées de diverses sortes, employées avec eux
» dans nos rues ; mais, au lieu que ces pierres
» sont arrondies, les fragmens dont il s'agit ici
» et qui portent les caractères des ophites, re=
» présentent presque tous, des tetraèdres ainsi

» que nos basaltes. On observe sur les faces de
» tous, des lames dont la figure approche de
» celle d'un rectangle ou d'un carré; en certains
» d'entr'eux, ces lames, très-rapprochées, lais-
» sent à peine appercevoir le fond; en d'autres,
» elles s'y trouvent plus écartées.

» On peut ranger ces pavés les uns à côté
» des autres, de manière que la distance de ces
» taches, s'accroisse graduellement jusqu'à celle
» qui les sépare dans un fragment parfaitement
» semblable à l'échantillon qui accompagnait le
» Mémoire de M. Palassou : cet ophite vient se
» lier ainsi avec nos basaltes, et former une
» seule et même suite avec eux. Un morceau
» d'ophite décomposé était encore joint au mé-
» moire : dans l'état où il se trouve, il est par-
» faitement semblable à tous nos basaltes par-
» venus à l'un des degrés de leur décomposition;
» pour mieux voir cet état sur une cassure ré-
» cente, j'ai voulu rompre ce morceau : dès le
» premier coup de marteau, je me suis apperçu
» qu'il allait se partager de manière à laisser
» un noyau sphéroïde : je me suis arrêté pour
» achever sa rupture sous les yeux de M. Pa-
» lassou, lui faire voir que, dans l'état de dé-
» composition, ses ophites et nos basaltes se
» divisent de la même manière.

» Nos basaltes ne doivent pas être inconnus ;
» j'en ai vu plusieurs fragmens semblables dans
» le cabinet du Jardin des Plantes : quelques
» nations sauvages se servent de cette pierre
» pour en fabriquer des hâches; j'en ai eu une,
» j'en ai vu une seconde à Paris, où, vraisem-
» blablement, elle n'était pas unique; M. Sage,
» qui en était possesseur, me dit qu'elle était
» faite de basalte. » *Lettre de M. Borda.*

Outre les ophites dont il est fait ci-dessus mention, M. de Borda rapporte que cette roche se trouve également aux environs de Pampelune, et qu'elle est accompagnée de gypse.

Elle se montre, selon le même observateur, entre les bourgs de Biarits et de Bidart, formant des masses enterrées à demi dans le sable, sur le rivage de la mer, toujours couvert d'eau, pendant le flux. Elles ne sont altérées d'aucune manière : on les prendrait pour des blocs d'un beau marbre coloré en vert obscur; et cette apparence, ajoute M. de Borda, trompa M. Silhouette, père du contrôleur général des finances, qui avait fait enlever un de ces blocs, dans le dessein d'en tirer des tables, pour l'ornement de sa maison, qu'il habitait à Biarits : mais l'excessive dureté de la matière rebuta tous les ouvriers, et le bloc transporté à grands frais, devant sa maison, s'y voit encore maintenant.

Telles sont les observations qui me furent adressées par M. de Borda qui, toujours plus satisfait de la richesse, qu'ambitieux de la gloire, ne refusait jamais de communiquer les fruits de ses savantes recherches.

II.

Doutes sur l'origine volcanique de l'ophite.

J'étais trop voisin du territoire des environs de Dax, où l'on prétend qu'il a jadis existé des volcans, pour ne pas désirer d'en voir les vestiges; curieux d'observer les effets de ces terribles phénomènes de la nature, je me rendis chez M. de Borda : il eut la bonté de me conduire lui-même dans les lieux les plus remarquables. Nous commençâmes par examiner le côteau, du pied duquel sortent les sources chaudes des bains de Dax, situés sur la rive gauche de l'A-dour, et près de cette ville : il me parut composé d'une roche pareille à l'ophite des Pyrénées : on y remarque des blocs arrondis plus ou moins gros : cette roche, d'un vert jaunâtre, et qui, selon M. Grateloup, renferme des cristaux de stilbite, est en général, dans un état de décomposition : la terre qui l'environne, est argileuse, pareillement colorée et mêlée d'oxide de fer : ce côteau qu'on appelle le *Pouy-d'Eouze ou d'Euze*, moins élevé que la montagne Sainte-Geneviève à Paris, n'a point une forme conique; un long plateau en termine le sommet. On trouve au pied des amas terreux et pierreux, dont il est formé, de la pierre calcaire, du côté qui regarde les bains; et du gypse aux environs de la maison de campagne de M. Salenave, voisine du *Pouy-d'Euze*.

On voit, en outre, au Pouy-d'Eure, des matières argileuses, blanches et rougeâtres; d'autres tachées de noir et de blanc : il est vraisemblable que les taches blanches proviennent de la décomposition du feld-spath, et que les noires résultent des hornblendes également décomposés; c'est pour n'avoir pas songé à de pareilles altérations que M. de Borda pense que les argiles servent ici de base à l'ophite, tandis qu'elles ne sont elles-mêmes, que des parties de cette roche en décomposition. Les grunsteins des Pyrénées présentent plus d'un exemple de cette apparence, qui fait envisager l'argile comme servant de base au grunstein. M. Borda lui-même paraît avoir une pareille opinion. « Ce que j'ai » rapporté, dit-il, sur les lieux qu'occupent nos

» bancs d'argile, pourrait porter à croire que
» quelques uns d'entr'eux ont leur origine sous
» des amas d'ophite, qu'ils suivent immédiate-
» ment. Alors il paraîtrait possible qu'ils fussent
» des produits de la décomposition de la matière,
» dont ils seraient précédés. L'argile rouge ap-
» pliquée à l'ophite du Pouy=d'Euze est parse-
» mée de paillettes gypseuses. » *Mémoires manuscrits.*

M. de Borda dit que la masse d'ophite du Pouy=d'Euze, ainsi que celles du Pouy=d'Arzet et de St.=Pandelon ont chacune un noyau de cette roche, très-dur et formé par des blocs polyèdres entassés : il ajoute que cette portion dans chacune d'elles, est couverte à une grande hauteur par la même matière altérée, et dans des états qui approchent diversement de la destruction la plus entière.

Le Pouy=d'Euze renferme aussi de l'ophite en forme de boules. Voici ce que M. Grateloup raconte à ce sujet : « Vers la fin de l'année 1813,
» dit ce savant observateur, lorsqu'il fut or-
» donné de défendre la ville de Dax, on creusa
» sur le sommet du Pouy=d'Euze et du Pouy
» du Hour, de grands fossés pour construire
» des redoutes. Quelle fut la surprise des ou-
» vriers en trouvant, à diverses profondeurs,
» une prodigieuse quantité de basaltes globu-
» leux de toutes les grosseurs! Ils ne balancè-
» rent pas à décider que c'étaient des bombes
» et des boulets, et que le lieu où ils travail-
» laient, avait certainement jadis servi de for-
» teresse. Cette anecdote ayant fait quelque
» bruit, j'eus la curiosité de vérifier les faits.
» Et quel fut mon étonnement à mon tour,

» quand je ne vis qu'un amas de boules basalti-
» ques! » *Journal de Physique*, décembre 1817.

J'ignore si l'on trouve de l'ophite sur la rive droite de l'Adour, je n'ai vu que des sables qui renferment, à 2,500 toises de Dax, de belles astroïdes, que l'on exploitait autrefois pour les convertir en fer, dans la forge d'Abesse : singulière transformation des productions marines, qu'on ne peut envisager sans un extrême étonnement.

Le Pouy-d'Eure, que M. Thore, savant naturaliste, regarde aussi comme le siége d'un ancien volcan, est trop voisin de Dax, pour ne pas dire un mot des eaux thermales qui sortent dans l'intérieur de cette ville. On peut comparer leur abondance à celle des sources thermales de Bagnères, qui fournissent de l'eau chaude presque partout où l'on creuse le terrain : il existe de même sous la ville de Dax, une nape d'eau qui donne naissance à une infinité de sources chaudes, dont nous devons une connaissance particulière à MM. Thore et Meyrac. C'est d'après le rapport de ces bons observateurs que nous allons donner quelques détails sur ces eaux thermales purement salines comme celles de Bagnères.

La fontaine chaude de Dax est retenue dans un bassin de forme irrégulière (à peu près carré) d'environ treize cents seize mètres carrés environ. L'œil de la source forme un cone renversé, à ouverture très=large, où il y a toujours huit à neuf mètres d'eau, ni plus, ni moins.... On avait cru pendant long=temps, qu'on ne pouvait trouver le fond de cette fontaine : mais M. de Secondat se convainquit que cette profondeur n'excédait pas vingt=cinq pieds.

Cette eau est constamment limpide : son abondance est la même dans les plus grandes sécheresses, comme après les pluies les plus long-temps continuées ; on la voit sourdre par une infinité d'endroits et mener avec elle une quantité plus ou moins grande de gaz aqueux.

Les bulles de gaz qui crèvent à la surface de l'eau, jointes aux vapeurs épaisses et continuelles qui s'en élèvent, particulièrement le matin et le soir, surtout par un temps froid et humide, donnent à ce bassin l'aspect d'une vaste chaudière d'eau en ébullition ; ses vapeurs sont si abondantes, qu'elles forment, dans quelques circonstances, un brouillard très-épais, qui se répand dans toutes les rues environnantes.

Cette eau thermale contient du muriate de soude, du muriate de magnesie sèche, du sulfate de soude, du carbonate de magnesie et du sulfate de chaux. Sa chaleur varie de 49 à 55 degrés du thermomètre de Réaumur.

Le tremella thermalis croît abondamment dans le bassin de cette fontaine. Elle a fixé l'attention d'autres observateurs qui rapportent que tout l'intérieur du bassin en est couvert, qu'elle s'accomode aux diverses anfractuosités du terrain et se prolonge le long du mur de clôture : elle cesse de croître où l'eau cesse de la baigner. Mais quand on racle la superficie de ce bassin, au point de ne pas laisser, en apparence, le moindre vestige de cette plante, elle forme encore, dans l'espace d'un mois, un tapis continu.

On remarque pareillement au pied septentrional du Pouy-d'Eure, à quatre cents pas de la ville, d'autres sources minérales. Elles sont connues sous le nom de *Baignots* : on en a profité pour établir, dans ce local, des bains de douches, des boues thermales et de bains de vapeurs.

Après avoir observé le Pouy-d'Eure, M. de Borda eut la bonté de me mener au Pouy-d'Arzet ; c'est le nom que porte, suivant ce naturaliste, une portion de la paroisse de Saugnac. Quelques observateurs regardent avec lui ce monticule comme le foyer le plus apparent d'un ancien volcan. Il est à la distance d'environ deux kilomètres du pont d'Oro, sur la rive gauche du Luï, dont aucun torrent ne trouble la tranquillité de son cours : sa forme est un cone tronqué ; on y monte par une pente assez douce, en traversant un terrain argileux où l'on remarque des blocs isolés d'ophite isolés ; il se termine au sommet par un espèce de terrasse d'environ treize mètres de largeur, ombragée de chênes *tausins*, sous lesquels croit l'ajonc marin, *ulex europœus*.

Un peu au-dessous de ce petit plateau, l'on découvre au milieu d'une terre argileuse, quelques blocs d'une roche, épars, dont la couleur est d'un gris noirâtre, et qui m'a paru principalement composée, ainsi qu'à MM. les membres du conseil des mines, auxquels j'en avais envoyé quelques fragmens, de petites lames de feld-spath, enveloppées dans un mélange de d'hornblende (amphibole) et d'argile; on trouve cette même roche formant des masses en rognons, sur un des flancs du *Pouy-d'Arzet*, et non loin de la cîme. Ces masses où l'on voit une carrière, sont entourées de terre argileuse, aride, sèche, et de pierres de la même nature, plus ou moins dures, entièrement semblables à l'ophite des Pyrénées, lorsque dans sa décomposition il a perdu sa couleur primitive, et que, converti en terre argileuse, pénétrée d'oxide de fer, il ne présente qu'une couleur d'un gris jaunâtre; presque tout le sommet de *Pouy=d'Arzet* est composé de cette pierre d'argile, ayant un aspect terreux.

Au reste, de grandes altérations se manifestent, en général, à la surface des montagnes et des collines d'ophite. L'oxide ferrugineux dont cette roche se couvre, en se décomposant, empêche d'apercevoir, au premier coup d'œil, sa couleur verdâtre; mais quand on fait des excavations dans les masses d'ophite, on les trouve plus intactes à mesure que l'on pénètre dans leur sein : on peut juger de sa beauté primitive, en considérant les cailloux de cette nature de roche, roulés par les torrens; comme le frottement qu'ils éprouvent dans le mouvement que les eaux leur impriment, use et polit leur surface, l'ophite se montre alors, avec sa belle couleur verte.

La roche du *Pouy=d'Arzet* est très-dure, étincelle quand on la frappe avec l'acier : ses masses sont séparées par quelques fentes moins communes, cependant, que dans l'ophite des Pyrénées; elles dominent des carrières de gypse qui se trouvent d'un côté dans le *Pouy=d'Arzet*; l'autre côté présente de la pierre calcaire. Il est essentiel d'observer que ces mêmes matières accompagnent, en général, les masses d'ophite des environs de Dax. On ne voit point de cratère au Pouy-d'Arzet, ni dans aucune des collines que l'on suppose avoir éprouvé l'action du feu, vers les rives sablonneuses de l'Adour.

M. de Borda rapporte qu'il a remarqué des bancs au Pouy-d'Arzet; ces lits, dit=il, sont épais de 4 pieds et s'étendent du N. E. vers le S. O. ; ils sont presque verticaux ; on n'aperçoit qu'à peine qu'ils s'inclinent vers le N. O., en se prolongeant dans l'intérieur du terrain.

M. Grateloup a vu pareillement quelques ophites des environs de Dax, disposés par bancs : cet arrangement ne s'est jamais offert à mes yeux, ni dans les ophites du département des Landes, ni dans ceux des Pyrénées.

Au retour de cette excursion, je vis dans la cour de l'habitation de M. de Borda, un bloc semblable à la roche du *Pouy-d'Arzet*, pesant environ cinq myriagrammes ; il est de forme polyèdre et se termine en pyramide.

Ayant soigneusement observé les lieux qu'on dit avoir été bouleversés par des éruptions de volcans, aux environs de Dax, j'avoue que malgré la confiance que doivent inspirer les profondes connaissances de MM. Dietrick et de Borda, je ne peux adopter leur opinion : la pierre que j'appelle *ophite ou grunstein* et que ces habiles naturalistes placent parmi les basaltes volcaniques, serait l'unique indice de l'action des feux souterrains ; car on ne voit dans cette contrée, ni des laves compactes, ni des laves spongieuses, ni des laves stalactites ; on y cherche en vain, le rappillo, la pouzzolane, le piperino, le tuffa, la pierre obsidienne, etc., etc. ; des substances cristallisées, qui paraissent le produit des éruptions volcaniques, n'ont point encore été découvertes dans les roches qu'on prétend avoir subi l'action des feux souterrains. On ne trouve pas le moindre vestige de ces matières, et l'on n'observe nulle part, ni des colonnes de basalte, ni des cratères ; le feld-spath de l'ophite n'a point l'aspect vitreux qui le caractérise dans les laves.

Enfin, M. de Borda lui-même, observe que la marne contigue au Pouy-d'Arzet, l'argile blanche, adjacente des ophites de la Herrère, les pierres calcaires qui suivent immédiatement cette espèce de roche près du château de Gaujac, que toutes ces matières, dis-je, sont dans leur état naturel, et ne se ressentent en aucune manière de l'action du feu.

Quant au morceau de la pierre du *Pouy-d'Arzet*, d'une forme polyèdre, et qu'on a trouvée non loin de ce côteau, c'est peut-être un jeu de la nature ; car les masses du *Pouy-d'Arzet*, d'où ce bloc a dû se détacher avec le temps, ne présentent aucun indice des colonnes prismatiques.

Il en est de même de quelques morceaux tétraèdres trouvés dans le Gave, près du confluent de cette rivière et de l'Adour ; n'est-il pas probable que s'ils avaient eu primitivement cette forme dans les Pyrénées, d'où les eaux ont dû les entraîner, ils ne l'eussent pas conservé en tombant du sommet des montagnes et de plus en roulant à cette grande distance ? Le choc et le frottement des autres pierres n'auraient-ils pas altéré la disposition de leurs angles, si les morceaux d'ophite avaient conservé quelque chose de la forme primitive que la nature leur a donné ? N'est-il pas évident que cela proviendrait plutôt de la forme qu'elles présentent quelquefois au milieu des fentes dont elles sont coupées, plutôt que des colonnes prismatiques dont on cherche en vain des vestiges ?

Aucun observateur n'a vu, ni dans les Pyrénées, ni dans les collines de la Chalosse, l'ophite disposé de cette manière ; les basaltes en colonnes sont trop remarquables pour qu'ils eûssent échappé à leur attention, si véritablement il en eût existé de pareils dans ces contrées. Ce qu'on appelle chaussées de basaltes, selon le rapport du savant M. Patrin, sont des assemblages immenses de prismes de basalte accolés les uns contre les autres, dans une situation ordinairement verticale, et dont la réunion imite des tuyaux d'orgue : ces prismes ont le plus souvent 5 ou 6 faces, et sont quelquefois d'une régularité admirable dans toute leur longueur. Leur volume varie depuis quelques pouces jusqu'à plusieurs pieds de diamètre, sur 5, 10 et même 50 à 60 pieds de hauteur.

Mais, en supposant même que cette roche a quelquefois une forme prismatique, est-ce un motif suffisant pour croire qu'elle est l'ouvrage du feu, quand d'autres caractères ne viennent point à l'appui de cette indication ? Ne sait-on pas que les carrières de Montmartre offrent un assemblage de colonnes gypseuses, polygones et tronquées à leurs extrêmités, ce qui forme une vue très-analogue à celle de la chaussée des géans ? *Lettres du docteur Demestre*; t. 1.er, p. 372.

Cet exemple n'est pas le seul que l'on puisse citer : « La roche qui domine dans les monta-
» gnes depuis St.=Symphorien et Lay, jusqu'à
» Tarare, dit M. Passinges, est en général com=
» posée d'un mélange de granit et de porphyre...
» Etant à St.-Symphorien, avec M. Faujas, qui
» était venu voir les carrières de houille, je lui
» ai montré, près du château de la Verpillière,
» du porphyre noirâtre, contenant de petits grains
» de feld-spath...; ces morceaux de granit étaient
» disposés en prismes aussi réguliers que les ba-

» saltes volcaniques; ils étaient à quatre, à cinq,
» à six et à sept pans; ils avaient les angles bien
» prononcés et bien droits. La pierre en est fort
» dure; ils avaient depuis un jusqu'à deux ou
» trois mètres de longueur : il est certain que
» cette roche s'est ainsi formée naturellement,
» et qu'elle a éprouvé une cristallisation sembla-
» ble à celle des basaltes volcaniques, mais que
» le feu n'y a contribué en rien : car l'on n'en
» voit aucun indice dans la carrière, ni dans
» les environs; c'est un vrai porphyre à base
» de trapp. M. Faugas les trouva intéressans
» et dignes de figurer dans un cabinet. Il forma
» le projet d'en faire conduire deux prismes au
» museum national; leur position dans la carrière
» est perpendiculaire à l'horizon, et les scissures
» de haut en bas, sont très-apparentes. » *Jour.
des Min.* n.° 39, frimaire an 6.

M. Saussure a découvert, aux environs du couvent du grand St.-Bernard, une roche quartzeuse, ayant la forme d'un prisme à cinq pans, comme une colonne de basalte. *Voyages dans les Alpes*; t. 2, p. 460. Il a pareillement vu, non loin des *Vaux d'Olioules*, dans la Provence, des roches de grès blanc, qui sont coupées par des fentes verticales, qui les divisent en colonnes prismatiques, semblables à celles de basalte. *Ibid.* t. 3, p. 306.

Si de ces inductions générales, je passe à l'examen particulier de la pierre que M. Dietrick nomme *basalte*, je n'y découvre ni des pores, ni des cellules, ni la moindre trace de fusion; les lames à peu près carrées ou rectangulaires qu'elle contient, sont des schorls informes, autrement schorls lamelleux, ayant une texture spathique, substance que les allemands désignent sous le nom *d'hornblende*, et que M. Hauy appelle *amphibole*; on la trouve dans les granits, le gneis; on la rencontre aussi dans les montagnes de transition : enfin certains marbres la renferment. *Traité de Min.* ; par M. Brochant, t. 1.er, p. 418.

III.

Examen de quelques particularités sur lesquelles M. de Borda fonde son opinion relativement à l'origine ignée de l'ophite.

Un des principaux motifs qui paraissent avoir determiné ce savant observateur, à ne point s'écarter de l'opinion de M. Dietrick, à regarder comme production volcanique, la pierre verdâtre des Pyrénées, c'est la dénomination de *basalte*, employée par M. Sage pour désigner une substance à laquelle M. Borda trouve de la ressemblance avec la sorte de pierre, qui fixe notre attention : mais on sait que le premier range dans la classe des basaltes, des pierres dont l'origine lui semble devoir être attribuée à l'eau, tels sont le basalte grisâtre de Barèges, les différentes espèces de schorl, etc., etc., etc. tandis que, selon quelques naturalistes, le mot *basalte* signifiait uniquement une substance calcinée et vitrifiée par l'action des volcans.

Les anciens ont employé le basalte pour des statues : on en voit un grand nombre à Rome : mais ce basalte est présentement envisagé comme un trap et non comme un produit des volcans. « C'est » surtout, dit M. Dolomieu, dans le muséum » Borgia à Veletri, que l'on voit un si grand » nombre de monumens égyptiens, qu'ils peu- » vent presque servir à faire la lithologie com-

» plette de l'Egypte.... Beaucoup sont formés
» de pierres qui ont les propriétés attribuées aux
» basaltes : aucune n'est volcanique. » *Journal de Physique.*

Un basalte dont M. Ferber fait mention ne semble pas non plus un produit des feux souterrains. « Le *basalte orientalis fasciis granitosis*,
» dit-il, est un basalte noir, ordinaire, à bandes
» ou larges raies de granits rouges à petits grains ;
» ces bandes sont unies à la pierre, sans aucune
» séparation, non, comme les cailloux dans les
» brèches, ni comme si c'était d'anciennes fentes
» renfermées par du granit, mais exactement
» comme si le basalte et le granit avaient été
» mous en même temps, et s'étaient incorporés
» ainsi l'un dans l'autre, en s'endurcissant si
» bien, que la bande de granit traverse le basalte
» comme une veine de deux à trois doigts d'épais-
» seur, coupe un terrain sans séparation visi-
» ble ou sans lisière..... Les deux sphinx qui vo-
» missent de l'eau, au bas de l'escalier du Capi-
» tole, sont de ce basalte. L'un des deux a toute
» l'oreille de granit rouge; et tous les deux ont
» sur le dos et sur la croupe, des veines de gra-
» nit. Si l'on ne ne veut pas adopter le sentiment
» de différents savants italiens, qui prétendent
» que le granit peut aussi être formé par le feu,
» il faut nécessairement croire que cette espèce
» de basalte a une origine humide. » *Lettres sur la Minéralogie d'Italie*, par M. Ferber, p. 350, 351.

Ce qui peut avoir induit encore en erreur MM. Dietrick et Borda, c'est la grande ressemblance de certaines cornéennes avec le Basalte : il faut selon M. Patrin, le secours des circonstances locales, pour placer ces différentes pierres dans le rang qui leur convient.

M. de Montlosier rapporte qu'on présenta de la roche de corne en dalle, c'est-à-dire du *trapp* à M. Sage qui la prit pour du basalte. On présenta du basalte à M. Wallerius qui le prit pour de la roche de corne.

L'exemple suivant va nous faire connaître les grands rapports qu'on trouve entre les basaltes et les pierres de corne des environs de Barèges, que M. Pasumot range parmi les roches granitoïdes. « La plus simple et en même temps la
» plus composée de ces roches se trouve placée,
» suivant cet observateur, comme un mur perpendiculaire, au milieu de ce que l'on nomme
» la *Marbrière de Barèges*... Cette roche d'un gris
» peu foncé, sans lits ni couches, ni tranches,
» mais toute d'une pièce, est très pesante, très
» dure, fort compacte, d'un grain apre, quoi-
» qu'assez fin, et sonore jusqu'à un certain point,
» quand elle est en éclats minces. Elle exhale
» fortement l'odeur terreuse quand elle est suf-
» fisamment humectée par la respiration : elle
» donne, mais peu fréquemment, des étincel-
» les au briquet. Elle ressemble au basalte d'Egyp-
» te, dont il existe beaucoup de vases et de sta-
» tues antiques..... Quelques portions de son in-
» térieur..... composent des filons irréguliers...
» formés d'un mélange confus de spath rhom-
» boïdal, blanc, d'un amas d'une terre de stéa-
» tite verdâtre, en masse, avec de l'asbeste plus
» ou moins dur, dont les parties sont converties
» en amiante.....

» ..... Je viens de dire que cette roche ressem-
» ble au basalte naturel d'Egypte, mais je dois

» dire, de plus, que c'est un vrai basalte de la
» même espèce. Je le nomme basalte naturel,
» pour le distinguer du basalte volcanique... Cet-
» te espèce de pierre n'est point particulière à un
» pays, plus qu'à un autre. Elle existe dans tou-
» tes les montagnes primitives où se trouvent les
» roches feuilletées. La pluspart de ces haches
» antiques que l'on trouve dans les tombeaux du
» Nord, ainsi qu'en Amérique sont de la même
» pierre : Enfin j'ai un casse-tête de la Nouvelle-
» Zélande, qui est encore du même basalte. »
Voyages Physiques dans les Pyrénées, p. 76.

Je possède plusieurs échantillons d'ophite en partie décomposés, et qui, comparés avec le basalte des environs d'Agde, parraissent être en apparence de la même nature ; je les ai trouvés sur la route de Sauveterre à Salies, et près de cette dernière ville, où l'on ne découvre aucun vestige d'anciens volcans. Ils sont composés de cristaux de feld-spath un peu jaunâtres et décomposés; l'horn-blende a perdu presque tout son éclat. Ces cailloux parraissent s'être convertis en argile; quelques autres ont, comme le basalte, la cassure unie, font mouvoir de même l'aiguille aimantée, sont couverts d'une croûte siliceuse d'un blanc sale, et qui, frappée de l'acier, donne du feu; mais les cailloux d'ophite qui subissent ce commencement de décomposition, n'offrent aucune cavité; et leur couleur est moins noirâtre que celle du basalte d'Agde. On trouve, au reste, différentes variétés de l'ophite partout où cette roche a subi des altérations.

C'est peut-être cette conformité des basaltes, avec certains fragments de l'ophite, qui seule

a pu fixer l'opinion de M. Dietrick; car cet observateur n'a point vu les lieux qu'il présume avoir éprouvé l'action des volcans. Voici comme il s'exprime à ce sujet : « Si l'on en juge par les
» fragments des rochers, que M. Borda conserve,
» les collines qui dominent du côté du levant,
» les landes de Dax, telles que celles de Saint-
» Pandelon, Mont-Peroux, et jusqu'à la rivière
» d'Araignaud, paraissent être volcanisées ; car
» je ne puis douter que quelques uns de ces ro-
» chers ne soient de véritables laves, et d'autres
» des basaltes. » *Description des Gîtes de Minérai des Pyrénées*, t. 2, p. 527.

J'ai d'autant moins de penchant à placer les grünsteins des environs de Dax, parmi les roches produites par l'action des volcans, que plusieurs d'entr'eux ont la plus grande ressemblance avec les granitoïdes observés par M. Pasumot, aux environs de Barèges ; d'ailleurs la position relative de ces roches, mêlées avec les schistes argileux, et les bandes de toutes ces matières alternant partout ensemble dans un ordre admirable, avec des bandes calcaires, ne permettent point d'admettre nulle part dans les Pyrénées l'action du feu.

Les roches argileuses de Barèges, parmi lesquelles on distingue celles que M. Pasumot nomme *granitoïdes*, ont été examinées par d'autres bons observateurs, notamment par M. Ramond qui leur a donné la dénomination de roches de corne. J'eus l'avantage, il y a plusieurs années, de faire une promenade avec ce célèbre naturaliste autour des bains de Barèges ; nous ramassames sur les bords du gave, torrent qui se précipite des montagnes adjacentes, plusieurs fragments de roche, entièrement semblables aux productions minérales des collines de l'ancienne prévoté de Dax, de la Chalosse, etc., etc., etc. Mais M. Ramond ne les envisagea point, ainsi qu'on l'a vu, comme un produit des feux souterrains ; tous furent étiquetés sous ses yeux et sa dictée, *roche de corne* : je possède encore ces intéressants morceaux et les conserve avec d'autant plus de soin, qu'ils m'ont paru très propres à servir à mon instruction.

Ce que je viens de rapporter relativement aux objets de comparaison ci=dessus indiqués, pourrait suffire, ce semble, pour ne devoir pas ranger les grunsteins des collines des environs de Dax, au nombre des matières volcaniques ; et si l'on avait une opinion contraire, il faudrait y comprendre aussi toutes les roches que quelques minéralogistes ont placé parmi les roches de corne et qui partout sont accompagnées de couches de schiste dur argileux, d'ardoises argileuses, etc., etc. Ces couches qu'il faut regarder comme dépendantes de la formation de ces mêmes roches de corne, le sont pareillement en même temps des bandes calcaires avec lesquelles on les voit alterner dans les Pyrénées ; cette disposition relative ne permet donc point d'envisager aucune bande de grunstein ou roche de corne de cette chaîne comme produite par l'action des feux souterrains, ni par conséquent les grunsteins des environs de Dax, dont la texture et les éléments sont en général les mêmes.

Ceux qui trouvent de la vraisemblance dans l'opinion de M. Dietrick, ne manqueront pas de faire remarquer avec M. de Borda, que certains endroits où se rencontre l'ophite, portent des noms analogues aux phénomènes produits par le feu, tels sont les noms de *Mont-Caut*, Mont-Chaud, de *Suberoa* qui désigne en langue Basque, la Soule, *feu très-chaud*. Je réponds qu'il y a dans le Béarn, une commune qu'on appelle pareillement *Mont-Caut*, dont le territoire est composé de marne et d'argile. On voit au Nord de Viellesegure, dans le canton de Lagor, département des Basses-Pyrénées, un monticule composé d'une terre argileuse, rougeâtre; on l'appelle *Mont-Caubet*, qui veut dire *mont très-chaud*, dénomination qu'on doit attribuer à son exposition méridionale.

Suberoa, qui signifie, chez les Basques, *feu très-chaud*, s'applique, selon quelques auteurs, à l'esprit des habitans de cette contrée. Oibenard qui naquit à Mauléon, donne une autre signification au mot Soule. *Solæ nomen ab antiquâ voce subola contractum fuit, quæ vasconicâ linguâ silvestrem regionem significat.* (Notit. utriusquæ vasconiæ.)

D'ailleurs la dénomination de *suberoa* ne peut se rapporter à l'action des feux, parce que ce mot appartient à l'idiôme Basque. Or les Basques qui n'occupaient anciennement que le revers méridional des Pyrénées, depuis les environs de Jacca, jusqu'à l'Océan, ne commencèrent à se montrer, en deçà de la chaîne, que sous le règne de Clotaire II, à la fin du sixième siècle. Il n'est pas douteux que, si depuis cette époque, quelque révolution physique, telle que des volcans, peuvent la causer, fut survenue dans leur pays, la tradition ou l'histoire en eûssent conservé le souvenir. Mais l'une et l'autre se taisent à cet égard; et le terrain ne présente aucun vestige de l'action du feu; l'origine de la dénomination *suberoa* ne peut donc être attribuée aux volcans.

M. de Borda observe qu'outre la dénomination de *Mont-Caut*, que porte le monticule d'ophite de Gaujac, il s'en élève un autre de pareille nature dans ce même canton de Dax, et qu'on appelle *Monhouga*, qui, avec trois lettres de plus, formerait, selon M. Borda, les deux mots Mont=Houegat, ce qui, dans l'idiome du pays, signifie *Montagne de Feu*. Mais, on concevra facilement qu'avec de pareilles additions, on peut donner aux mots des significations très-différentes, et qui n'ont aucun rapport avec leur origine; que, par conséquent, le mot Monhouga n'indique pas l'action du feu dans ce monticule : d'ailleurs l'ophite est la seule espèce de roche dont il fait mention; il est vraisemblable que ce terrain n'a point été produit par les feux souterrains.

En supposant même que la dénomination de *Mont=Houegat*, soit la véritable, quoiqu'on dise *Monhouga*, de l'aveu même de M. de Borda, il ne serait pas extraordinaire que les habitans de cette contrée leur eussent attribué la formation des matières brunes ou noirâtres dont il est composé : ces couleurs produites par la présence de l'oxide ferrugineux, dominent dans tous les terrains où l'ophite abonde. Enfin, je ne crois pas que dans la question qui nous occupe, l'on puisse envisager ces étymologies, propres à l'éclaircir, lorsque d'autres circonstances ne se réunissent pas pour concourir au même but.

Je n'ignore pas que plusieurs volcans éteints ont des noms significatifs; c'est ainsi que, non loin des eaux thermales de Balarue, on trouve celui qu'on appelle la *Cremade*, du mot latin *cremare* : mais ici, cette dénomination est justifiée par la nature des matières qu'on ne peut méconnaître pour être incontestablement l'ouvrage du feu ; tandis qu'en Chalosse et l'ancienne prévôté de Dax, l'existence des matières volcaniques est aussi dénuée de preuves que l'étymologie des lieux qu'on dit avoir été ravagés par les feux souterrains ; car on ne découvre pas aux environs de Dax, des indices certains des terribles convulsions de la nature, connues sous le nom de *volcans*.

J'ai vu, pareillement, les monticules d'ophite de la Navarre, les différentes chaînes de montagnes que cette roche forme dans les vallées de Soule, de Baretous, d'Aspe; j'ai visité les collines d'ophite de Betarram, des environs de Lourde, de Bagnères et de Prat. Cette grande étendue de terrain ne présente pas le moindre indice de l'action des feux des volcans, et M. Dietrick n'en indique aucun vestige dans les Pyrénées, quoiqu'il ait observé les différentes parties de cette grande chaîne. D'autres savans observateurs, tels que MM. Montaut, Darcet, Bayen, Picot=Lapeyrouse, Ramond, Pasumot, Charpentier, etc., etc. ont parcouru ces montagnes, sans y découvrir des traces de volcans, et cependant l'ophite a pareillement fixé leur attention.

M. Dolomieu qui s'était appliqué principalement à l'étude des matières des volcans, et qui, voyageant dans les Pyrénées, avait vu l'ophite des collines de Pouzac, de Labassere, des environs de Montgaillard, de Benac, de Portet et de St.=Béat, pensait, selon le rapport de M.

Picot de Lapeyrouse, que cette roche n'était pas volcanique, et lorsque j'ai consulté ce savant minéralogiste sur la nature de l'ophite, il n'a point dit, dans sa réponse, qu'il devait être regardé comme un produit des feux souterrains.

IV.

Suite des observations qui contrarient l'opinion de MM. Dietrick et Borda, par rapport à l'origine ignée de l'ophite.

Quoique j'eusse communiqué dans quelques lettres, à M. de Borda, une grande partie des faits rapportés ci-dessus, ce savant naturaliste crut devoir ne pas renoncer à son opinion. Etonné d'une persévérance qui semblait fondée sur des faits contraires à ceux qui m'étaient parfaitement connus, j'allai pour la seconde fois au Pouy-d'Arzet. M. Faget-de-Baure, curieux d'examiner ce même monticule, voulut bien faire ce voyage avec moi.

Quand j'eus observé les diverses matières qu'il contient, et parmi lesquelles je ne trouvai rien qui dût m'engager à changer d'opinion, nous nous rendimes chez M. de Borda, qui résidait alors dans son château d'Oro. Pénétré de respect pour l'âge, les vertus et les lumières de cet ancien magistrat, j'eus l'honneur de lui communiquer mes nouvelles observations; mais après m'avoir dit des choses honnêtes sur la manière dont elles étaient présentées, il ajouta qu'il ne les jugeait pas propres néanmoins à opérer quelque changement dans sa façon de penser. Mais jaloux, ainsi que moi, de contribuer aux progrès de la géologie, nous fumes du moins d'accord pour soumettre nos opinions à la décision de ceux qui cultivent cette science.

Il n'est pas inutile de faire observer que M. Faget-de-Baure, après avoir visité de même, soigneusement le Pouy=d'Arzet, crut ne devoir pas l'envisager comme le produit des feux souterrains. « S'il y avait eu des volcans, disait-il, on en re-
» trouverait plusieurs indications; celles que M.
» de Borda présente se réduisent aux formes
» prismatiques d'un ou deux fragmens d'ophite.
» C'est un fondement trop faible pour y appuyer
» un système. »

Les observations de M. d'Arcet, relatives aux mêmes phénomènes, méritent d'être rapportées dans ce mémoire.

« La seule pierre, dit cet habile chimiste, qui
» ait pu m'inspirer quelque doute, depuis Barè=
» ges jusqu'à l'Océan, et que j'ai pu soupçon-
» ner être de la lave, est un fragment du poids
» d'environ 25 à 30 myriagrames, que j'ai trouvé
» contre une fontaine qui sort vers le milieu, au
» nord de la montagne bitumineuse de Gaujac,
» un peu au=dessous de l'endroit où sont les
» restes des fourneaux, qui servaient à purifier
» la poix minérale et à la séparer du sable avec
» lequel elle est mêlée. Cette pierre est couchée
» sur la surface de la terre; elle n'a aucune ap=
» parence de forme prismatique; elle est d'une
» pesanteur et d'une dureté extrême; elle est
» noire, mêlée de points blancs. On y trouve
» une qualité de lames noires, assez luisantes,
» comme du schorl... Je crus d'abord que cette
» pierre pouvait être un fragment de lave; mais
» d'après un examen plus approfondi, elle paraît
» avoir plus de rapport avec une espèce de gra-
» nit noir, très-pesant, très-dur et très serré,
» qui est assez commun dans les montagnes :

» d'ailleurs les blocs de roche qui sortent de terre,
» tant sur cette montagne de Gaujac, que dans
» les champs des environs, sont de véritable grès
» ordinaire et non coloré, et qui diffère par là
» même, absolument de cette pierre étrangère
» en question : cette pierre fond au feu, fait un
» verre comme les laves et qu'on ne peut pas trop
» distinguer, à la couleur de quelques serpenti-
» nes et des granits dont nous venons de par-
» ler. » *Dissertation sur l'état actuel des Pyrénées*, p. 42.

Les savantes recherches de M. Cordier paraissent également propres à nous porter à croire que les grunsteins des environs de Dax et des Pyrénées, ne doivent point être placés parmi les productions volcaniques : ce célèbre observateur nous apprend que les laves lithoïdes sont presque toujours évidemment adventives, relativement aux terrains qui leur servent de support ou qui par fois leur sont superposés; n'ayant avec eux aucune relation directe de contexture ou de composition, et souvent aucun rapport de stratification : les grunsteins et autres roches de la famille des trapps, considérés dans leur gisement, se lient au contraire intimement aux roches contigues. *Jour. de Physique*, octobre 1816. Nous avons vu que, soit dans les Pyrénées, de même qu'au pied de cette chaîne, ils étaient accompagnés ou mêlés de matières argileuses.

Les roches trapéenes, dit encore M. Cordier, se présentent sous forme de masses constamment pleines, et parfaitement denses; les laves au contraire sous forme de masses plus ou moins criblées de cavités bulleuses, de toutes dimensions, particularités étrangères à l'ophite ou grunstein.

M. de Charpentier, infatigable scrutateur de la nature, n'a jamais pu découvrir dans les nombreux gisemens d'ophite, dont il a fait une étude particulière, ni pyroxène, ni peridot, substances minérales qui paraissent, dit-il, accompagner les roches produites par le feu des volcans. Elles ont pareillement échappé à mon attention.

D'ailleurs, quelques cristaux de pyroxène qui pourraient se trouver dans l'ophite, suffiraient-ils pour devoir ranger parmi les matières volcaniques les roches dans lesquelles on les rencontrerait ? Non sans doute, car M. Dolomieu en a trouvé dans les pyrénées, où l'on ne découvre aucun vestige d'anciens volcans. Voici la manière dont ce célèbre naturaliste s'exprime.

« Ces cristaux de pyroxène, dit-il, qui ont
» depuis une ligne jusqu'à trois lignes de largeur,
» sont adhérens à une masse de roche, laquelle
» est intermédiaire entre le trapp et le petrosilex;
» ils en recouvrent toute une face, ce qui indi=
» que qu'ils se sont formés dans une fente. Cette
» roche, je l'ai prise dans la vallée de Barèges,
» au-dessus de Gèdre, et je l'ai arrachée des mon-
» tagnes primitives, qui bordent cette portion de
» la vallée. »

M. Dolomieu ajoute, que cette roche n'a jamais eu de relation avec les volcans. *Jour. de Physique* 1798, p. 107.

Pour tirer quelque induction vraisemblable et relative à l'origine ignée du grunstein, des environs de Dax, qu'on nomme *Basalte*, il faudrait que les cristaux de pyroxène fussent assez fréquemment répandus dans cette roche.

Si les basaltes d'apparence homogène, dit M. Cordier, étaient, comme on l'a cru, composés d'un mélange invisible de feld-spath et d'amphibole, les grains de leur pâte présenteraient les caractères attribués à ceux d'amphibole disséminés; mais on observe au contraire, que ces grains offrent tous les caractères attribués à ceux du pyroxène, et quand il y a des cristaux apparens dans le basalte, ce sont toujours des pyroxènes. *Ibid*, p. 388.

Pour qu'on puisse ranger l'ophite au nombre des matières volcaniques, il faut donc que les cristaux de pyroxène dominent dans cette roche avec le feld-spath, et jusqu'à présent aucun observateur ne fait mention de cette particularité.

M. Cordier observe encore que l'amphibole qui avait été admis sans examen, dans la plupart des roches volcaniques, s'y trouve au contraire très-rarement. *Jour. des M.* 1815, n.° 227, p. 388. Or, on n'ignore pas que cette substance fait partie essentielle de l'ophite (grunstein) qui, par conséquent n'est point un produit de feux souterrains.

Le même observateur nous apprend, il est vrai, que les laves lithoïdes renferment des grains jaunâtres ou verdâtres, appartenant au pyroxène ou à l'amphibole, et qu'il est quelquefois difficile de les distinguer; mais il indique pour les reconnaître les caractères suivans. Les grains de pyroxène sont arrondis, irréguliers, etc., etc.

Les grains d'amphibole sont allongés et tendent à la forme prismatique: ils offrent des indices de lames, etc., etc., *Ibid*. On n'a point observé, comme je l'ai déjà dit, des grains de la première espèce dans l'ophite.

M. Cordier rapporte en outre, que les roches volcaniques ne contiennent point de talc. *Id.*

Cette substance se trouve au contraire, assez fréquemment avec l'ophite, comme il est facile de le voir dans les collines des environs du pont de Pouzac, près de Bagnères, ainsi que près de la maison de la Hargouette, située sur le territoire de Salies et non loin de la ville.

M. Grateloup a remarqué dans le grunstein de Marchanau, monticule situé sur le territoire de Ste.-Marie de Gosse, des fragmens de chlorite, mêlés à des cristaux d'épidote; il fait observer que cette nouvelle substance justifie de plus en plus que le grunstein n'est point un produit volcanique.

M. Cordier dit encore, que le quartz et le fer sulfuré ne se trouvent point dans les roches volcaniques. *Ibid.*

De savans minéralogistes, tels par exemple que ceux qui composaient le ci-devant conseil des mines, ont au contraire trouvé dans l'ophite du Pouy=d'Arzet, quelques grains pyriteux.

M. Ramond observe, que les porphyroïdes des Pyrénées sont quelquefois semés de pyrites microscopiques. *Voyages au Mont=Perdu*; p. 25.

Les mémoires manuscrits de M. Borda, font mention de la présence du fer sulfuré dans l'ophite de Monhouga.

Enfin veut-on se convaincre que l'ophite (grunstein) n'est pas une production volcanique: rappellons à notre mémoire les terrains des Pyrénées où les schistes argileux sont contigus à cette roche, comme à Ste.-Engrace, au pays de Soule; au village d'Osse, dans la vallée d'Aspe; à la commune de Herrère, près du débouché des montagnes d'Ossau; souvenons-nous que les schistes argileux accompagnent pareillement l'ophite du territoire de Sevignac, lieu situé dans cette vallée, et qu'il en est de même dans les collines de Betarram, de St.-Pé sur les bords du Gave Béarnais ; rappellons-nous que les environs de Montgaillard, voisins de l'Adour, présentent la même structure de schiste et d'ophite, ainsi qu'à Labassère ; mais nulle part les schistes n'ont éprouvé aucun bouleversement ni la moindre action des feux souterrains.

Si l'ophite eût été leur ouvrage, ces schistes ne se ressentiraient-ils pas plus ou moins du désordre et des altérations occasionnés par ces terribles phénomènes de la nature ? L'on sait qu'il ne s'en trouve pas le moindre vestige. Les gypses et les roches calcaires qui touchent à l'ophite sont pareillement partout intacts.

A tant de motifs qui ne permettent point d'envisager le grunstein des environs de Dax, comme un produit de l'action des feux souterrains, je vais en ajouter un autre ; quelques grusteins de Barèges et principalement ceux de Labassère près de Bagnères, se convertissent insensiblement, soit en asbeste, soit en amianthe : M. Grateloup a pareillement trouvé dans une carrière de grunstein, du Mont-Peroux, de l'amianthe asbeste : or, je ne sache pas que les laves éprouvent des altérations semblables; donc les grunsteins des terrains situés près de Dax, qui sont de la même nature que ceux des Pyrénées, ne doivent pas être rangés parmi les matières volcaniques, et j'ai d'autant plus de penchant à le présumer, que, suivant l'observation de M. Dolomieu, la couleur verte est extrêmement rare dans les volcans ; or cette couleur domine en général dans les grunsteins qui sont encore intacts, et que l'oxide ferrugineux n'a point altérés.

Qu'il me soit permis de présenter encore une observation, propre à faire présumer que les ophites ou grunsteins n'ont point éprouvé l'action des feux souterrains. MM. Grateloup et Borda ont observé, comme je l'ai déjà dit, que ces roches étaient disposées quelquefois en couches; or ces roches ont été formées dans l'eau par déposition ou cristallisation confuse : il paraît certain que si elles eussent été fondues postérieurement à leur formation, la fusion aurait dérangé l'ordre des feuillets et détruit jusqu'aux moindres vestiges d'une pareille texture.

Tout se réunit pour nous autoriser à croire que l'ophite n'est point une production des feux souterrains, puisqu'il n'offre aucune des substances ni des particularités ci-dessus dénommées.

Malgré les exemples qui viennent d'être rapportés, je dois néanmoins ne pas laisser ignorer que M. Grateloup, médecin à Dax, et versé dans les sciences naturelles, a vu dans les cabinets de Paris en 1817, plusieurs fragmens de grunstein, qui provenaient des volcans éteints de l'Auvergne et du Velai, ayant une frappante ressemblance avec le grunstein des environs de Dax et des Pyrénées; il a vu même dans le cabinet des mines, des morceaux de cette roche d'ophite qui, dans le temps où je la fis connaître, fut étiquetée sous la dénomination de *serpentine*; il a vu, dis-je, cette même roche placée maintenant parmi les laves lithoïdes : j'ignore le motif d'après lequel on a cru devoir la classer au nombre des substances volcaniques. La seule observation que je me permettrai à ce sujet, c'est que MM. Dolomieu, Charpentier, Pasumot, etc., etc.; ont visité ces mêmes volcans et les montagnes de grunstein, dans les Pyrénées, et qu'aucun de ces savans observateurs ne la regarde comme une production des feux souterrains.

On trouve dans une notice sur les basaltes des environs de Dax, lue par M. Grateloup à la société philomathique de Paris, que ce savant naturaliste n'admet point ces roches au nombre des matières produites par l'action des volcans; « je » peux citer, ajoute-t-il, à l'appui de ce senti- » ment, celui de M. Daubuisson, ingénieur des » mines, excellent minéralogiste, qui ayant vu » nos basaltes sur les lieux même, n'a point ba- » lancé de les raporter au grunstein. »

M. de Charpentier a visité les volcans de l'Auvergne avec M. Brochant : il a vu de nombreux gisemens d'ophite dans les Pyrénées ; mais il ne partage pas l'opinion d'un savant minéralogiste de Paris, qui pense que le grunstein ophite des environs de Dax, qu'il trouve analogue à celui des Pyrénées, pourrait être d'une origine volcanique. M. de Charpentier qui a bien voulu me donner connaissance de cette hypothèse ajoute, « quant à moi, je ne suis nullement de son sen- » timent; je n'ai point vu des roches dans les » Pyrénées qui ressemblassent ni à des laves, ni » à des basaltes, à l'exception de deux échantil- » lons qui m'ont paru un peu équivoques ; c'est » vous qui avez eu la bonté de me montrer l'un » de ces échantillons, et j'ai trouvé l'autre sur » le grand chemin de Mauléon, entre cette ville » et Moncayole; c'est une roche compacte noire, » ressemblant à du basalte et renfermant de pe- » tits globules de mesotype; mais l'ophite, pro- » prement dit, ne m'a jamais présenté un atome » de pyroxène, ni de peridot ou olivine, substan-

» ces qui ne manquent presque jamais dans les
» roches volcaniques ; et le feld-spath que l'on
» observe dans l'ophite n'a pas non plus cet aspet
» vitreux et feudillé, qui le caractérise dans les
» laves. »

SECONDE PARTIE

I.

Structure physique d'une partie de la Chalosse.

J'ai visité les mêmes lieux de la Chalosse que M. Darcet, sans trouver aucun indice de volcans; j'ai vu la pierre noirâtre dont cet observateur fait mention, et qu'il a découverte auprès de la fontaine située sur le territoire de Bastene, village qui dépendait ci-devant, de la juridiction de Gaujac, possédée successivement par Jean de Foix, comte de Carmaing, Adrien de Montluc, chevalier des ordres du Roi ; Charles d'Ecoubleau, marquis de Sourdis, etc., etc., etc. Cette roche est une simple variété de l'ophite : on en trouve plusieurs fragmens autour des anciens fourneaux qui servaient à purifier les bitumes de la Chalosse : mais on n'apperçoit pas ici, les masses continues d'où ces morceaux épars ont été détachés. En parlant de ces bitumes, je dirai qu'on les a souvent employés dans l'architecture et principalement à Bordeaux au château Trompette qu'on démolit aujourd'hui, et dont la construction coûta de grandes sommes ; ce qui fit dire à Louis XIV : *les pierres sont-elles d'or ?*

Le côteau de Bastene qui produit cette substance combustible est formé, comme presque tous ceux des environs de cette commune, de sable, d'argile et de marne ; le sable en couvre communément la crête, et se présente quelquefois agglutiné ; c'est alors une roche de grès de couleur brune ; des masses continues de terre argileuse, jaunâtre, composent la partie moyenne; sa base est une marne terreuse, rouge et grise.

Le bitume de Bastene se trouve au milieu d'un terrain argileux, dont quelques parties sont assez solides; les environs du lieu qui le renferme, fournissent des grès rougeâtres ou noirs ; ceux-ci en sont pénétrés.

On distingue parmi ces matières pierreuses, des sables très-fins agglutinés, qui forment une terre sableuse d'une extrême légereté, et contiennent quelques molécules bitumineuses, qui répandent de la fumée et l'odeur des bitumes quand on expose cette terre à l'action du feu : ici, comme dans plusieurs autres contrées qui produisent des bitumes, les sables accompagnent cette substance combustible. Les mines d'asphalte sur les bords du Rhône, du côté de Saissel, sont dans un sable quartzeux. *Jour. des M.*; n.º 13, p. 33. L'asphalte du district de Weissembourg se trouve mêlé d'un sable brun, *idem* n.º 23, p. 45; le bitume d'Alsace et celui de Walsbroon sont mêlés avec du sable. *Dict. min. de la France.*

Nous observerons à l'occasion des dernières particularités qui viennent d'être rapportées, que les pins se plaisent principalement dans les terrains sablonneux, d'après cela ne pourrait-on pas conjecturer que d'anciennes forêts de ces arbres conifères, détruites par quelque cause inconnue, ont donné naissance aux bitumes glutineux de la Chalosse, contrée contigue aux landes de Bordeaux où les pins abondent ?

Dans un endroit un peu plus bas que celui des bitumes de Bastene, on voit des silex épars, des couches peu distinctes de marne rouge et grise, dont quelques unes paraissent néanmoins se prolonger de l'O. à l'E., en inclinant du N. au S.

On trouve dans une autre partie du territoire de Bastene, au pied du côteau sur lequel ce village est bâti, l'on trouve, dis-je, des masses continues de pierre calcaire blanche, de marne terreuse, rouge et grise; cette marne contient des cristaux de quartz rouge, opaque, connus sous le nom d'*Hyacinthes de Compostelle*, (quartz hématoïde.) Ils y sont très-abondans; elle renferme en outre des cristaux de spath calcaire en prismes hexaèdres, striés et sans pyramides; ces différens cristaux ont été remarqués par M. Lelièvre, membre distingué de l'académie royale des sciences de Paris; ils sont fidellement représentés dans une des planches du t. 3.e de *l'Hist. nat. des Min.*, par M. Patrin.

Il est vraisemblable que ces hyacinthes doivent leur origine aux molécules sableuses que les eaux entraînent de la crête des côteaux, et qu'elles vont déposer dans le terrain marneux qui forme leur base. Comme ces sables sont en général plus ou moins pénétrés d'oxide de fer, les cristaux auxquels ils donnent naissance, sont colorés en rouge. On en découvre aussi quelques uns de blanchâtres, couleur que l'on remarque pareillement dans les sables qui composent la crête des côteaux.

Si les hyacinthes étaient colorées par les molécules de la marne rougeâtre qui les renferme, on doit présumer que les cristaux de spath calcaire avec lesquels ils sont mêlés, présenteraient la même couleur; mais ils sont en général gris, faiblement nuancés de rouge et de vert.

Il n'est pas douteux que la teinte rougeâtre provient d'une substance siliceuse, semblable à celle des hyacinthes et qu'elle a pénétré dans l'intérieur des cristaux de spath calcaire; cette substance s'y trouve quelquefois répandue, sans observer aucune forme régulière; elle s'y présente en outre en très-petits cristaux pareils aux hyacinthes, et qui donnent des étincelles en les frappant avec le briquet: d'après ces observations, il est vraisemblable que les cristaux d'hyacinthe et de spath calcaire sont d'une formation contemporaine.

Le bourg de Donzacq est pareillement bâti sur des sables accumulés, au-dessous desquels on trouve abondamment des terres marneuses; le territoire de la même commune renferme des silex, des pierres calcaires, qui servent à faire de la chaux: on y voit des fours appartenant à M. Launai, ancien législateur: les hyacinthes et les cristaux de spath calcaire, hexaèdres, dont j'ai fait mention, sont pareillement dans ses domaines, où l'on observe en outre de très-beaux tausins, *quercus foliis molli lanugine pubescentibus.* Tourn. Cette espèce de chêne qui croît de préférence dans la partie de l'ancienne Novempopulanie, la plus voisine de l'océan atlantique, abonde pareillement en Galice, où les habitans lui donnent le nom de *Carvalho*; particularité que M. l'abbé Pourret a bien voulu ne pas me laisser ignorer.

J'espère qu'on me permettra de faire observer ici, que plusieurs botanistes paraissent s'être trompés, en réunissant cet arbre à l'espèce connue sous la dénomination de *quercus cerris*, opinion que je n'ai point partagée. L'histoire des Croisades par M. Michaud, contient une description détaillée de ce dernier chêne; elle prouve que cette analogie n'existe point ; on peut consulter à ce sujet les observations que ce célèbre auteur rapporte, et qu'un savant naturaliste a faites dans la forêt de Saron, située sur un côteau de la chaîne qui sépare la vallée du Jourdain des plaines de la Palestine. Si l'on prend la peine de comparer les caractères du tauzin avec ceux du *quercus cerris*, il sera facile de se convaincre que ces arbres ne sont pas de la même espèce.

Le chêne roure *quercus robur* croît aussi très-bien sur les bords du Luy, dans les landes situées au pied du côteau sur lequel le bourg de Donzac est bâti : j'en ai vu de très-beaux près de Pomarés, dans un bois qu'habitent de préférence les sangliers.

On remarque en outre, non loin de l'habitation de M. de Launai, une source froide, hépatique, ayant une odeur très-sulfureuse ; elle est sur la rive gauche de Larembla et près d'un moulin : j'ai fait connaître plusieurs sources de cette nature ; elles sont indiquées dans mon mémoire sur la cause de la chaleur des eaux thermales des Pyrénées.

Outre la source hépatique, froide, des environs de la maison de M. de Launai, il est fait mention dans les intéressans ouvrages de M. Thore, de plusieurs autres sources de cette même nature ; telles sont les eaux minérales de Gamarde, de Caupenne, de la Hosse près du moulin de Clauson; de Nossa, etc., etc. Ces sources hépatiques font présumer à M. Thore, qu'une mine de soufre existe dans le quartier de la Chalosse.

L'Italie offre pareillement un assez grand nombre de sources froides, hépatiques ; M. Scipion-Breislack, rapporte que la contrée qui renferme Sujo, abonde en eaux minérales qui contiennent de l'hydrogène sulfuré, et dans lesquelles ce savant observateur n'a remarqué aucune différence sensible entre leur température et celle de l'atmosphère ; il n'est pas inutile d'observer que les marnes de la Chalosse renferment des pyrites.

Au reste, le territoire de Donzacq est adjacent de celui de Castelnau, lieu qu'on ne peut observer sans se rappeler le funeste sort du baron de Castelnau, de Chalosse, un des chefs des huguenots, lors de la conspiration d'Amboise, et que Mezerai dit avoir eu la tête tranchée sur le pont de cette ville ; en remarquant en outre, comme une fatalité, que 20 ans auparavant, son frère aîné avait été tué au même endroit, par des laquais de la Cour. La singularité de cet événement me fera j'espère pardonner de l'avoir rapporté dans un mémoire relatif à la géologie ; matière trop intéressante pour ne pas m'empresser d'y revenir.

On ne trouve nulle part autour de Bastene ni de Donzacq, aucune matière volcanique, pas même dans la colline sur laquelle le château de Gaujac est bâti, quoique sa dénomination de Mont-Caut et les roches dont elle est composée, servent de motif à quelques observateurs, pour regarder cette éminence comme une butte basaltique, produite par l'action des feux souterrains.

II.

Continuation de la structure physique de la Chalosse.

Approchons-nous du château de Gaujac, qu'un espace de quinze cents toises sépare de Bastene ; cette belle habitation est située sur une espèce de plateau qu'on appele *Mont-Caut*, Mont-Chaud sans doute à cause de son exposition méridionale ; conjecture d'autant plus vraisemblable qu'on y trouve quelques plantes qui ne croissent que dans les pays où la chaleur du soleil se fait vivement ressentir. J'eus le plaisir, le 23 octobre 1811, de voir sur un des flancs de ce monticule l'arbousier, *arbutus unedo*, arbrisseau remarquable par son feuillage élégant, toujours vert et par la belle couleur rouge de ses nombreux rameaux.

La singulière structure du Mont-Caut ne présente que des masses d'ophite plus ou moins noirâtre et ferrugineux, très dur dans certaines parties, très décomposé dans quelques autres, particulièrement au sommet du côteau, sous les murailles dont le jardin du château de Gaujac est entouré ; on y trouve cette roche dans un état presque terreux ; elle se brise très-facilement sous les doits. La masse entière a l'apparence d'un vrai granit : ici, comme dans quelques monticules des Pyrénées, l'ophite présente des variétés que M. Patrin a remarquées dans les trapps.

On observe sur les flancs du *Mont-Caut*, couverts de bruyère, de petits chênes tausins, sous la forme d'arbrisseaux et d'ajonc marin, dont quelques tiges s'élèvent à plus de six pieds ; on observe, dis-je, de gros blocs d'ophite isolés, ayant jusqu'à 3 et 4 pieds de diamètre : cette colline en est pareillement jonchée dans sa partie inférieure ; ici leur plus grand diamètre n'excède pas ordinairement dix pouces ; un grand nombre de ces cailloux sont d'une forme ronde ; les habitans de Gaujac les appellent *peyres à boulets*, c'est-à-dire, pierres propres à servir de boulets ; on trouve aussi de petites boules qui ne sont pas plus grosses que des noix ; j'en ai essayé plusieurs avec l'aiguille aimantée ; quelques uns ont la propriété de la faire mouvoir, d'autres cailloux conservent leurs angles ; mais aucun ne présente la forme prismatique des basaltes.

Plusieurs de ces blocs se décomposent par couches concentriques, comme l'ophite de Baygorri, de St.-Jean-Pied-de-Port, de Betarram, dans les Pyrénées ; il ne faut pas croire que les blocs d'ophite, qui forment la colline du Mont-Caut et les autres amas de cette roche, ayent été roulés par les eaux ; on en observe un si grand nombre dont les angles ne sont point abattus, qu'on ne saurait en attribuer l'origine à cette cause.

Parmi les cailloux d'ophite on découvre des silex épars, dont plusieurs se montrent ferrugineux ; mais ils ne sont point ordinairement, attirés par l'aiman : ces cailloux siliceux paraissent étrangers au sol dans lequel on les trouve ; ils ont été charriés des terrains adjacens.

En suivant le contour du Mont-Caut, on voit sous le château de Gaujac, un amas de terre purement argileuse et d'une couleur rougeâtre ; elle se trouve principalement dans un vignoble qui sépare de cette habitation, la partie inculte du Mont-Caut. On observe en outre, du côté du S. E. une fontaine dont l'eau charrie de la poix minérale ; elle jaillit du sein d'un rocher calcaire dur, compacte, et pénétré de veines bitumineuses ; les matières argileuses et les masses d'ophite contigues à ces rochers, ne paraissent pas en contenir.

Il serait bien essentiel de pouvoir observer les rapports de position de ces différentes matières ; mais les vignes qui couvrent cette partie du *Mont-Caut*, m'ont empêché de faire cette importante observation.

Je n'ai point vu non plus, les pierres coquillières que M. Borda m'a dit avoir découvert autour de la même colline, n'ayant pas eu le temps d'en faire la recherche : on ne saurait douter de l'exactitude du rapport de ce respectable observateur, qui ne se livrait pas moins à la pratique des vertus, qu'à l'étude des sciences. Les seules pierres calcaires que j'ai remarquées dans le terrain qui domine la colline du Mont-Caut, faisaient partie des matériaux d'une maison située non loin du Luy, et qu'on m'a dit avoir été tirées d'une carrière qui se trouve près de cette rivière : ces pierres calcaires sont blanches tendres ; on peut les scier facilement : elles ne présentent aucune dépouille de corps marins.

M. de Borda rapporte : « Qu'à Gaujac, la
» partie occidentale de la montagne sur laquelle
» on a bâti le château, présente des matières
» variées : l'ophite y est assis sur une marne
» rouge et blanche. »

Les observations suivantes, faites sur le flanc opposé, ne s'accordent point avec celles de ce savant observateur.

L'on trouve du côté de l'E. du gypse dans des terres marneuses, adjacentes : on observe aussi dans le même endroit, de la pierre calcaire grise et grenue ; on ne connaît point la base de toutes ces matières, placées verticalement à côté de l'ophite : elles sont couvertes de sable et se prolongent jusqu'aux murailles de cette habitation, où les bâtimens ont la forme singulière d'une chartreuse. Située sur une terrasse naturelle, dont aucune hauteur voisine n'intercepte la vue, elle offre de tous côtés une perspective immense ; particulièrement en face des Pyrénées, qui s'élèvent comme d'inaccessibles remparts, au=delà des landes du Pont=Long, que le château de Gaujac domine dans toute leur vaste étendue; et par un parfait contraste, ces plaines, dont une grande partie des Pyrénées, forment les limites, font paraître cette chaîne de montagnes d'une hauteur prodigieuse; rendent, en même temps, plus majestueux, le magnifique spectacle qu'elle offre aux yeux de l'observateur, depuis les côtes de l'Océan Atlantique jusqu'au=delà du Pic=du=Midi de Bigorre. Quoique admirateur des beaux points de vue dont on jouit dans le Béarn et les autres pays aussi rapprochés des Pyrénées, je suis forcé de convenir que celui de Gaujac est beaucoup plus remarquable : on ne se lasse point de le contempler.

Mais on regrette que la construction de ce château ne réponde point à la beauté d'un si merveilleux site. Nous avons déjà dit qu'il présente la forme d'une chartreuse. En effet, il est composé de quatre corps-de-logis, médiocrement élevés, qui renferment, tout autour, un par=terre, environné d'un cloître, d'où l'on entre dans les appartemens situés au rez=de=chaussée; cette enceinte quoiqu'ornée de lauriers cerise, *lauro cerasus*, taillés en boules comme les orangers, semble moins égayer la vue, que l'attrister par l'uniformité d'une sombre verdure. Il faut se hâter de visiter l'intérieur du château, d'où la plus belle perspective dédommage, du côté de l'orient, du triste aspect que forme l'entrée de cette habitation, qui représente moins celle d'un grand seigneur qu'une solitaire demeure de cénobites. On en jouit surtout en montant au jardin, situé sur un plateau, et qui paraîtrait occuper la place d'un ancien camp retranché, pareil à ceux qu'on observe dans plusieurs endroits de la Novempopulanie.

Quoiqu'il en soit, une cour ayant peu de largeur, sépare les écuries, les granges et quelques autres bâtimens du corps = de = logis principal. Leur construction présente de même la forme d'une chartreuse, renfermant une cour au milieu. Partout, enfin, il semble que les architectes qui ont dirigé ces uniformes constructions, se soient principalement attachés à suivre un plan entièrement en opposition avec les ouvrages de la nature qui, dans les objets environnans, étale sa pompe et ses richesses. Continuons à les approfondir et à les admirer, mais sans parler davantage des productions qui sont le fruit des caprices de l'homme.

Quand du château de Gaujac, on porte ses pas du côté de l'Est, en suivant la crête sur laquelle il est construit, on trouve des amas de sable blanc et du sable brunâtre, ferrugineux ; on y voit aussi des poudingues quartzeux, dont les cailloux, diversement colorés, sont quelquefois si petits, qu'ils donnent à cette roche, l'apparence du porphyre. La crête de ces collines est à peu près composée comme celle des collines qui bordent la plaine qu'arrose le gave Béarnais, et sur lesquelles on trouve beaucoup de poudingues ; on les exploite dans quelques endroits pour des meules de moulin, entre Orthez et Tilh, notamment dans la commune de St.=Girons, voisine des ruines de l'ancien château de St.-Boés, dans lequel Gaston VI, souverain de Béarn, fut assiégé par Edouard, roi d'Angleterre.

Le sable qui couvre la crête des collines des

environs de Gaujac, contient, en outre, des cailloux sphériques de grès, dont quelques uns sont unis ensemble par un cylindre de la même substance, mais d'un diamètre moindre. Il est quelquefois diversifié par des veines circulaires de fer oxide.

A côté de ces matières sableuses, dans un lieu qui regarde le Sud, et qui se trouve un peu moins élevé que la crête du côteau de Gaujac, on voit des atterrissemens formés principalement de cailloux d'ophite, qui sont dans un état de décomposition extrême, c'est-à-dire friables et terreux.

Ces atterrissemens, au milieu desquels on distingue aussi des cailloux de silex, ont pour base de la marne terreuse et d'une couleur rouge et grise; cette marne est mêlée de gypse fibreux et grenu : en un mot c'est la même organisation physique qu'auprès de Gaujac; mais on n'apprendra point, sans une sorte de surprise, que ces amas pierreux ne contiennent pas de cailloux de chaux carbonatée, quoique cette substance se trouve aux environs. On y cherche, pareillement, envain des masses énormes d'ophite, ni d'ailleurs une aussi grande quantité de débris de cette roche, comme dans le voisinage de ce château. J'ajouterai qu'au Nord de la colline de Gaujac, on trouve une fontaine salée et qui donne vraisemblablement le nom de *Larrissau*, au petit ruisseau près duquel elle est située.

Les observations précédentes semblent autoriser à croire que les monticules de la Chalosse et ceux des environs de Dax ne sont composés que de roches de la famille des trapps, qui, selon M. Werner, sont principalement caractérisées par la hornblende qui s'y trouve presque pure, dans les formations les plus anciennes, qui domine dans les subséquentes et dégénère peu à peu en une espèce d'argile endurcie, ferrugineuse et noirâtre; qu'enfin les cailloux arrondis dont la décomposition est par couches concentriques, pourraient être placés avec les trapps globuleux de ce célèbre minéralogiste. Au reste, nous avons déjà vu que l'ophite des Pyrénées se rencontrait quelquefois, en boules formées de couches concentriques; particularité que M. Daubuisson a pareillement remarquée dans presque tous les échantillons d'ophite qui sont au cabinet des mines; venant des environs de Baygorry : il a de même observé cette forme sphéroïdale dans les diabases ou grunsteins de la Bretagne, qui ne sont point envisagés comme des productions volcaniques; les allemands ont été tellement frappés de la forme arrondie de ces roches, qu'en quelques pays, ils leur ont donné le nom de *kuget=trap* ou *kuget-fels* (trapps ou roches en boule.)

Si de la colline de Gaujac, où le désir de connaître l'origine de l'ophite, m'a conduit deux fois, on descend du côté du N. E., on trouve à la distance d'environ un quart de lieue, un mamelon comme celui du Mont=Caut, mais dont la position est moins élevée; il présente les mêmes matières; ce sont des blocs isolés dont quelques uns ont 3, 4, 5 ou 6 pieds de diamètre. M. de Borda n'en a point vu dont les dimensions soient plus remarquables : ils tendent à prendre une forme arrondie : des cailloux globuleux, mêlés de pierrailles de terre argileuse et qui se décomposent par couches concentriques : un bois de chênes roure ombrage ce petit monticule; et l'église de Hon occupe une partie de la crête. Il est séparé du Mont=

Caut par des terres de sable, de marne terreuse et d'argile ; matières colorées qui paraissent l'entourer de toutes parts ; quelques parties de ce grunstein font mouvoir très-faiblement l'aiguille aimantée.

On trouve, en outre, non loin de Hon, et sur la route de la commune de Bergouey, des couches de pierre marneuse, dont la direction est de l'O. à l'E. et l'inclinaison du S. au N.

Au delà s'élève un autre monticule où croissent le chêne rouvre, l'ajonc marin et la bruyère. On le nomme *peyres-neyres* (pierres-noires.)

En partant de Hon, on arrive dans l'espace d'environ une demi-heure, sur ce monticule ; il est composé, comme les deux précédents, des mêmes roches ; mais, ici, ces matières ont éprouvé de plus grandes altérations ; elles sont tellement pénétrées d'oxide ferrugineux, qu'elles offrent, en général, un aspect noirâtre dans l'intérieur, couleur moins répandue dans les autres monticules, et principalement à la bute de Hon, où plusieurs blocs sont verdâtres. M. de Borda remarque aussi que l'ophite de Mouhouga est d'un beau vert ; il compare cette roche à l'ophite de la vallée d'Aspe.

Au reste, la forme des blocs de peyres-neyres est à peu près semblable à celle des autres roches d'ophite : on y voit de gros blocs, des cailloux arrondis et globuleux, mais moins communs qu'au Mont-Caut, des pierres plates, schisteuses, d'une grosseur médiocre, ayant plus ou moins de solidité ; quelquefois très-dures, d'autres se réduisant en poussière. Toutes sont entourées ou mêlées de terre argileuse, résultat de leur décomposition. M. de Borda a pareillement observé que l'ophite passe à l'état d'argile. Aucune substance ne parait devoir ici son origine à l'action des feux souterrains; quelques unes de ces matières seulement font mouvoir l'aiguille aimantée.

Quoique, en général, la surface de tous ces monticules soit couverte de végétaux, tels que la bruyère, l'ajonc marin, etc., etc. J'ai pu néanmoins, considérer leur confuse structure, dans quelques excavations faites pour en extraire des pierres, savoir : 1.° près d'une maison, sise sur le flanc occidental du Mont-Caut. 2.° Dans le creux du chemin qui conduit à l'église de Hon. 3.° Dans une partie de la colline de *Peyres-Neyres*, d'où l'on a tiré des matériaux pour la réparation d'une route.

Rien ne parait plus singulier que la structure de ces divers monticules qui s'élèvent au milieu des terres sableuses, argileuses et marneuses de la Chalosse, lesquels monticules semblent pouvoir être envisagés comme autant de groupes particuliers, détachés les uns des autres ; ils sont entourés de toutes parts, d'argile, de sable, de marne, auxquels se mêlent quelquefois du gypse et de la pierre calcaire.

Je dirigeai mes pas ensuite, vers Momuy, en passant par la commune de Saint-Cric : si l'on en excepte les roches amphiboliques qui viennent d'être décrites, on ne trouve dans cette grande étendue de terrain, que du sable, de l'argile, de la marne, matières communément colorées ; et aux environs de Brossempouy, de la pierre calcaire blanche, grenue et peu solide. Elle forme dans un lieu bas et boueux, un massif qui sert de base aux matières sableuses, argileuses et marneuses : elle ne parait point ici disposée en couches, ni contenir le moindre vestige de corps marins; les substances environnantes n'en ont point offert non plus à mes yeux, et dans tout ce trajet, qui comprend cinq lieues, on ne découvre pas d'exemples contraires aux précédents.

Je dois comprendre au nombre des choses les plus intéressantes qui se sont présentées à mes yeux, la singularité produite par l'érosion des eaux du ciel dans le terrain sabloneux que j'ai parcouru du côté de Saint=Cric; le moindre ruisseau le sillonne et le creuse très=profondément, mais en même temps son action est si faible dans les parties latérales de son cours, que les rives sont pour ainsi dire verticales, et que la largeur de quelques ravins qui sont très étroits, n'excède pas à la surface de la terre celle de son lit: les pentes escarpées des bords des ruisseaux sont néanmoins couvertes d'arbres et de buissons; ce qui vraisemblablement empêche les terres sableuses ou argileuses dont ils sont composés de s'ébouler; au reste ce terrain présente peu de cailloux roulés. C'est peut-être par cette raison qu'il est si boueux; ce mélange semblerait propre à le raffermir.

On distingue une couleur brune ou rougeâtre de quelques terrains, composés, soit d'argile, soit de marne, mais elle ne peut être envisagée comme un indice certain de l'existence des volcans éteints de la prévôté de Dax, et de la Chalosse. On voit dans les côteaux du Béarn, et notamment à la partie du territoire de Lagor, contiguë à celui de Viellesegure, on voit, dis=je, beaucoup de matières argileuses et marneuses, colorées, qui n'ont point subi l'action des feux souterrains.

Les poudingues qui couvrent la crête de ces côteaux, où l'on ne trouve pas le moindre fragment d'ophite, sont également, en général, d'une couleur brune. Les montagnes des vallées de Baygorri, de Baretous, d'Aspe, d'Ossau, etc, etc., renferment des grès ou schistes rouges; sans qu'aucune d'elles offrent des vestiges de volcans, et les substances des terrains qui, dans ces mêmes vallées, renferment de l'ophite, ne se distinguent point par des couleurs vives.

III.

Inutiles recherches de matières de volcans dans la Chalosse. Discussion à ce sujet.

Les blocs ou cailloux globuleux, qu'on trouve dans les monticules de cette contrée, pourraient sembler à quelques naturalistes, un motif pour attribuer leur origine aux feux souterrains, car on n'ignore pas que les volcans présentent des laves en forme de boules qui, de même que les cailloux arrondis, dont il est ici question, se décomposent par couches concentriques; mais aucune autre similitude n'accompagne celle que l'on observe dans l'altération des ophites: on ne découvre nulle part le moindre vestige des nombreuses substances volcaniques, dont l'existence est certaine dans les terrains produits et bouleversés par l'action des feux qui brûlent dans les entrailles de la terre.

Il est bon de le répéter ici; on ne trouve ni laves compactes, ni laves poreuses, ni laves boursouflées, ni scories, ni matières calcinées, ni pouzzolanne, ni sables volcaniques; on n'y voit ni des émaux, ni des verres, abondants dans les volcans: nul cratère ne paraît en outre s'être ouvert dans ces monticules, séparés les uns des autres et s'élevant au milieu des matières terreuses et pierreuses environnantes, comme des îles au milieu des eaux de la mer; tels sont le Pouy-d'Euze, près de la ville de Dax, le Pouy d'Arzet, Mont=Caut, la bute de Hon et le monticule de *peyres-neyres*.

Si les matières dont ces lieux élevés sont composés, devaient être regardées comme volcaniques, elles ne seraient pas les seules parties de cette contrée qui montreraient dans leur structure, des produits des feux souterrains; on en découvrirait probablement d'autres vestiges, dans les terrains qui les environnent.

M. Breiseak observe : « Qu'après un long cours
» de siècles, il peut naître des circonstances qui
» défigurent un cratère, au point d'en effacer
» l'image, mais cela ne peut arriver qu'à la par=
» tie fragile du cône, et non à ses courants de
» lave, s'il en a fourni dans ce cas; parce qu'on
» ne peut plus reconnaître le cratère, le lytholo-
» gue sera-t=il fondé à nier l'origine volcanique
» de ses laves? Comment les reconnaître pour
» laves lorsqu'on ne voit plus le cratère d'où elles
» sortirent? En consultant la nature du terrain
» adjacent. S'il est composé de ponces, de pouz-
» zolane, de tuf, de scories, etc, etc. ; pour=
» quoi recourir à des hypothèses compliquées,
» et ne pas reconnaître ces substances comme le
» produit du feu? » *Voyages physiques dans la Campanie*, t. 2 p. 37. Dans les environs des monticules prétendus volcaniques de la Chalos=se, on ne trouve rien de semblable; donc ils ne sont pas l'ouvrage des feux souterrains.

M. Desmarets observe aussi que dans certaines coupures qu'on voit le long du chemin de Bolsena à Viterbe, on rencontre des amas de boules d'une lave aussi compacte que la matière des prismes, quelques uns sont à couches concentriques...... Des amas semblables reparaissent entre Viterbe et Rome, proche Frascati, à Capo di Bove, au lac de la Colonnella, et ses couches sont toujours plus ou moins ensevelies dans des scories, dans des matières noires, dans des laves trouées : ces observations s'accordent parfaitement avec celles qu'il a faites en Auvergne.

M. Daubuisson dit aussi qu'une montagne volcanique est un tas confus de fragmens de pierres brûlées, de scories, de ponces, etc., etc. Les boules des monticules de la Chalosse ne sont entourées d'aucune de ces substances volcaniques. D'ailleurs les laves en boules sont d'une seule masse, dure et compacte. Ici, au contraire, les boules sont, en général, grenues, comme les grunsteins communs.

Je pense que les cailloux arrondis d'ophite, dont la décomposition présente des couches concentriques, ne sont point le produit des feux souterrains ; et ce qui semble justifier cette opinion, c'est que les granits et les porphyres sont quelquefois aussi sous la forme des boules dont la décomposition a lieu de la même manière. *Traité élémentaire de Minéralogie*, par M. Brochant.

Enfin, nous lisons dans le *Journal de Physique*, messidor an 9, que « la roche verte (grunstein de Werner), est un mélange intime de
» cornéene et de feld-spath, souvent confondue
» avec le basalte, peu connue en Europe même,
» se trouve en couches ou boules de 4 pieds à
» 3 pouces, est composée de même de couches
» concentriques et conglutinées par du schiste

» micacé ou de l'ardoise. » Nous avons vu que dans les Pyrénées et les pays situés au pied de cette chaîne, l'ophite ou grunstein était mêlé, pareillement, de matières argileuses.

Cette particularité de se déliter par couches concentriques, doit vraisemblablement être attribuée aux substances ferrugineuses; comme l'a remarqué M. Sage, qui dit que le fer accumulé dans quelques parties de pierre de corne, forme quelquefois, dans leur intérieur, des couches concentriques. *Journal de Physique*, an 2. M. Patrin rapporte que dans la plupart des terrains marneux, chargés d'oxide de fer; cet oxide se réunit en masses ovoïdes, composées de couches concentriques. *His. Nat. des Min.*, t. 2, p. 281. On pourrait citer d'autres exemples des formes produites par la présence du fer, mais je crois devoir me borner aux exemples précédens.

La forme presque conique des monticules d'ophite, n'est pas une raison pour devoir faire présumer l'effet des volcans. On remarque que cette forme est, en général, celle de toutes les montagnes dont les flancs sont couverts de matières terreuses. On l'observe, en outre, dans un grand nombre de monticules calcaires des Pyrénées, notamment au déboucher des montagnes d'Aspe, d'Ossau, de Campan, etc., etc.

On lit dans le prospectus d'un ouvrage que M. Borda se proposait de publier, que les environs de Dax offrent des pierres ponces : pour moi, je n'ai pu en découvrir un seul fragment; et suivant le rapport d'un bon observateur de ce pays (M. Grateloup), il n'en existe que dans la partie des landes contigues au rivage désert et sabloneux de l'Océan, où rien n'est communé-

ment animé ni mobile que les vagues et les sables emportés par les vents. Ces substances volcaniques y paraissent avoir été charriées et déposées par les courans : ils auraient pû même y transporter des fragmens de pierre obsédienne, car Pline nous apprend qu'elle se trouve sur les côtes des Asturies et de la Biscaye. Liv. 37, chap. X, M. Bory de St.-Vincent dit : « Que depuis Tris-
» tan-d'Acunha, île située à 31" latitude méri-
» dionale, jusqu'à l'Islande, en passant par S.te-
» Hélène, l'Ascension, l'Archipel de Cap-Vert,
» les Canaries, Madère, les Açores, tous les
» points qui jaillissent au-dessus des eaux de
» l'Océan, sont des soupiraux plus ou moins anti-
» ques du Tartare, et les productions de ces bou-
» ches ont, entr'elles, les plus grands rapports. »
Journal de Physique, fructidor an 12, p. 227.

Tout ce que la superficie du sol et quelques excavations m'ont permis d'examiner, aux environs de Dax, ne consiste qu'en des amas de blocs énormes de cailloux globuleux et d'autres fragmens d'ophite, dont la forme est différente et très-variée : mélange confus qui, toujours mêlé d'une terre argileuse, constitue chacun des monticules dont nous cherchons à connaître l'origine et les rapports ; je l'ai vu du moins ainsi, au Mont-Caut, au village de Hon, à la colline de *Peyres-Neyres* ; il m'a paru que les Pouy-d'Eure et d'Arzet, étaient formés de même.

Cette partie de la Chalosse renferme une suite de côteaux très-bien cultivés et d'une pente assez facile ; leur crête se termine en plateaux qu'on nomme, quelquefois, *pouy* ; dénomination qui dérive ici vraisemblablement du mot latin *podeum* ; c'est ainsi qu'en Auvergne on emploie celui de *puy*, pour exprimer un lieu élevé; telles sont, par exemple, la montagne du Puy-de-Dôme, et la ville du *Puy*, bâtie sur une hauteur.

Comme dans cette partie de la France, les montagnes ont été formées, en général, par des éruptions volcaniques, ceux qui pensent que les contrées voisines de Dax, ont été pareillement agitées par des volcans, pourraient appuyer leur conjecture sur une dénomination semblable; mais j'ose croire, après tout ce qui vient d'être rapporté, que cette opinion n'est point solidement établie; tout semble prouver, au contraire, qu'elle est mal fondée, puisqu'on ne cite qu'une seule substance, comme pouvant être volcanique, je veux dire l'ophite, dont quelques morceaux décomposés offrent seulement l'apparence et la texture du basalte.

Il est probable que si des volcans eussent existé dans cette partie du globe, elle renfermerait quelques unes des nombreuses productions minérales que l'on observe dans les montagnes de l'Auvergne, du Vivarais et des autres contrées bouleversées par ces horribles phénomènes de la nature; cependant, soit dans les Pyrénées, soit aux environs de Dax, l'ophite n'est accompagné d'aucune substance qui paraisse avoir subi l'action du feu; il n'est entouré que de schiste, de pierres calcaires, intactes, et de gypse qui n'est point dénaturé. On ne voit, nulle part, imprimées les traces des volcans éteints.

Les eaux thermales de Dax, de Tercis, de Prechacq, etc., etc., etc.; pourront faire présumer à quelques uns que des feux brûlent dans les entrailles de la terre, et qu'ils échauffent les eaux des ces différentes sources; mais dans aucun lieu ces feux ne paraissent avoir produit les effets désastreux auxquels plusieurs parties du globe sont exposées : on ne voit au *Pouy-d'Arzet* ni d'Euze : on ne voit ni dans les monticules de Gaujac ni de Hon, aucun cratère qui puisse indiquer leur issue : on ne découvre nulle espèce de lave ni d'autres matières incontestablement reconnues pour être volcaniques : partout au contraire, on voit des sables marins, des pierres calcaires, des silex, des marnes, du gypse, de l'argile ; matières qui ne présentent dans aucun endroit, la moindre empreinte du feu, malgré les bitumes que la terre récèle ici dans son sein, et qui sembleraient pouvoir être envisagés comme une des principales causes de ces combats de la nature contre elle-même. Les nombreux gisemens d'ophite qu'on trouve dans les Pyrénées, n'offrent pareillement nulle part, aucun vestige de matières produites par les feux souterrains.

Si l'on suppose que les volcans des environs de Dax et des Pyrénées étaient de la nature de ceux qu'on nomme *Vaseux*; je demanderai où sont les cratères qui jadis ont donné passage aux matières terreuses sorties de leur sein, ainsi qu'on l'observe dans les volcans vaseux de la Crimée, de Maccolouba, près d'Agrigente en Sicile, et des environs de Modène ? Nulle part on n'a découvert encore de pareilles cavités, ni les monticules d'argile délayée qu'ils élèvent au milieu des terrains dont ils sont environnés en Italie, et dans la Crimée.

La propriété de couler que possède la poix minérale de Gaujac, pourrait paraître un motif pour autoriser à croire qu'elle leur est due ; mais la chaleur du soleil suffit seule pour faire couler ce bitume dans le sein de la terre même, surtout à l'exposition méridionale : la poix de la fontaine de la *Pegue* près du village de Servans, à deux lieues d'Alais, bouillonne en été dans les fentes d'un rocher exposé aux rayons du soleil. *Dict. Min. et Hyd. de la France*, t. 2, p. 221. On découvre aux environs du *Puy, de la Poix*, en Auvergne, cent autres sources de poix; mais ce n'est que dans les grandes chaleurs de l'été : on trouve, en outre, près du moulin de Gandaillat, plusieurs autres sources de poix, situées à l'aspect du midi. *Ibid*. p. 360.

Dans la partie Sud=Ouest du département du Cantal, dans la vallée de l'Allier, le granit est recouvert de calcaire, tantôt contenant des concrétions siliceuses, tantôt tellement imprégné de bitume, que la chaleur seule du soleil suffit pour la faire transsuder. *Journal de Physique*, an 12, p. 312.

Il n'est donc pas absolument nécessaire d'avoir recours à l'action des feux souterrains, pour expliquer la propriété que la poix minérale a de couler, lorsque la chaleur de l'atmosphère suffit pour produire un pareil effet.

Les singularités que l'on observe en Chalosse, dans la source de la petite rivière qu'on nomme *Larembla*, et qui coule du Nord au Sud, pourraient encore donner de la vraisemblance, à l'opinion de MM. Dietrick et Borda : les eaux de cette belle source, sourdent, près de Douzacq, d'un lieu profond; et quoique très=froides, elles s'échappent, en bouillonnant, du sein de la terre, à travers un sable très=fin qu'elles entraînent et qui compose leur lit.

Des espèces de bulles, causées, peut-être, par

le dégagement de l'acide carbonique, montent presque continuellement à la surface de l'eau, et s'ouvrent avec un petit bruit; quelques habitans des environs prétendent avoir observé que les bouillonnemens sont plus marqués dans un temps orageux; l'eau de cette rivière ne se gèle jamais et conserve toujours sa limpidité ordinaire.

La dilatation de l'air, dont il est parlé ci-dessus, serait-elle produite par la chaleur des feux souterrains qui brûlent à de grandes distances ou profondeurs ? On doit convenir qu'un pareil phénomène a lieu dans plusieurs contrées dont le sol paraît en avoir éprouvé l'action.

M. le baron de Vallier, lieutenant de Roi à Navarrenx, m'a dit avoir vu du côté de Gironne, en Catalogne, contrée où l'on observe des volcans éteints, des sources froides qui bouillonnent.

L'eau acidule et gazeuse des fontaines minérales du département du Rhin et Moselle, contrée dans laquelle on trouve aussi des vestiges d'anciens volcans, est perpétuellement troublée par le dégagement des bulles aëriformes. *Jour. des Min.*, n.° 149, p. 327.

Les eaux du *Lago* de *Zolfo* ou *Lago* de *Bagni* à la Solfatare, sont remarquables malgré qu'elles soient froides, par les bulles d'air qui s'en échappent : ces globules sont aussi considérables que si elles étaient en ébullition, surtout lorsqu'on y jette des pierres. *Lettres sur la minéralogie de l'Italie*, par M. Ferber, p. 290.

On voit près du Cap-Pessaro en Sicile, un lac dont les eaux froides bouillonnent pareillement, *ibid.* p. 168.

On trouve des eaux de la même nature dans un

grand marais du côté de Viterbe, *ibid.* p. 358.

Les eaux d'un petit marais nommé *Aqua Buga*, quoique froides, paraissent aussi bouillonner constamment. *Ibid.* 425.

Toutes ces eaux de l'Italie sont sulfureuses, en quoi elles diffèrent de celles de Larembla. Quelques unes contiennent du pétrole, substance bitumineuse que je n'ai pas vu dans les sources de cette petite rivière, qui sont néanmoins situées près des bitumes de Bastenes

Les exemples que l'on vient de rapporter porteraient à croire qu'il existe des feux souterrains dans la Chalosse, et les nombreuses sources thermales de ce pays, semblent ne point laisser de doute à ce sujet : mais ils ne prouvent pas qu'il ait été bouleversé par les volcans.

Si ces phénomènes eussent eu lieu, l'on devrait être étonné que la nature qui, dans les éruptions volcaniques, varie ses ouvrages de manière à trahir son secret, n'eut produit dans les Pyrénées, et les terrains situés au pied de cette chaîne, que du grunstein. D'ailleurs, les expressions suivantes que j'emprunte de M. de Saussure, en apprendront beaucoup plus que tout ce que je pourrais ajouter aux observations ci-dessus rapportées ; « lorsque je vois, dit-il, une roche quelconque, » si je ne trouve, ni en elle, ni dans ses circonstan- » ces extérieures, aucun indice de fusion, je ne » présume pas qu'elle ait été fondue, lors même » qu'elle est noire et qu'elle est naturellement » divisée en colonnes prismatiques. » *Jour. de Physique*, floréal an 11, p. 357.

Quoique tous les faits qui viennent d'être rapportés, ne permettent pas d'adopter l'opinion de MM. Dietrick et Borda, sur l'origine de l'ophite des environs de Dax; elle ne peut manquer néanmoins de paraître très-vraisemblable à ceux qui n'ignorent pas que la Chalosse, comme le royaume de Naples, ravagé par les feux des volcans, abonde en eaux thermales, en bitumes, en matières gypseuses, et que l'ophite fond au feu, fait un verre comme les laves, prend souvent une couleur noirâtre et la forme de boules.

Enfin, si, véritablement, c'est une erreur de placer cette roche, parmi les matières volcaniques, ces diverses circonstances doivent la rendre excusable : elles auront probablement engagé M. Bayen, en 1753, à regarder selon le rapport de M. de Borda, l'ophite des environs de Dax, comme un produit de volcans, puisqu'ayant observé dans les Pyrénées, cette même roche, il la range avec les granitelles et les ophites; qu'il était d'ailleurs très-persuadé que les Pyrénées ne contiennent aucun vestige de feux souterrains. « Cette chaîne, dit ce savant chimis» te, offre une chose peut-être unique dans le » globe, en ce que dans une étendue de plus de » 80 lieues, et une épaisseur de 20, sur une élé» vation de plus de 1500 toises, on ne rencontre » pas le moindre vestige de volcans. » *Examen chimique de différentes pierres*, p. 61.

Un minéralogiste dont les observations sont insérées dans le *discours sur l'état actuel des Pyrénées*, par M. Darcet, dit aussi qu'on ne rencontre nulle part, dans ces montagnes, les pierres et les substances qui indiquent les volcans, et qu'il ne paraît point qu'il en ait existé d'ouverts, accompagnés d'éruptions violentes, quoique l'on présume, ajoute-t-il, que les eaux minérales et principalement les sulfureuses, sont échauffées par l'effet d'un volcan tranquille.

Enfin, M. Pasumot, après avoir parlé de l'organisation générale et particulière des Pyrénées, dit : « ce que je peux ajouter ici, c'est que je n'ai
» vu nulle part aucune trace de volcans, et il a
» résulté de toutes les informations que j'ai pu
» faire, que l'on n'en a jamais connu dans ces
» montagnes. » *Voyages physiques dans les Pyrénées*, p. 109.

La différence d'opinion sur la nature de l'ophite, prouve qu'on n'arrive aux découvertes qu'après bien des efforts et des pas inutiles. Sujet à l'erreur, j'ai pu me tromper dans une matière si neuve et si difficile; mais il ne m'arrivera point de persister dans ma façon de penser, si l'expérience la contrarie; et je ne serai point honteux d'ignorer ce qui n'est pas connu de plusieurs célèbres naturalistes.

En finissant cet article, je ne peux m'empêcher de témoigner mes regrets de voir que les observateurs de la nature ne jouissent pas des mémoires de M. de Borda, dont le portefeuille était rempli de tout ce qui peut être l'objet de la minéralogie des environs de Dax. Après avoir fait des nombreuses observations, il attendait un temps plus convenable pour les donner au public; mais il fut enlevé malheureusement aux sciences, avant d'avoir pu livrer à l'impression, le fruit de plusieurs années d'études et de recherches.

TROISIÈME PARTIE.

I.
Disposition relative de l'ophite dans les environs de Salies.

Nous avons vu que les monticules d'ophite de la Chalosse sont accompagnés de gypse, de pierre calcaire, quelquefois compacte ou marneuse, ou de la nature des tufs : les mêmes singularités se font remarquer non loin de Salies ; mais, nulle part, je n'ai pû faire des observations assez suivies, pour voir clairement les rapports de ces matières avec l'ophite, ni déterminer, au juste, leur direction, non=seulement à cause des terres, des sables et des végétaux qui les couvrent, mais parce que cette roche ne forme, dans ce canton, que des groupes épars, comme les montagnes de trapp : les ophites y sont disposés au milieu des dépôts de gypse, de sable et de chaux carbonatée, secondaire ; le Pouy=d'Arzet, par exemple, monticule composé d'ophite, est, autour de sa base, bordé, d'un côté, de gypse, et de l'autre, de pierre calcaire : cet ophite ne paraît pas se prolonger visiblement ; puisque sur la rive gauche du Luy et du côté de la commune de Minbaste, on trouve des sables coquilliers, et que du côté du Nord, il est, en outre, borné par des matières gypseuses ; au Sud par des pierres calcaires.

Le monticule qu'on appelle *Mont=Caut*, sur lequel le château de Gaujac est bâti, domine du côté de Castaillon et de Bastènes, un terrain composé de pierre calcaire et de pierres à fusil, auxquelles on attribue la bonne qualité des vins de quelques vignobles : ce même monticule a, du côté opposé, c'est-à-dire à l'orient, des pierres calcaires, du gypse et de la marne.

La butte de Hou, la colline de Peyres-Neyres, composées d'ophite, sont entourées de sable, d'argile, de marne, etc., etc., etc. Nous avons fait, ci-devant, mention de ces rapports.

L'ophite même sur lequel est situé le château de Caresse, commune éloignée d'environ six lieues de Dax, forme pareillement un plateau très-isolé. On trouve abondamment de la pierre à plâtre, à l'Ouest du château; elle est remplacée, un peu plus loin, par des roches calcaires qui, à l'intérieur, sont assez dures et compactes; mais à la superficie elles présentent le caractère des incrustations, connues sous le nom de *spougnes* et qui sont percées de trous ou petites cavités. L'ophite qui compose le sol sur lequel le château de Caresse est bâti, se trouve adjacent, du côté du Nord, de pierres à plâtre, qu'on découvre en faisant des fouilles dans la cour.

On voit aussi beaucoup de cette dernière substance salino-terreuse à l'Est; elle ne paraît point placée sur l'ophite, ni celui-ci, sur le gypse : ces deux différentes matières sont, comme les précédentes, à côté l'une de l'autre.

Si l'on supposait que cet ophite peut se prolonger vers le midi, et que celui qui se montre dans le village d'Hauterive, en formât la continuité, on la trouverait interrompue, à la distance d'environ un demi quart de lieue de cette commune de Caresse, sur les bords du gave d'Oloron, par des matières calcaires.

La roche d'ophite de Caresse, très-décomposée, que l'oxide ferrugineux, qui le pénètre, rend pour ainsi dire méconnaissable, est tellement resserrée par des matières d'une nature différente, que du côté du Nord, dans la cour même du château, on trouve, comme je l'ai rapporté, du gypse que l'on découvrit en voulant faire un puits, par les ordres de M. le comte de Montréal, alors propriétaire de cette habitation. La même substance salino=terreuse, abonde dans presque toute la plaine supérieure de Caresse, au=dessous des atterrissemens antiques des terres et des cailloux dont elle est formée, et que les torrens ont transporté des Pyrénées.

On en trouve, pareillement, comme je l'ai dit, du côté de l'Est, dans le terrain contigu du château; mais à la distance d'environ un quart de lieue, et sur le penchant du plateau sur lequel le village de Caresse est situé, on voit, dis-je, des roches composées de schiste dur, argileux, qui ne se divise point facilement en feuilles, et dont la texture de quelques unes approche de celle du basalte : elles touchent à d'autres roches d'une apparence vraiment granitique, et qui sont formées de lames d'hornblende et de feld=spath : le quartz fait même quelquefois partie de cette composition. C'est, par conséquent, un granit sans mica; mais on observe, en général, les autres roches presque partout où l'on rencontre l'ophite. Je n'ai vu le granit associé à l'ophite, que dans les collines situées sur les bords de l'Adour, entre la commune d'Ourdisan et le pont de Pouzac. L'espace d'environ un quart de lieue sépare ces deux roches à Caresse.

La même formation du gypse et du grunstein

se montre à l'Ouest et non loin du château de Caresse; ils sont remplacés par de la chaux carbonatée, qui paraît être, en général, autour de ce village, de la nature des tufs; et ce sont peut-être ces tufs, déposés au milieu de l'ophite, qui ne permettent pas d'observer sa continuité. Enfin l'ophite, le gypse et la pierre calcaire se trouvent non loin d'une fontaine salée, dans un côteau qui, côté du Nord, domine et borne la plaine de Caresse.

Le grunstein de la commune de Ste.-Marie de Gosse, sur la rive droite de l'Adour, ne paraît point se prolonger, non plus, au loin; car si l'on suit la direction du Nord, on trouve des pierres calcaires dans le côteau qui domine le port de Lanne; si l'on se dirige vers l'Est, on rencontre les mêmes matières, soit à Hastingue, soit à la commune d'Ortevielle et du côté de Peyrehourade.

L'ophite est dans toute cette contrée, tellement isolé, quoique très-rapproché des autres substances, qu'il ne paraît former aucune suite: son origine n'est point ici contemporaine des matières contigues: dans les Pyrénées sa formation appartient, au contraire, à celle des schistes argileux et des chaînes de chaux carbonatée, au milieu desquelles il est placé.

On observe encore, sur le territoire de Salies, ville à l'Est et non loin de Caresse, deux rocs également isolés, qui s'élèvent en forme de butte; ils sont situés près d'une maison qu'on appelle *Lahargouette*: l'espace qui les sépare l'un de l'autre n'est pas fort étendue. La masse d'ophite la plus voisine de cette habitation est dans quelques unes de ses parties très-dure, d'autres sont dans un état de décomposition très-remarquable: sa texture présente des variétés sans nombre ; certaines parties de l'ophite sont graniteuses, se désunissent, s'égrainent, se réduisent facilement en poussière au moindre contact. On en trouve qui se sont converties en argile très-molle et visqueuse. Un oxide ferrugineux domine presque partout et donne, en général, à cette roche, une couleur sombre et brunâtre.

La décomposition de l'ophite produit encore d'autres variétés : l'aspect brillant du talc fait découvrir quelques morceaux de smectite dure et d'une onctuosité extrême ; ils se trouvent mêlés, ainsi que les autres matières, de pierres argileuses, auxquelles il ne manque qu'une disposition par couches, pour devoir être placées parmi les schistes. Enfin, on découvre ici toutes les nuances successives qu'on peut observer depuis la texture la plus grenue du granit jusqu'à la configuration des schistes argileux et des basaltes les plus compacts.

M. Grateloup m'a fait l'honneur de m'écrire le 20 décembre 1818, qu'il avait trouvé, pareillement, de nombreuses variétés dans le grunstein du Mont=Peroux. « Cette roche, dit
» ce savant naturaliste, est un véritable protée :
» tantôt c'est l'aspect d'un porphyre vert ou an-
» tique, de serpentine; tantôt celui du granit,
» du gneif, du schiste; tantôt celui du basalte
» ou d'une lave; enfin, étant décomposé, il offre
» tous les caractères de l'argile. »

La butte d'ophite de la Hargouette n'a qu'une médiocre élévation, qui n'excède pas 25 pieds; quant à ses rapports avec les matières contigues, voici les seules observations que la difficulté des lieux, partout généralement cultivés, m'a permis de faire : cette roche est précédée, du côté de l'Ouest, de pierres calcaires, traversées de bandes de silex. Des couches inclinées de pierre calcaire, blanche, compacte, dépourvue d'un pareil mélange, et dont la direction est à peu près de l'Ouest à l'Est, accompagnent l'ophite du côté du Sud ; on l'emploie pour des chambranles. C'est de la pierre de taille susceptible d'un poli grossier : la partie septentrionale de cette même butte d'ophite est aussi bordée de couches de pierre calcaire, qui forment une partie du côteau que nous allons monter. On les trouve dans un vignoble appartenant à M. Loustau.

Ces couches calcaires dont l'inclinaison est du S. au N., sembleraient devoir venir s'appuyer sur l'ophite qui les précède du côté du Sud ; cependant je n'oserais l'assurer, n'ayant pu nullement observer ces différentes matières au point de contact. Il est fâcheux qu'une excavation qu'on a faite, à quelque pas seulement du roc d'ophite, dans les couches de la pierre calcaire, pour extraire cette dernière substance, et la répandre dans les vignobles, ne soit pas plus voisine de ce mamelon d'ophite, dont la crête, au reste, n'est couverte que d'une couche de terre, ayant peu d'épaisseur : au moyen d'une pareille excavation, on aurait peut=être acquis quelques lumières par rapport à la position respective de l'ophite et des matières qui l'environnent.

Mais ce que l'on peut dire avec vérité, c'est que les pierres calcaires dont il est question, sont dominées du côté du Nord, par des amas de gypse, dominés à leur tour par des couches argileuses et marneuses : ces matières forment avec quelques amas de sable, presque tout le terrain dépendant de la commune de Salies, et le côteau que nous venons de gravir, tandis que la masse d'ophite en occupe la partie la plus basse, sans qu'il paraisse néanmoins qu'aucune de ces matières s'appuie visiblement sur cette roche.

Il n'est peut-être pas inutile de faire observer ici, que l'ophite fait partie des monticules que l'on range parmi les plus élevés des environs de Dax ; tels sont le Pouy=d'Euze, le Pouy=Darzet, de Mont-Caut, de Peyres=Neyres, tandis que dans la commune de Caresse et celle de Salies, il occupe les parties de terrain les plus basses.

La fontaine de Salies est située au milieu des couches argileuses, marneuses, calcaires, contigues à des amas de sable et de gypse ; le chemin depuis Orion jusqu'à cette commune est pavé de cailloux d'ophite, de pierre calcaire grise, assez compacte, et d'une pierre du même genre, mais d'une couleur rougeâtre, contenant des paillettes de mica.

Une grande partie des matières dont il est fait ici mention avait été observée par M. Dietrick, qui dit que les collines stratifiées de la route de Salies à Sauveterre, entre Salies et Mauléon en Soule, sont très=souvent formées de couches verticales d'un parallélisme frappant de pierre à chaux, de schiste pyriteux et de belle ochre jaune, propre à faire du brun rouge, alternant ensemble.

Cette observation de M. Dietrick, me rappele celle que j'ai faite relativement à la disposition de quelques unes de ces couches ; disposition tellement singulière, que je me plais à croire qu'on ne me reprochera point d'en faire mention.

Quand on va de Sauveterre à Salies, on monte, non loin, au Nord de la première de ces villes, sur un côteau dont la crête est d'une singulière structure. Des couches inclinées, alternatives, de chaux carbonatée grise, et de sable ochreux, jaunâtre, se prolongent du S. au N. : on observe, en même temps, avec surprise que l'inclinaison des couches est de l'E. à l'O. à l'un des côtés de la route, et de l'O. à l'E. à l'autre côté.

Une seconde singularité se présente, en descendant ce même côteau vers le Nord, la direction des couches dont quelques unes sont verticales, change de manière qu'elle est de l'O. à l'E. près d'un pont construit sur un petit ruisseau; et tel est l'ordre général jusqu'à Salies, comme M. Dietrick l'avait observé, tandis que dans la partie la plus élevée du côteau dont il est ici question, ces mêmes couches se prolongent comme on l'a vu, du S. au N. Elles traversent le Gave à Sauveterre et forment la base du terrain, composé de cailloutage, sur lequel cette ville est bâtie. Le changement d'inclinaison ne paraît pas avoir été produit ici d'avantage, par quelque bouleversement que celui de la direction des couches par une cause quelconque après leur formation. Il est très vraisemblable qu'elles ont été formées primitivement telles qu'on les voit aujourd'hui.

Non loin de la butte d'ophite la plus voisine de la maison de la Hargouette de Salies, dont nous avons fait ci-dessus mention, et du côté de l'E., s'élève à peu-près à la même hauteur, une autre butte de la même nature: mais ici l'ophite est très intact et solide, il est d'une dureté extrême, quoique la masse soit traversée de plusieurs fentes irrégulière, tandis que celui que nous venons d'examiner est dans un état de décomposition entière; différence remarquable dont on ne saurait indiquer la véritable cause.

On ne peut observer si les deux buttes d'ophite forment continuité de l'une à l'autre, parce qu'elles sont situées dans les parties les plus saillantes d'une plaine semi-circulaire formée, sans doute, par les eaux d'une petite rivière, au dépens du côteau qui la domine, et parceque les atterrissements ont pris la place du terrain d'une formation antérieure : mais il est aisé de se convaincre que la butte la plus éloignée de la maison de la Hargouette, est accompagnée d'amas gypseux, qu'on trouve à certaine distance du côté de l'E., et qu'elle est bordée, comme la précédente, du côté du Nord, de couches calcaires, qui vont, non loin de là, donner naissance à des carrières d'où l'on extrait de la pierre de liais, blanche, compacte. Ici, les couches sont verticales ou bien inclinées du Nord au Sud; plan d'inclinaison contraire à celui que nous avons observé dans les couches du vignoble de M. Loustau, près de l'habitation de la Hargouette. Des couches calcaires se font pareillement remarquer au Sud de cette butte, et notamment dans le côteau que la petite rivière dont nous avons déjà parlé, sépare de la masse d'ophite.

Les deux buttes que je viens de faire connaître, sont presque les seuls endroits de ce canton, où l'on trouve cette roche : elle est entourée, presque de tous côtés de matières argileuses, marneuses, calcaires et de dépôts de sable et de gypse. On dit qu'aux environs du pont de Laclede, on rencontre aussi de l'ophite, et que non loin du gisement de cette roche on trouve du gypse : il est itué dans le bois de Salies.

Nous avons vu que la fontaine salée prenait naissance dans un terrain composé d'argile, de chaux carbonatée, de sable, de gypse et de marne. On trouve principalement cette dernière substance sous une maison qu'on appele *Camou*, dans ces dépendances et dans un côteau qui la domine du côté du Sud.

La source de Salies, ville saccagée par les miquelets en 1520, est un trop riche présent de la nature, pour ne pas fixer un moment notre attention. L'eau s'élève, dit M. d'Orbessan, à différents bouillons, par une ouverture ronde de 3 ou 4 pieds de circonférence; elle ne se montre pas toujours également abondante : elle l'est plus en février et mars, que dans les autres mois de l'année : elle l'est beaucoup moins dans les mois d'octobre, novembre et décembre. Soixante-huit livres d'eau fournissent ordinairement douze livres de sel que l'on fabrique dans des poëles de plomb, de 4 pieds en quarré, sur un demi pied de hauteur; leur épaisseur est d'environ un pouce; on les pose sur quatre appuis placés aux angles, à douze pouces d'élevation du foyer où l'on entretient un feu toujours égal et continuel, qui ne cesse que durant les jours de fêtes. *Extrait des ouvrages* de M. d'Orbessan.

On lit dans le *Mémorial Béarnais*, n.º 205, 10 février 1818, que les produits de la fontaine de Salies, pendant le mois de janvier seulement, ont fait entrer cent mille francs au trésor royal, indépendamment des parts échues aux habitans de la ville, qui sont propriétaires de cette fontaine.

M. Neveu a remarqué dans les lieux abondans en sources d'eau salée, un fait trop singulier pour ne pas en faire ici mention. Cet observateur rapporte dans son *mémoire sur les salines de Bavière*, qu'on rencontre une grande quantité d'imbécilles, dans tous les lieux où les salines existent, et qu'on connaît très-peu de familles où l'on n'en trouve au moins un. *J. des Min.*, n.° 76. Salies ne se ressent point particulièrement d'une pareille infirmité. Cette commune renferme beaucoup d'habitans; et d'après un observateur très-instruit et digne de foi, on n'y compte pas six imbécilles; on y remarque au contraire en général, des individus aussi sains d'esprit que de corps.

On ignore l'époque précise de la découverte de la fontaine de Salies, et celle où l'on commença dans cette commune la fabrication du sel. L'histoire de Béarn nous apprend seulement qu'en 1010, Sanche, duc de Gascogne, fît don à l'église de St.-Julien de Lescar, d'une maison de Salies, avec son enclos et une chaudière propre à fabriquer du sel.

Nous avons vu dans le cours de ce mémoire que l'ophite abonde dans l'ancienne prévôté de Dax, dans la Chalosse, et que cette roche se montre, pareillement, en plusieurs endroits, sur le territoire de Caresse, en Béarn; mais on ne peut déterminer si les groupes nombreux qu'elle compose, dans les deux départemens, ont quelques rapports entr'eux, et s'ils dépendent de la même formation. Tout ce qu'il est permis d'assurer, c'est qu'une bande de chaux carbonatée, grise et susceptible de prendre le poli, se prolonge à peu près de l'O. à l'E. au milieu de ce terrain amphibolique, et semble le diviser en deux grandes portions.

Cette bande calcaire commence aux environs de Bayonne; elle passe à Biaudos, et forme une partie des côteaux qui dominent la rive droite de l'Adour, vis-à-vis du port de Lanne. On la trouve, pareillement, dans les communes d'Ortevielle, de Hastingues, de Cauneille, de Peyrehourade; elle traverse ensuite le territoire de Sordes, de Labatut, de Belloc, de Baigs. On continue de l'observer près du pont de Berenx, où le Gave s'est ouvert un passage à travers les roches calcaires qu'il a, de même, profondément creusées près des remparts d'Orthez et dans les environs.

Cette formation de chaux carbonatée, qui prend le poli, se fait remarquer aussi dans la commune de Ste.-Susanne, de Loubieng, d'Ozens, etc., etc. Il est essentiel d'observer que, si quelqu'une de ses parties renferme de l'ophite, cette dernière roche doit s'y trouver en petite quantité; le hasard n'en ayant offert à mes yeux aucun vestige.

La bande calcaire dont il est ci-devant question, et qui contient des dépouilles de corps marins, se trouve, en outre, dans la commune de St.-Boés: elle y renferme du soufre et d'autres substances combustibles, sur lesquelles un observateur a bien voulu me communiquer les notions suivantes, après avoir fait des excavations dans ce gisement. Voici l'ordre des matières qu'il a découvertes:

1.º Terre de transport.... 7 pieds 9 pouces.

2.º Marbre noir en masses, quelquefois carié et bitumineux..... 1 pied 6 pouces.

3.º Terre noire bitumineuse, contenant du bois qui n'a conservé que la fibre végétale, spongieuse, du bitume, et quelques morceaux de soufre natifs..... 1 pied.

4.º Mine de soufre natif.... 2 pieds à 2 pieds et demi. Elle a pour chevet une argile blanche que l'on sonde jusqu'à 3 pieds, sans en trouver le fond.

La mine est disposée en rognons dont quelques uns pèsent bien un quintal.

II.

Position relative de l'ophite avec les matières environnantes, à Sainte=Marie de Gosse; observations générales à ce sujet.

Guidés par deux bons observateurs, M. le baron de Vallier et M. Grateloup, nous allons parcourir actuellement le territoire de Ste.=Marie de Gosse, qui borde la rive droite de l'Adour, vis=à-vis le confluent de cette rivière et du Gave, pour examiner la position relative du grunstein et des roches environnantes.

Sur cette rive droite de l'Adour et très=près d'un ruisseau qui traverse l'étang de Gayrosse, s'élève un monticule d'ophite de forme conique, auprès duquel se trouvent la maison de Bonnehon et celle de Marchaunau : il est entièrement composé de cette roche, depuis sa base jusqu'au sommet; M. le baron de Vallier et M. Grateloup qui ont fait leurs observations en temps différens, s'accordent néanmoins à rapporter que les côtés et la sommité de ce monticule, dont une partie est cultivée et l'autre inculte, ne renferment pas de roche calcaire, ni du gypse : la terre qui en couvre la superficie, est, en général, le produit de la décomposition de l'ophite, et paraît peu fertile; la crête est parsemée de fragmens d'oxide ferrugineux. Cette formation est entièrement semblable à celle des autres monticules des terrains adjacens des Pyrénées.

Le gypse de S.te=Marie est d'une couleur grise ou blanche, et présente quelquefois une légère teinte bleuâtre ou rosée ; il est mêlé d'une pierre dure, noirâtre, qui fait seulement effervescence dans quelques unes de ses parties ; mais les autres n'en font point. Cette substance qui était entièrement calcaire, passe insensiblement à l'état de gypse : M. Grateloup s'est convaincu que cette substance salino=terreuse, était disposée en masses continues, et non par couches ; elle est mélangée avec de l'argile et très=peu de marne. Au reste, on observe, en outre, dans les plâtrières de Ste.=Marie de Gosse, des fragmens calcaires, mêlés d'oxide ferrugineux, et parsemés de fer oligiste en lames.

Après avoir attentivement examiné les diverses carrières de gypse, M. le baron de Vallier porta ses recherches vers le bord occidental de l'étang du moulin de Gayrosse, qui n'est guère éloigné du monticule de grunstein qui s'élève près des maisons de Bonnchon et de Marchaunau ; il trouva du gypse à découvert et baigné presque par les eaux de l'étang, adjacent d'un terrain argileux, propre à faire de la brique.

Le monticule d'Aspremont, qui fait face vers le N. O. à celui de Bonnchon, est pareillement formé, selon M. le baron de Vallier, de grunstein.

Nulle part il n'a vu, comme je l'ai déjà dit, le gypse superposé au grunstein. Il pense que cette substance est seulement placée contre ses faces latérales. Nulle part on ne peut découvrir le point de contact, ni l'ordre de superposition du grunstein avec des matières de carbonate de chaux, mêlée de quartz, qui se prolongent vers Hour=

gave par la rive droite de l'Adour, ni avec des roches calcaires stratiformes, qui sont du côté de la maison de la Roque.

Tous les environs du monticule de grunstein de Bonnehon, abondent en cristaux d'épidote. Les chemins vicinaux formés des débris de cette roche en sont parsemés, et la superficie d'un grand nombre de fragmens en est entièrement couverte : l'aspect de ces curieuses et jolies cristallisations est si brillant, que les yeux ont peine à supporter leur éclat, lorsqu'un soleil sans nuage les éclaire. On y trouve aussi du fer oligiste ; telles sont les intéressantes observations dont je suis redevable à MM. de Vallier et Grateloup ; elles servent à confirmer celles que j'ai faites dans les environs de Dax, où comme à Ste.-Marie de Gosse, l'ophite forme des monticules isolés, entourés de pierres calcaires, de gypse, d'argile et dont la crête est ordinairement couverte de sables quartzeux, pénétrés d'ocre de fer.

M. Grateloup observe aussi, relativement aux rapports de position qui peuvent exister entre le gypse de Ste.-Marie et les autres substances, telles que les roches calcaires, celles de grès et de grunstein qui abondent dans ce quartier, qu'il est impossible de les assigner jusqu'à ce qu'on découvre les points de contact.

Au surplus, je dois faire observer que les cristaux d'épidote qui sont très-abondans à Ste.-Marie de Gosse, se trouvent pareillement quelquefois dans les grunsteins des Pyrénées, ainsi que je l'ai dit ; je ne doute pas qu'ils ne se rencontrent aussi parmi d'autres grunsteins du département des Landes. M. de Borda fait mention dans ses mémoires manuscrits, d'une substance cristallisée qu'il a découverte dans les ophites de Montperoux, et qui paraît ne devoir être rapportée qu'à l'espèce connue sous la dénomination d'*Épidote*.

Quoique l'ophite se montre et disparaisse, tour à tour, aux environs de Dax et de Salies, comme pour exciter notre curiosité et se dérober, en même temps, à nos recherches, il est probable, après ce que je viens de rapporter, que sa formation est ici, plus ancienne que celle des matières calcaires qui l'environnent; tandis qu'au contraire, dans les Pyrénées, l'ophite et la chaux carbonatée avec laquelle il alterne, ont été vraisemblablement formés à la même époque. Je regarderais l'ophite des environs de Dax et de Salies comme primitif, si dans sa texture et ses élémens, il n'était point parfaitement semblable à celui des Pyrénées, que mes observations semblent autoriser à placer au nombre des secondaires.

Il ne faut pas s'étonner de la différence que ces deux sortes de terrain présentent dans la disposition respective des masses continues d'ophite et de pierre calcaire : il n'est pas douteux que l'origine du carbonate de chaux de la Chalosse et des environs de Salies, est d'une date postérieure à la formation des couches calcaires des Pyrénées.

M. Borda pense, par rapport à l'ordre respectif de l'ophite et des matières secondaires, qu'il faut placer l'ophite de la Chalosse parmi les pierres d'une origine antérieure; étant persuadé que cette roche était couverte de matières calcaires, dont elle se dégagea lorsque l'action des feux souterrains, ajoute-t-il, la souleva, violemment, au-dessus de la superficie de la terre : l'ophite de Mont-Caut, selon le rapport de ce savant observateur, est suivi d'un lit très-épais, composé d'éclats de silex, de fragmens de pierre calcaire, d'huîtres fossiles et de quelques autres coquilles; il a remarqué, pareillement, au voisinage d'un des amas d'ophite, qui paraîssent être des appendices de celui d'Arzet, et dans la partie la plus basse du terrain, des vestiges de corps marins, et un peu à côté, de même qu'au-dessus de ce dépôt, un banc épais d'astroïtes pétrifiés en spath calcaire : telle est la position respective des matières décrites par M. de Borda.

Mais si la formation des monticules d'ophite de la Chalosse devait être attribuée à des soulévemens de terrains, couverts de roches calcaires, ne trouverait-on pas quelques vestiges de ces dernières sur les flancs de ces monticules? on n'en découvre pas, au contraire, le moindre fragment, ni dans le Pouy-d'Eure, ni celui d'Arzet : mes yeux n'en ont rencontré aucun dans l'ophite de Hon, ni de Peyres-Neyres; en un mot, les collines ne présentent à leur superficie, que les débris provenant de la destruction de cette roche.

Il paraît certain que l'ophite ne forme ici que des groupes épars, autour desquels les eaux ont formé des dépôts secondaires : si ces groupes se lient les uns aux autres, ce n'est que par leur base à de grandes profondeurs.

Mais, s'il faut envisager les groupes d'ophite des environs de Salies et de la Chalosse, comme autant de noyaux, autour desquels seraient venus s'accumuler des matières calcaires et des matières gypseuses, toutes de seconde formation; je pense, néanmoins, qu'on ne doit pas confondre l'origine des ophites qu'on trouve dans les contrées riveraines du Luy et du gave d'Oloron, avec celle du granit fondamental ; car en supposant que ces deux différentes roches sont destinées à servir de support à des matières d'une formation moins ancienne, il paraîtrait que chacun de ses appuis a le degré de solidité relatif à l'étendue, à la hauteur des masses qu'il doit soutenir. La nature, dont les ouvrages semblent le résultat d'un dessein médité, aurait donné, par exemple, pour base à la grande chaîne des Pyrénées, une roche que les molécules quartzeuses, dont elle est composée principalement, rendent ferme et durable : elle paraîtrait, au contraire, n'avoir employé pour fondement des basses collines, que l'ophite qui résiste moins aux ouvrages du temps, puisque le feld-spath en est l'élément le plus solide.

Le granit appartient aux opérations primitives, et dans sa composition, quoique mixte, il en présente, en quelque sorte, la simplicité, dans l'abondance de la terre siliceuse qu'il contient ; l'ophite, au contraire, qu'il faut regarder comme étant d'une formation subséquente, offre cette même terre siliceuse, très-mêlée de substances étrangères et principalement d'argile dont cette roche est en grande partie composée.

Il semble donc, encore une fois, d'après tous les faits, ci-dessus rapportés, que dans les Pyrénées l'ophite et les couches de chaux carbonatée, avec lesquelles il alterne, ont été formés à la même époque, et qu'ensuite la nature a créé, au pied de cette chaîne, des groupes d'ophite, seulement, dont on ne connaît pas la base, et qu'elle en a rempli postérieurement les intervalles, de substances gypseuses, de couches calcaires feuilletées ou du genre de la pierre de Liais qui, comme on ne peut en douter, est d'une origine moins ancienne que les roches calcaires des Pyrénées.

Elle a pareillement répandu, parmi ces matières, de grands amas de sable, dans lesquels je n'ai point observé de corps marins. Les couches sableuses des environs de Salies, de Sauveterre, de Navarrenx, de Viellesegure, etc., etc., en paraissent de même dépourvues ou du moins y sont très-rares : cette singularité des terrains sableux, situés au pied des Pyrénées, se fait également remarquer dans les contrées qui s'étendent au pied des Alpes, du côté de Genève, et dans celles qui sont adjacentes des montagnes du Dauphiné.

Mais en proposant mes conjectures par rapport à la formation relative des grunsteins des Pyrénées et des pays adjacents, je dois convenir qu'elles sont loin d'être justifiées par les observations que M. Mesnard de la Groye a faites à Beaulieu, en Provence. Ce célèbre géologue rapporte que les grunsteins secondaires y sont composés de pyroxène, uni au feld=spath, en place d'amphibole, avec des grains de peridot; or, on ne trouve point ni peridot ni pyroxène dans le grunstein des Pyrénées, ni des terrains contigus. Cette observation devrait être envisagée comme un motif de présumer qu'il est primitif; cependant d'après le résultat de mes nombreuses recherches, je crois qu'on ne peut adopter cette opinion, et l'on me pardonnera d'autant plus de ne point la croire vraisemblable, que M. de Charpentier met pareillement au nombre des roches secondaires, les grunsteins des Pyrénées.

Je dois faire observer à l'occasion des diverses couches secondaires, qui forment une bande de terrain très-étendue, au pied des Pyrénées, qu'elles renferment, suivant quelques naturalistes, des impressions de plantes qu'ils présument devoir être rangées parmi les plantes marines; pour moi je n'ai jamais reconnu dans ces empreintes, que des racines qui ont pénétré dans la marne, lorsqu'elle était encore molle et terreuse : de savans botanistes, tels que M. Thouin et M. le marquis de Chesnel associé correspondant de plusieurs sociétés savantes, sous les yeux desquels j'ai mis des fragmens de ces roches singulières, ont reconnu de même dans ces jeux de la nature, des racines de plantes qui ont pénétré sous terre.

Je ne peux néanmoins douter que quelques parties de terrain de cette formation secondaire, ne contiennent des empreintes de plantes marines ; je suis redevable à M. Grateloup de cette connaissance : il a bien voulu m'apprendre que la pierre calcaire blanche de Bidache, renferme des algues aquatiques, et que le cabinet de Dax en renferme plusieurs échantillons.

III.

Roches d'ophite fréquemment accompagnées de gypse. Conclusion.

Nous avons beaucoup parlé de l'ophite, des autres matières argileuses, contigues et de leur position respective; mais une particularité qui mérite principalement d'être observée, c'est que cette roche d'ophite se trouve très souvent, comme on l'a déjà vu, accompagnée de gypse. Quelle peut être la cause de cette singularité? Il serait bien intéressant de la découvrir.

Le gypse se rencontre près de Dax, au pied du Pouy=d'Eure, monticule composé d'ophite; il est très abondant à côté des masses d'ophite de Gaujac et du Pouy=d'Arzet, en Chalosse; l'ophite qui couvre une portion du sommet de Mondran, est entouré presqu'entièrement de gypse. Au Sud-Ouest du Monhouga, où l'on observe de l'ophite, un ruisseau coule sur cette substance; on trouve aussi du gypse entre Biarits et Bidart, vis=à=vis des ophites qui se montrent dans cette plage: ces mêmes roches forment une partie des terrains de S.te=Marie de Gosse et de la commune de Caresse, près de Salies, où le gypse est très abondant: on trouve aussi de la pierre à plâtre dans plusieurs endroits de Salies, notamment dans les bois communaux; sous l'habitation de M. Despos; et partout l'ophite avoisine le gypse.

On trouve pareillement dans les Pyrénées, du gypse voisin des masses d'ophite, comme près d'Échaux; de Leccumberri, en Basse-Navarre; sur le territoire des villages d'Atherai et de Menditte, dans le pays de Soule; au canton de Barlanés, à l'origine de la vallée de Baretous; sur le territoire d'Ance; aux environs du quartier du Puy, avant d'arriver à la forêt d'Isseaux, dans la vallée d'Aspe, près du col de Lurdé; ainsi que de la Tume de Susocus, à l'E. des Eaux-Chaudes, dans le hameau de Sevignac; enfin, on trouve du gypse non loin des ophites de Prat dans le Couserans; et partout j'ai vu le gypse et l'ophite en masses continues, c'est=à=dire, sans être divisés par couches: je dois cependant ne pas laisser ignorer que M. Brochin dit avoir remarqué près de Salies, sur la rive droite du Salat, des bancs de grès recouverts par des bancs de pierre à plâtre qui se dirigent à peu près du N. O. au S. E., et inclinent vers le Sud Ouest. *J. des M.*, n.º 144.

M. de Charpentier, minéralogiste saxon, m'a dit avoir trouvé sur le territoire de Espiervas, dans la vallée de Bielse, en Espagne, et dans celle de Gistaun, au-dessus de Cerretto, de l'ophite et du gypse près de cette roche; il a découvert en outre, de l'ophite et du gypse entre St.-Lary et Portet, vallée de Ballogne dans le Couserans; à Lacarré; au village d'Anhaux; à Isparrare; au moulin d'Echaux; à la Bastide; au château d'Urdos; lieux situés dans la Basse-Navarre.

Les pierres calcaires, soit de la nature du marbre, ou de celle qui ne prend qu'un poli grossier, accompagnent en outre cette substance saline avec l'ophite que je range au nombre des roches argileuses, et qui remplace peut-être quelquefois les argiles, dont les masses gypseuses sont partout accompagnées, ainsi que plusieurs exemples le prouvent.

Il est essentiel de faire observer que, quoique le gypse se trouve adjacent de l'ophite, je n'ai jamais vu la première de ces substances placées au milieu de cette roche : elle ne s'est offerte à mes yeux, qu'au sein de la chaux carbonatée ou des couches marneuses adjacentes ; position déterminée sans doute, par la nature des principes qui constituent le gypse. Il est certain que le gaz sulfurique qui fait partie de sa composition, est douée de la propriété de se répandre au loin; tandis que la chaux carbonatée ne peut servir que de récipient.

Il est difficile de déterminer l'ordre de superposition de l'ophite et du gypse ; mais comme les roches calcaires et celles d'ophite sont partout, en général, à côté les unes des autres, il est très-vraisemblable que cette même disposition relative existe entre le gypse et l'ophite, puisque l'acide sulfurique donne naissance à la première substance, lorsqu'il s'unit au carbonate de chaux. M. de Borda avait adopté cette même opinion. M'ayant fait l'honneur de m'écrire que l'ophite se trouvait aux environs de Pampelune, il ajoutait que « le gypse l'accompagne et qu'il est placé à côté » de notre basalte dans tous les endroits où celui-» ci se montre. »

On observe que les pierres calcaires qui paraissent avoir concouru, principalement à la production du gypse, sont très-souvent de la nature des incrustations : les petites cavités dont elles se trouvent pénétrées, ont dû faciliter la communication de l'acide sulfurique, avec toutes les parties intérieures de cette pierre calcaire, qui s'est insensiblement convertie en gypse ; et de même que les terres poreuses sont les plus propres à la formation du salpêtre; de même les pierres calcaires les plus tendres ou les plus poreuses servent efficacement à la production du gypse. Cherchons des exemples au sein des Pyrénées, de même qu'au pied de ces montagnes.

Le gypse qu'on trouve près du col de Lurdé, dans la vallée d'Ossau, département des Basses-Pyrénées, est attenant à des incrustations calcaires; celui de Caresse, situé presqu'au pied de la chaîne, observe la même position respective. On y distingue facilement l'altération de la pierre calcaire, qui se convertit insensiblement en gypse. Cette substance salino-terreuse de Caresse, présente diverses espèces : elle est quelquefois en lames translucides ; mais communément en grains très-fins et blanchâtres : on en exploite une carrière de cette nature au moyen de la poudre. Elle est remarquable par sa blancheur, qualité qui l'a faite sans doute employer à la belle salle de comédie de Bordeaux. Cette plâtrière est couverte d'une autre espèce de gypse très-grenu qui fait effervescence avec l'acide nitrique ; elle n'est d'aucun usage. Ces masses de gypse ont pour toit, des terres argileuses jaunâtres. On voit dans le même canton une butte d'ophite au-delà de laquelle et du côté de l'Orient, on trouve une fontaine salée.

Les marnes paraissent aussi très-propres à favoriser la production du gypse ; ceux de St.-Gotard, de St.-Jean-Maurienne dans les Alpes ; des plâtrières d'Aix, de Bersé près Macon, de Mont-Martre près Paris ; les carrières de gypse qui sont à *Mola di Gaeta* en Italie, etc., etc., sont accompagnées de marne, j'ai fait la même observation à Gaujac, en Chalosse, à Gan et Salies, en Béarn, à Menditte en Soule, et dans plusieurs autres lieux où des masses de marne terreuse sont converties en gypse. Il n'est pas inutile d'observer que le gypse des Pyrénées et des contrées adjacentes est ordinairement en masses irrégulières.

Au reste, on ne doit pas s'étonner de trouver de la pierre calcaire à la proximité des gypses, puisqu'elle en forme un des principes constituans : mais il paraît difficile d'expliquer pourquoi l'on rencontre aussi de l'argile toujours contigue aux lieux qui produisent cette substance salino-pierreuse, soit qu'elle forme des terrains particuliers, soit qu'elle provienne des roches de grunstein ou de leur décomposition. La nature aurait-elle destiné l'argile à fournir l'acide sulfurique nécessaire à la production du gypse ? Ou cet acide provient-il de la décomposition des pyrites que les roches schisteuses et marneuses contiennent ?

Plusieurs célèbres chimistes, tels que MM. Baumé, Marquer, Demeste, Mongés pensent que l'acide sulfurique est un des principes de l'argile; MM. Ferber et Dietrick ont adopté la même opinion : enfin M. Simon de Berlin à trouvé que l'argile de Hall contenait un 20.e d'acide sulfurique. *Jour. de Physique*, messidor an 10, p. 61.

Ne pourrait=on pas présumer d'après cela, que les matières argileuses qui sont très=faciles à se décomposer, perdent leur acide sulfurique, malgré qu'on le soupçonne fort adhérant à l'argile, et que dès qu'il est libre, s'unit aux terres calcaires voisines; combinaison d'où résulte le gypse ? Mais comme d'autres savans observateurs ne conviennent pas que l'argile contienne de l'acide sulfurique, il est prudent de suspendre son opinion, jusqu'à ce que de nouvelles expériences aient définitivement dissipé nos doutes.

Il est cependant difficile de se persuader que les argiles ne contribuent pas à la production de cette substance saline, quand on observe qu'elle ne se trouve et ne se forme que dans les pierres calcaires qui sont à la proximité des argileuses; quand on remarque en outre, qu'elle est dans presque toutes les plâtrières colorée, quoique légèrement en rouge dans plusieurs de ses parties, et quelquefois même en vert; ce qui semblerait provenir des oxides ferrugineux, répandus dans les argiles adjacentes qui sont toujours elles-mêmes colorées, et principalement d'une couleur rougeâtre.

L'acide sulfurique nécessaire pour la formation de la pierre à plâtre, provient peut=être de la dé= composition des pyrites que les argiles contien= nent. Cette opinion est celle de M. Chaptal, qui rapporte qu'on ne trouve du gypse que dans les endroits où il y a des pyrites et de l'argile plus ou moins calcaire, c'est=à=dire, que sa formation dépend de la présence du soufre et de la chaux. *Elémens de Chimie*, t. 2, p. 20. En effet, on trouve des pyrites dans les contrées abondantes en pierre à plâtre, comme à la montagne de Cesi, au quartier de la Tume, vallée d'Ossau; notam= ment en Chalosse et près de Salies.

La pierre à plâtre se trouve même quelquefois mêlée avec les pyrites. Les environs du village d'Ance, dans la vallée de Baretous, fournissent du gypse grenu, auquel adhérent des pyrites d'un jaune pâle cristallisées en groupe. On trouve à la Tume de Susoeu, montagne de la vallée d'Ossau, du gypse à lames striées ; il est communément mêlé de pyrites jaunes et de blende ; mais c'est surtout dans les couches schisteuses ou marneu= ses qu'on découvre les substances pyriteuses. L'ophite des Pyrénées ne paraît point renfermer d'une manière particulière du fer sulfuré, à moins qu'il ne soit microscopique, comme celui que M. Ramond a vu dans les porphyroïdes des Py= rénées, qui, selon cet observateur, en sont quelquefois semés. *Voyages au Mont-Perdu*, p. 25.

Dautres minéralogistes ont trouvé, pareille= ment, comme je l'ai déjà dit, dans le grunstein du Pouy-d'Arzet, quelques grains pyriteux ; cependant, malgré le secours d'une loupe, je n'ai pû en découvrir un seul dans un grand nombre de fragmens. M. Grateloup qui, depuis long-temps, fait des recherches relatives au grunstein des environs de Dax, n'a trouvé de parcelles de pyrites que dans un petit fragment d'ophite des environs de Biarits, et les mémoires de M. de Borda ne font mention de la présence du fer sulfuré que dans l'ophite de Monhouga : la petitesse de ces pyrites, est telle, suivant cet infatigable observateur, que l'œil, aidé d'une loupe très-forte, ne saurait en découvrir les formes. Ainsi quoique l'ophite se trouve très-souvent, dans les lieux où le gypse abonde, j'ignore quels sont les élémens de cette roche qui fournissent l'acide sulfurique, nécessaire pour lui donner naissance. Est-ce l'argile seule ? Est-ce la pyrite que le grunstein renferme, ou bien est-il produit en même temps par ces deux substances ? Il appartient à l'art de la chimie d'éclaircir cette intéressante question. Je me permettrai seulement de rapporter ici, ce que M. Patrin a remarqué par rapport à la formation des gypses qui se trouvent enclavés dans les grandes chaînes de montagnes; gypses qui, de même que ceux des Pyrénées et des pays situés au pied de cette haute protubérance qui sépare la France et l'Espagne, n'offrent point de couches, où elles sont irrégulières, comme toutes les couches de tuf. M. Patrin dit, avec raison, que ces sortes de gypses ont été d'abord des tufs qui sont insensiblement devenus gypseux, par l'influence de quelques molécules sulfuriques : mais on ne soupçonnera point, ajoute-t-il, que les pyrites aient fourni en totalité cet acide ; car il eût fallu que leur masse eût été égale à la sienne, et le résidu ferrugineux immense: ceci prouve, dit encore le même observateur, que l'acide sulfurique tire son origine des fluides de l'atmosphère, et qu'il ne faut à ce fluide qu'un point d'attraction pour y déterminer la formation de cet acide.

La conjecture de M. Patrin paraît très-probable ; mais la blancheur constante que cet observateur suppose dans les dépôts gypseux, ne peut être rigoureusement admise comme une preuve qu'ils ne doivent pas leur origine aux pyrites, puisque les gypses des Pyrénées et des pays adjacens, sont au contraire, colorés assez fréquemment en rouge et présentent une couleur verdâtre. Cependant on doit présumer avec M. Patrin, que, vu l'immense quantité de gypse répandue dans certaines parties du globe, telles par exemple que les Pyrénées, la Chalosse et aux environs de Salies, etc., etc., les argiles, les pyrites et l'air atmosphérique concourent à la formation de l'acide sulfurique nécessaire pour donner naissance aux dépôts gypseux.

Enfin, nous dirons encore, avec M. Patrin, que l'acide sulfurique peut avoir la même origine que l'acide fluorique des montagnes d'Auvergne, l'acide phosphorique des collines de l'Estramadure, et tous les autres acides dont le reservoir est dans l'amostphère ; mais quelle que soit la nature des substances qui le fournissent, il serait intéressant de savoir pourquoi le gypse se trouve de préférence, dans les terrains composés de grunstein : cette singularité est d'autant plus remarquable qu'elle ne paraît avoir été jusqu'à présent observée que dans les Pyrénées et les terrains contigus.

CONCLUSION.

1.º Il est évident qu'aucune observation ne prouve que l'ophite soit une production des feux souterrains, puisque les montagnes et les collines qu'il compose, n'en offrent nulle part le moindre vestige.

2.º Il paraît vraisemblable que dans les basses collines du Béarn et des environs de Dax, la roche d'ophite disposée par groupes, isolés, détachés les uns des autres, est d'une formation antérieure à celle des matières calcaires, marneuses, gypseuses et sableuses dont ils sont environnés ; tandis que dans les Pyrénées sa formation semble devoir être rapportée à celle des couches de schiste argileux et de chaux carbonatée, avec lesquelles cette roche alterne, en suivant la même direction.

3.º Il est en outre certain, que le gypse accompagne fréquemment l'ophite ; fait singulier dont la cause est inconnue.

SUR
LA FORMATION DES VALLÉES
DES PYRÉNÉES.

I.

Si les roches des Pyrénées sont un objet d'étude et d'application pour l'observateur qui se plaît à considérer ce majestueux ouvrage de la nature, la formation des gorges étroites, des profonds ravins et des grandes vallées, qui traversent et coupent ces hautes montagnes, excite pareillement sa vive curiosité : en effet, à peine a=t-on pénétré dans le sein de cette longue suite de masses pierreuses, originairement continues, qu'on est frappé d'étonnement et d'admiration. Comment cette chaîne de montagnes a=t=elle été creusée dans une très=grande partie des roches qui la composent ? Qui peut avoir donné nais= sance aux plaines fertiles qu'elle renferme ? Com= ment leurs débris ont=ils été charriés dans les ter= rains inférieurs, contigus et même très=éloignés ? Il est évident que ces changemens ne peuvent être attribués qu'à l'action des eaux : mais ont= ils été produits par les courans de la mer ou par les rivières qui prennent leur source à la crête ou sur les flancs des montagnes ? C'est une question dont nous allons nous entretenir.

MM. Saussure et Dolomieu pensent que les vallées des Alpes sont l'ouvrage d'une mer, dont les eaux se précipitèrent dans des cavités produites par de violentes secousses du globe. M. de Luc; MM. les rédacteurs de la bibliothèque britannique pensent aussi que les vallées et les bassins des lacs, existaient avant que nos continens fussent abandonnés par la mer; que ces excavations furent formées par les ruptures, les renversemens des couches, en tous sens et sous toutes sortes d'inclinaisons; que ce désordre s'observe sur toute la surface de nos continens. *Journal des Mines*, n.º 223, p. 59.

Je suis loin de vouloir combattre ici l'hypothèse relative à la formation des vallées au sein des Alpes, chaîne de montagnes que je n'ai point parcourue, et qu'on suppose avoir été bouleversée par de violentes secousses; mais doit-on présumer que les vallées des Pyrénées, qui présentent, au contraire, un ordre très-régulier, et dans lequel on ne découvre point de pareils vestiges de subversion, aient été formées par la même cause? J'oserais croire qu'elles ont une origine différente : en effet, on observe que les grandes vallées, qui sont ici les transversales, parce qu'elles coupent la chaîne dans sa direction, se prolongent toutes, en général, du Sud au Nord, à la partie septentrionale des Pyrénées, et du Nord au Sud, dans la partie méridionale; elles sont placées, en outre, à des distances à peu près égales les unes des autres : la régularité de leur éloignement respectif ne paraît pas s'accorder avec l'idée de désordre qu'une pareille catastrophe aurait dû produire et qu'on dit exister dans les Alpes.

Les vallées latérales des Pyrénées, dont la direction est ordinairement de l'Ouest à l'Est, ou de l'Est à l'Ouest, ne doivent pas non plus être envisagées comme ayant été creusées par les courans de la mer, parce qu'indépendamment de ce qui vient d'être dit, par rapport aux grandes vallées, elles ne se prolongent point au-delà de ces dernières.

Ces vallées latérales qui, dans les Pyrénées, ne sont que de gorges étroites, et que les observateurs appellent *longitudinales*, parce qu'elles sont parallèles aux couches des grandes chaînes de montagnes, ne doivent pas être confondues avec certaines vallées de cette nature, comme celles, par exemple, qu'arrosent le Rhône et le Rhin. On sait que la première est remarquable en ce qu'elle partage une partie considérable de la chaîne des Alpes, et que la seconde se prolonge jusqu'au lac de Constance; elles occupent, par conséquent, un grand espace, tandis que, dans les Pyrénées, le prolongement de chaque vallée longitudinale, n'excède pas ordinairement 2000 toises, et, qu'en général, la largeur se borne au terrain nécessaire pour le cours des torrens dont les bords sont presque partout très-escarpés, sans culture et couverts de blocs aigus et tranchans : dans la chaîne qui sépare la France de l'Espagne, les vallées transversales sont les plus grandes ; dans les montagnes de la Suisse, ce sont, au contraire, les vallées longitudinales. Cette différence est très-singulière, mais il ne m'appartient pas d'en rechercher ici la cause. Qu'il me soit seulement permis de répéter ce que j'ai dit dans l'*Essai sur la Minéralogie des Monts-Pyrénées*, par rapport à la formation des vallées, et d'ajouter à ces conjectures des observations nouvelles.

« Dans les premiers temps que les Pyrénées
» commencèrent à paraître au-dessus du niveau
» de la mer, cette chaîne de montagnes, ne for-
» mant qu'une masse continue, fut exposée à
» l'action des eaux du ciel, qui bientôt en sil-
» lonnèrent les plus hauts sommets ; elles creu-
» sèrent d'abord leurs lits, parmi les couches
» presque verticales des matières qui, par leur
» nature, opposaient la moindre résistance ; les
» schistes argileux, faciles à se détruire, diri-
» gèrent, en général, le cours des premiers tor-
» rens. Les eaux étant obligées de couler à peu
» près de l'O. à l'E. et de l'E. à l'O., suivant la
» direction ordinaire des couches schisteuses ;
» il faut supposer divers lieux où nécessaire-
» ment elles durent se rencontrer, en allant vers
» des points opposés : cette jonction produisit
» des espèces de lacs, dont les eaux s'ouvrirent
» des issues, par la partie du Nord et celle du
» Sud ; elles creusèrent, avec les siècles, dans
» ces deux directions, du côté de la France et
» de l'Espagne, de longues vallées, presque toutes
» parallèles ; uniformité remarquable, occasion-
» née par la disposition régulière que suivent
» communément les bancs des Pyrénées. »

II.

De célèbres observateurs pensent aussi, que
la formation des vallées est l'ouvrage des torrens
qui se précipitent du haut des montagnes ; je vais
rapporter ce qu'ils disent à ce sujet ; bien persuadé qu'on ne saurait trop multiplier des exemples qui peuvent être envisagés comme une grande
autorité en faveur de l'opinion que j'ai cru devoir adopter ; et surtout lorsque cette opinion

est combatue par d'illustres savans qui donnent une origine différente aux vallées des Alpes.

« Ne croyez pas, dit M. Darcet, en parlant
» des vallées des Pyrénées, que les eaux aient
» pris ces routes, parce qu'elles les ont trouvées
» frayées antérieurement à leur cours ; ce sont
» les eaux même d'en haut qui, se rassemblent
» peu à peu, se sont ouvert de force ces passa-
» ges ; elles se sont creusé ces lits dans les temps
» passés, comme elles les creusent encore tous
» les jours ; considerez dans toutes les gorges
» étroites, les deux flancs des rochers qui les bor-
» dent, vous verrez partout les mêmes couches,
» la même symétrie, la même usure, s'il m'est
» permis de le dire, et partout semblable incli-
» naison ». *Dissertation sur l'état actuel des Pyrénées*, p. 10.

L'observation de M. Darcet sur la direction des couches des Pyrénées, ne s'accorde point avec l'irrégularité que l'on remarque dans les Alpes où, très souvent, dit-on, les couches opposées n'ont aucune correspondance, ni de position, ni de nature. *Journal des Mines*, p. 65, n.º 223. Nous trouvons dans cette différence de structure, un motif de plus, pour ne devoir pas attribuer la formation des vallées des Pyrénées, à la même cause qu'on présume avoir eu lieu dans les Alpes ; d'autres observateurs pensent aussi qu'elles sont l'ouvrage des torrens.

Tous les bassins depuis Lourde jusqu'à Gavarnie, ont été, suivant M. Ramond, autant de lacs formés au point de réunion de plusieurs torrens ; et les défilés autant de détroits par lesquels les eaux sont tombées d'étage en étage, sous la forme de longues et terribles cataractes, avant d'avoir creusé le lit qu'elles parcourent actuellement. *Observations faites dans les Pyrénées*, 1.re partie, p. 57.

Il est évident, dit encore M. Ramond, que le vallon qui descend depuis la Maladetta, vers l'hospice et la vallée de Vénasque, est l'ouvrage d'un torrent qui a creusé son lit dans le marbre.

M. Muthuon, ingénieur des Mines, pense : « que la Bidassoa, prenant sa source à côté de la » vallée de Baygorri, allant d'abord vers le midi, » a été obligée pour se faire une issue, de couper » et de creuser le granit, jusqu'à une profon- » deur, qui est actuellement de près de 500 toi- » ses. » *Journal des Mines*, n.° 11, p. 29.

La puissante action des eaux des rivières a pareillement été remarquée par d'autres observateurs, M. Targioni Tozetti dit que les écluses de Berga sont une fosse longue de plus d'un mille, large partout d'environ douze coudées, haute quelque-fois de deux cents ; de sorte qu'en certains endroits, l'élévation prodigieuse des bords rend le jour si obscur, qu'on croirait marcher dans un souterrain...... Ce canal a été creusé par les eaux de la *Torrita*, lorsque la mer eut laissé cette montagne à découvert. M. Targioni ajoute qu'on rencontre ailleurs, des rivières qui, avec le temps, se sont creusé un canal proportionné à leur masse d'eau, a travers des montagnes très-solides : les Alpes, l'Appenin, les montagnes de la Suisse, offrent de pareils exemples. *Voyages en Toscane*, t. 1.er

La Doire, au déboucher du pays d'Aoste, dit M. Daubuisson, a creusé une vallée qui, aux environs d'Ivrée a plus d'une lieue de large et de 400 mètres de profondeur. *Journal des Mines*, n.° 113, p. 344.

Continuons une discussion qui ne doit pas être envisagée comme une critique de l'opinion de MM. Saussure et Dolomieu, mais seulement comme une défense de la mienne.

III.

Pour se persuader avec quelque vraisemblance que les vallées sont l'effet des courans de la mer; 1.º il ne faudrait point trouver à leur entrée, des gorges étroites que l'action continuelle des vagues aurait du naturellement agrandir, avant de creuser de larges bassins dans le centre des montagne : 2.º les vallées devraient avoir à peu près la même largeur parmi des substances d'une égale solidité. Les exemples suivans suffiront pour prouver, au contraire, qu'elle varie prodigieusement; différence qu'il faut attribuer au volume d'eau plus ou moins considérable, que ces profondes vallées reçoivent. C'est ainsi que le bassin de Bedous, où viennent aboutir plusieurs torrens, est l'endroit le plus large de la vallée d'Aspe ; j'ai fait la même observation dans la plaine de Laruns, la moins étroite de la vallée d'Ossau. On y remarque le Canscitche, ruisseau venant des montagnes de Béost ; le Valentin qui descend de celles d'Aas ; l'Arriusé qui se précipite des montagnes situées à l'Ouest de Laruns.

Dans le Lavedan, quatre rivières aboutissent à la plaine d'Argelés, la plus étendue de ce pays ; savoir; les gaves de Barèges, de Cauterés, du val d'Azun et d'Estremere dont les eaux fécondes et limpides portent la fraîcheur et l'abondance dans les campagnes.

Examinons maintenant les endroits plus resserrés de ces vallées, nous les trouverons situés à leur entrée et vers l'extrémité.

On pénètre dans le bassin de Bedous, vallée d'Aspe, par une gorge étroite qui s'étend en longueur l'espace d'environ deux lieues, à partir du village d'Escot; les montagnes se rapprochent de nouveau bientôt après le bassin de Bedous, et ne sont séparées, pour ainsi dire, que par le lit du Gave.

La plaine, par laquelle on entre dans la vallée d'Ossau, a peu de largeur, entre les villages de Loubie et de Castet: elle s'élargit plus ou moins jusqu'à Laruns: on ne trouve ensuite, qu'un vallon fort étroit où le voyageur soupire après la fin d'un si triste désert.

Près du pont de Lourde, on entre dans une gorge où commence la vallée de Lavedan, dont la largeur augmente du côté d'Argelés, commune située dans une plaine délicieuse: mais on voit qu'elle se rétrécit considérablement après Pierrefitte, soit en suivant le chemin de Barèges, soit dans le vallon qui mène à Cauterés, où d'étroits et profonds ravins montrent une longue suite de précipices au fond desquels roulent avec fracas, les torrens qui les ont creusés.

En parcourant les différens endroits où les montagnes sont si rapprochées, on n'y voit dans les parties latérales, que de petits ruisseaux, coulant à des intervalles, éloignés les uns des autres. Il résulte de ces faits, que la largeur plus ou moins grande des vallées, dépend de la réunion et de la quantité d'eau des torrens qui les ont formées.

IV.

On objecte que si les torrens avaient pu creuser les vallées, celles-ci auraient des canaux réguliers, parfaitement semblables entr'eux. *Journ. des Mines.* p. 63, n.º 223. Nous venons de voir que les irrégularités dont il s'agit ici, dépendent seulement du nombre plus ou moins considérable des torrens qui viennent aboutir à ces vallées, comme de bons observateurs l'ont remarqué.

« Quelque part qu'on pénètre dans la chaîne » des Pyrénées, dit M. Darcet, ce sont tou= » jours des ravins creusés par les torrens qui en » ouvrent les passages; et ces passages sont » d'autant plus ouverts que les torrens y ras= » semblent plus d'eau, et sont plus considéra= » bles. » *Dissertation sur l'état actuel des Py= rénées*, p. 8. »

M. Picot-Lapeyrouse a pareillement reconnu que la largeur des vallées est presque toujours en proportion du volume des eaux, que les fleuves ou rivières y portent. *Fragment de la Minéralo= gie des Pyrénées*, p. 29.

D'après ces observations, il ne faut pas s'atten- dre à trouver constamment les vallons les moins larges, dans les endroits les plus éloignés de la mer, comme on prétend que cela doit arriver lorsqu'elles ont été formées par ses courans : il est certain, au contraire, que la largeur des val- lées transversales, qui sont parallèles entr'elles, s'étend en raison inverse de cette distance : les pays de Labourd et de la Navarre n'offrent que de petits vallons; les vallées de Soule et de Ba- retous sont moins étroites; celle d'Aspe s'élar- git encore davantage; la vallée d'Ossau qui se présente ensuite, est plus étendue; mais elle cè- de à son tour aux magnifiques vallées de Lave- dan, d'Aure et de la Garonne.

Cet agrandissement successif dépend de la

graduation que les montagnes observent dans leur hauteur : les plus basses de la chaîne sont situées sur les bords de la mer et s'élévant à mesure que cette distance augmente, leurs cîmes deviennent insensiblement plus propres à arrêter les vapeurs de l'atmosphère, à perpétuer ces masses énormes de neige ; source principale des grandes rivières. Les vallées devant leur origine aux torrens qui descendent des Pyrénées, elles s'élargissent à proportion du volume d'eau qu'elles reçoivent, ainsi qu'on les voit se rétrécir, quand les montagnes dont la hauteur diminue, n'en versent plus une si grande quantité.

Si les vallées avaient été creusées, par les courans de la mer, n'est-il pas vraisemblable qu'elles offriraient, généralement, à peu près, la même largeur ; ou s'il existait quelques différence, ne trouvait-on pas les plus grandes, comme d'habiles naturalistes l'ont avancé, dans les montagnes battues par les vagues, pendant une plus longue suite de siècles ; ce qui paraît contraire aux observations que j'ai faites dans les Pyrénées, où les vallons les moins larges sont situés près de la mer, dans les endroits qu'elle a visiblement abandonné les derniers. *Essai sur la Minéralogie des Monts-Pyrénées.*

D'ailleurs, comme le savant rédacteur *du journal de Physique* l'a très bien observé : « La structure des vallées s'oppose à l'hypothèse qu'elles
» aient été creusées par des courans ; car toute
» vallée, soit des terrains primitifs, soit des
» terrains secondaires, aboutit en dernier point
» à une grande montagne ou à une chaîne de
» montagnes ; or, cette montagne aurait oppo-
» sé, au courant, un obstacle insurmontable.

» Les vallées, par exemple, où coulent l'Oré-
» noque, l'Amazone, la Plata....... descendent
» des Hautes-Cordilières. Les courans qui
» les auraient formées, auraient donc dû ou-
» vrir ces montagnes jusques dans la mer du
» Sud ; les courans qui auraient ouvert les val-
» lées où coulent le Danube, le Rhin, le Rhône,
» le Pô..... auraient coupé la chaîne de Saint-
» Gottard, d'où sortent ces grands fleuves. »
Voyez le Journal de Physique, avril 1793.

Cette opinion est conforme à celle de M. de Saussure ; plusieurs vallées des Alpes, dit ce célèbre observateur, ont ceci d'embarrassant pour les auteurs qui prétendent qu'elles ont été formées par les courans du fond de la mer, c'est qu'elles sont barrées à l'une de leurs extrémités, par quelques hautes montagnes. *Voyages dans les Alpes*, t. 2, p. 89.

V.

Les mêmes raisons dont M. Delametherie fait usage, peuvent également s'employer pour combattre l'opinion de ceux qui pensent que les vallées des Pyrénées ont été formées par les courans de la mer. Il est aisé de concevoir que les courans auraient traversé les différentes parties de la chaîne de ces montagnes, et que les vallées n'aboutiraient pas constamment à des points élevés, qui forment autant de points de partage, d'où les eaux coulent dans des directions opposées, les unes en se dirigeant vers l'Espagne, les autres du côté de la France. La largeur de ces vallées, toujours proportionnée au volume d'eau qu'elles reçoivent, et leur pente d'autant plus rapide qu'elles approchent de la source des rivières, près de laquelle les eaux ne sont pas assez abondantes pour creuser le sein des rochers, aussi profondement que dans les lieux moins élevés; tous ces motifs, dis-je, me persuadent que les vallées ont été cavées par les torrens qui se précipitent du haut des montagnes.

On ne peut supposer, en outre, que les vallées longitudinales très-bornées dans leur étendue, et qui coupent perpendiculairement les transversales où elles aboutissent, en se prolongeant à peu près de l'O. à l'E. ou de l'E. à l'O., aient été produites par autant de courans sous-marins, dont la direction aurait eu lieu en sens contraire. Cette explication est contre toute vraisemblance, ou pour mieux dire, une pareille cause est impossible.

M. Pasumot dit que « dans les vallées qui sont
» serrées, les eaux travaillent et escarpent le pied
» des montagnes ; excavent souvent leur lit dans
» le roc vif. *Voyages Physiques dans les Pyré-*
» *nées.* La vallée de Campan, selon le rapport
» de M. Ramond, fut d'abord un profond ravin
» creusé entre les racines du Pic du Midi, et les
» rochers calcaires qui s'y appuyaient, par les
» torrens anciens dont l'impétuosité était pro-
» portionnée à la roideur des pentes primiti-
» ves...... » *Observations faites dans les Pyrénées*, p. 33.

J'ai remarqué dans plusieurs endroits, en suivant le cours du gave Béarnais, et surtout dans les gorges étroites et profondes, comme celle qui conduit de Pierrefitte à Barèges, que les eaux sappent les fondemens des montagnes, et forment des espèces de voûtes, au sein des rochers inférieurs, de manière que lorsqu'ils ont été très-corrodés, ils cèdent au poids des parties supérieures; ils tombent dans le Gave, et couvrent son lit d'énormes débris que la rapidité de son cours entraîne.

On a de même observé que le rocher qui forme l'enceinte du débouché de la Glière, sur le Rhône, est miné par dessous, à la manière dont les lits de rocher tendre, le sont au-dessus des lits durs, dans l'encaissement du Rhône; ce ne sont pas seulement les eaux du fleuve qui produisent ces érosions; la gelée contribue chaque jour à déliter ces pierres; la même cause n'ayant pas autant de prise sur le lit de pierre dure, il reste un encorbellement jusqu'à ce que sa pesanteur, excédant sa force de cohérence, il se détache; c'est ce qui a semé dans l'encaissement du Rhône, les blocs qu'on y voit. *Jour. des Min.*, n.° 23, p. 64.

Au reste, les eaux de la mer agissent de même sur les rochers qui forment certains rivages; « les » falaises de la côte comprise entre les embou- » chures de la Seine et de la Somme, sont sapées » à leur pied par le choc des vagues. Bientôt la » partie supérieure est en surplomb, se détache, » tombe et se brise par l'effet de sa chute: la » mer achève de diviser cette masse. » *Jour. des Min.*, n.° 10, p. 40.

VI.

Le choc des cailloux que les rivières entraînent, contribue pareillement à détruire les rochers qui forment leur lit, comme M. de Saussure l'a remarqué; ce ne sont pas seulement, dit-il, les particules de l'eau qui exercent contre le lit du fleuve, une force corrosive; le Rhône au-dessus de sa perte, passe au pied du Credo : cette montagne s'éboule continuellement et jette dans son lit du sable et du gravier qu'il entraîne avec lui : or, on conçoit que ces matières dures, pressées avec tout l'effort et chassées avec toute la vitesse que doit donner une colonne d'eau de 70 pieds de hauteur, doivent ronger ces rochers avec la plus grande force. *Voyages dans les Alpes*, t. 1.er, p. 333.

Il existe dans les rochers qui forment la base des montagnes, et qui sont baignées par les torrens, une infinité prodigieuse de creux circulaires; effet visible de l'érosion produite par des remons continuels ou par une suite de cascades; de pareils creux se trouvant au-dessus du niveau des eaux des rivières, prouvent qu'elles ont insensiblement sillonné la chaîne des rochers dont leur lit est formé.

Leur cours se lit encore au creux de ces ravines.
DELILLE.

J'ai principalement observé ces concavités, sur la rive droite du gave Béarnais, auprès du pont neuf de Lourde; aux bords du gave d'Ossau, depuis les Eaux-Chaudes jusqu'au delà de Gabas; dans l'énorme rocher calcaire et conique, situé sur la rive gauche du gave d'Aspe, au-dessous et près du pont d'Escot; ce rocher présente dans trois endroits, placés les uns sur les autres, les effets successifs de l'érosion des eaux. On voit à la Pene-d'Etsant, dans la vallée d'Aspe, sur les flancs de cette montagne calcaire et très-escarpée, les creux produits par les remous des eaux du Gave, lorsque leur lit était à cette hauteur. On en trouve aussi sur les bords du Gaison, aux environs de Lic, dans la vallée de Soule, etc., etc.

M. de Saussure a fait la même observation dans

les Alpes. On voit, dit-il, sur les flancs du roc sur lequel est situé le château de Croisille, du côté de la grande route, plusieurs vestiges indubitables de l'action des eaux qui ont creusé cette gorge, de sillons profonds et arrondis, et de trous circulaires parfaitement semblables à ceux que l'on voit sur les bords d'un fleuve rapide, serré entre des rochers. *Voyages dans les Alpes*, t. 3, p. 2.

M. de Saussure, dont la façon de penser relative à la formation des vallées, n'a point toujours été la même, dit qu'on en voit un grand nombre, naître sur les flancs d'une montagne, et qu'on les voit s'élargir et s'approfondir à proportion du volume des eaux : un ruisseau, ajoute-t-il, qui sort d'un glacier ou qui sourd d'une prairie, creuse un sillon, petit d'abord, mais qui s'agrandit successivement, à mesure que ses eaux grossissent par la réunion d'autres sources ou d'autres torrens. *Voyages dans les Alpes*, t. 2.

VII.

M. de Montlosier observe que, malheureusement, cet auteur a jugé à propos d'associer à la formation des vallées, une autre cause aussi extraordinaire, qu'elle paraît peu nécessaire et peu fondée. M. de Saussure a prétendu, dit M. de Montlosier, « que les eaux de l'Océan
» dans lequel, nos montagnes ont été formées,
» les abandonnèrent, tout à coup, en se portant
» avec rapidité dans quelques cavités ouvertes
» par une violente secousse du globe, et que
» par cette retraite précipitée, elles creusèrent
» de profondes vallées et entraînèrent des quan-

» tités immenses de terre, de sable et de frag-
» ment de toute sorte de rochers. Nous avons sui-
» vi et médité les preuves que M. de Saussure a
» taché de rassembler pour établir une sembla-
» ble hypothèse, mais nous n'en sommes pas de-
» meurés moins convaincus de toute l'impossi-
» bilité de l'admettre. » *Essai sur la Théorie des
volcans d'Auvergne,* p. 100.

On ne voit pas, selon M. de Montlosier, que l'hypothèse de M. de Saussure soit fort appuyée par ses propres observations faites dans les Alpes; car enfin, toutes ses preuves se réduisent à cette assertion que les bords du lac de Genève, et le pied des montagnes voisines sont couverts de cailloux et de grands fragmens de roche primitive; qu'on en trouve de semblables, dispersés sur le mont Saleve et sur les pentes du Jura qui regardent les Alpes. M. de Montlosier ne contredit aucun de ces faits, aucune de ces observations:
« la seule différence, dit-il, entre M. de Saus-
» sure et moi, c'est que là où il apperçoit les tra-
» ces de son grand courant, et de la retraite pré-
» cipitée des eaux de la mer, je n'y vois jamais
» que l'action des eaux fluviatiles.... quelle que
» soit l'énormité de certains blocs de granit,
» trouvés sur des montagnes calcaires ou dans
» des vallées très éloignées de la chaîne centrale,
» à laquelle elles appartiennent. On doit croire
» que puisque la pente de ces montagnes était
» primitivement autre qu'elle n'est aujourd'hui,
» elle donnait par conséquent à leurs éboulemens
» une direction différente, et que c'est la raison
» par laquelle, ces masses nous paraissent au-
» jourd'hui comme égarées et déplacées : d'un au-
» tre côté, quelques monstrueuses que puissent

» paraître de telles masses, leur pesanteur n'est
» qu'une raison de plus, pour les supposer plus
» roulantes et par conséquent plus disposées à cé-
» der à l'action de la pente, ou à l'effort des
» eaux. » *Essai sur la Théorie des volcans d'Auvergne.*

Les observations que j'ai faites dans les Pyrénées m'ont autorisé à penser comme M. de Montlosier, relativement à la formation des vallées, ainsi qu'au déplacement des cailloux et gros blocs, répandus sur les collines, et dans les plaines situées au pied de cette chaîne : l'énormité de ces grandes masses ne doit pas être un motif pour douter que les eaux des fleuves ou des rivières les aient entraînés : j'ai rapporté plusieurs exemples de ces prodigieux effets, dans mon mémoire sur les attérissemens formés des débris des Pyrénées, et M. de Charpentier a eu la bonté de m'en communiquer un très remarquable de leur action : la débâcle d'un lac, dit-il, qui s'était formé le 16 juin 1818, par la chute d'un glacier, dans la vallée de Bugne, en Valais, avait détruit, soit en partie, soit en entier, un nombre considérable de villages; il ajoutait que cette boue liquide avait charrié des pierres dont la grosseur surpasse l'imagination, et qu'enfin un bloc énorme de granit, entraîné et déposé près de Martigny, sur le lieu même où l'on remarquait auparavant un bel établissement de martinet, pesait, selon l'évaluation de M. Venez, ingénieur fort instruit, plus de vingt cinq mille quintaux.

J'ai moi-même été plusieurs fois témoin de la puissante action des torrens qui tombent du haut des Pyrénées : un orage qui ne dure quelque fois qu'un instant, suffit souvent pour occasionner d'épouvantables désordres. Les eaux grossies par l'abondance des pluies, et souillées d'un limon fangeux, creusent de profondes ravines sur les flancs des montagnes, roulent des rochers énormes, charrient des cailloux, du sable et du gravier dont elles couvrent les fertiles vallons. Si des orages momentanés sont capables de dégrader à ce point la surface de la terre, quels désastres ne doivent pas causer ceux dont la durée est moins passagère ! Quelles excavations ne doivent=ils pas former au sein des montagnes ! Je pense que si quelque observateur avait parcouru celles de la Catalogne après la grande innondation qui la ravagea en 1617, il aurait trouvé la forme du terrain entièrement changée dans plusieurs de ses parties.

On lit dans le Mercure de France de la même année, que le 12 septembre il y eût dans cette province, un orage accompagné d'éclairs, de tonnerre, et d'une pluie très=abondante qui dura l'espace d'environ deux mois. La perte occasionnée par les eaux du ciel et de la mer, dans Barcelonne, fut estimée cinq cents mille ducats, et les campagnes furent submergées par les débordemens des rivières ; plus de cinquante mille personnes périrent dans ce déluge ; trente villages et quatre gros bourgs furent entièrement détruits : une partie des villes de Balaguer, de Lérida, de Tortose, subit le même sort : les eaux de l'Ebre renversèrent plus de trois cents moulins : les campagnes qui présentaient l'affreux spectacle d'une mer en courroux, se couvrirent de limon et de sable. Toutes les communes où régnerent ces orages, devinrent désertes, et pour m'exprimer de la même manière que le rédacteur, je dirai que les montagnards, qui ne savaient dans quel lieu se retirer, ayant perdu leurs maisons et leurs biens; les uns demeurèrent sans femmes, les femmes sans maris, les pères sans enfans, et les enfans sans pères, les serviteurs sans maîtres et les maîtres sans valets.

Il est aisé d'après les exemples précédens, de se former une idée des désordres occasionnés par les rivières qu'il faut envisager comme un des plus beaux ornemens de la nature, lorqu'elles ne sont point grossies par les pluies et la fonte des neiges. Car cette fonte cause pareillement de grands désordres, comme M. Darcet l'a très-bien remarqué. Cet observateur dit que souvent l'eau, produite par la fonte des neiges venant à passer sur les terres mobiles des montagnes inférieures, s'introduit dans ce sable, le détrempe, le souleve, s'ouvre avec bruit un passage, et bientôt, c'est un torrent de boue liquide, qui roule mollement et entraîne avec elle, les rochers détachés et tous les blocs roulés qui se trouvent sur son passage et dans son sein. *Dissertation sur l'état actuel des Pyrénées*, p. 22.

L'origine des blocs et des cailloux épars à la surface des plaines, et sur quelques montagnes et collines, est attribuée par M. Playfait à l'action des eaux courantes : ce géologue anglais observe que, malgré la quantité et la grandeur des fragmens, ce transport ne doit paraître incroyable qu'à ceux qui n'ont pas réfléchi sur l'effet que peut produire une cause accidentelle, que la longueur du temps transforme en cause durable : il croit, en conséquence, que les eaux ont pu amener les blocs de granit du Mont-Blanc sur le Jura, et répandre les débris des Monts-Carpaks sur les bords de la Baltique. Mais pour éviter l'objection des vallées ou des montagnes intermédiaires, ce géologue est obligé de supposer que ces vallées n'existaient pas encore à cette époque, et qu'il y avait alors un plan uniforme du Mont-Blanc au Jura. *Journ. des Mines.*

VIII.

Les attérissemens considérables qui se forment, quoiqu'insensiblement, sous nos yeux, à l'embouchure des rivières, sont une preuve de l'action des eaux du ciel sur la surface de la terre dont elles dégradent et creusent les terrains élevés, en charrient les débris jusqu'à la mer. Les exemples suivans prouvent la réalité de cette assertion.

M. Darcet a reconnu que « les débris (des Py-
» rénées) se trouvent transportés dans le Lan-
» guedoc, dans le Béarn, la Bigorre et la Gas-
» cogne, par la Garonne, les gaves et l'Adour;
» les lits de ces rivières en sont couverts : ils y
» sont tels aujourd'hui, qu'on ne peut les mé-
» connaître : la chaussée élevée qui mène d'Olo-
» ron à Navarrenx est, en grande partie, faite
» dans un amas de ces cailloux roulés et absolu-
» ment les mêmes que ceux du gave qui coule au-
» dessous ; on les reconnaît encore, mais déjà
» usés et réduits à la petitesse de cailloutage et
» de gravier sur le rivage de la mer, depuis
» Andaye jusqu'à Bayonne ; ils vont enfin à cin-
» quante lieues plus loin couvrir toute l'étendue
» du Medoc. » *Discours sur l'état actuel des Pyrénées*, p. 20.

Les grands fleuves, dit un auteur célèbre, occasionnent sur la surface du globe de prodigieux changemens; ils repoussent sans cesse la mer, en accumulant le sable sur le sable; ils élèvent à leurs embouchures des îles qui deviennent ensuite de grandes portions de continent. C'est ainsi que le Nil a formé presque toute la Basse-Egypte et fait sortir de ses eaux, le Delta qui a 90 lieues de circonférence; c'est ainsi que le Tigre et l'Euphrate entraînent dans leur sein, les sables de la Mesopotamie, remplissent insensiblement le golfe Persique.

On sait que le Danube produit des attérissemens considérables dans la mer Noire; les anciens donnaient sept bouches à ce fleuve; on n'en compte plus que deux.

M. Dolomieu rapporte que la célèbre ville d'Adria qui, par son importance, avait mérité de donner son nom au golfe adriatique, est déchue de toute la splendeur qu'elle devait à sa primitive position, dont les attérissemens très-étendus n'ont laissé que le douloureux souvenir; que les salines de *Ponte-Longo* qui se trouvent maintenant à plusieurs milles dans les terres, furent, il y a cinq siècles, le sujet d'une guerre sanglante; qu'enfin la maison de campagne des ducs d'Est, dite *Rocca della Mesola*, à présent très-éloignée de la mer et du fleuve, fût bâtie, il n'y a que deux cents ans, de manière à pouvoir être baignée par les eaux du Pô et par celles de la mer, dont elle bordait les rivages. Voyez le *Journal de Physique*, janvier 1793.

L'embouchure de l'Arno, dans le temps où Pise jouissait de sa liberté, était plus près du port de cette ville. La quantité immense de limon que contient le fleuve Arno, tout éloigné qu'il est à présent de Livourne, se répand jusques là. *Voyage en Toscane*, t. 2, p. 333.

M. Soulavie observe que la plupart des ports de la côte maritime de la Gaule Narbonnaise ont été comblés par les sables du Rhône, rejetés par la mer Méditerranée, quoique plusieurs soient éloignés d'une vingtaine de lieues de l'embouchure de ce fleuve : les courans de la mer ont porté jusqu'à cette distance et même au-delà, le sable infiniment attenué qu'ils reçoivent. *Hist. Mer. de la France*, t. 5, p. 110.

« La bonne physique et l'observation se réu-
» nissent, selon le rapport de ce même obser-
» vateur, pour adopter le système de l'excava-
» tion des vallées et la formation des cailloux
» roulés par l'opération lente et insensible des
» eaux courantes sur la surface du globe terres-
» tre. Les faits historiques que je viens de
» mettre au jour, prouvent cette vérité; ils an-
» noncent que le Rhône, en accumulant ces
» sables, forme des continens considérables, aux
» dépens des vallées et des montagnes. Ce fait
» démontre que les continens sont sillonnés,
» tous les jours, par les eaux; que les vallées
» deviennent plus profondes; que les montagnes
» s'abaissent; que les plaines s'élèvent; que la
» mer recule; que les bassins des rivières et
» des ruisseaux se forment peu à peu dans le
» vif des roches. » *Ibid.*, p. 152.

Il faut en convenir, lorsque l'on se représente tous les obstacles qui s'opposaient primitivement au cours des rivières, obstacles qu'elles sont parvenues à surmonter; lorsqu'on réfléchit ensuite à la vaste étendue des terrains, au milieu desquels les eaux ont creusé de nombreux vallons, de profondes et grandes vallées; lorsque l'on considère, dis-je, tous ces divers et lents effets dont l'homme, durant son existence, hélas! trop passagère, n'est qu'un seul instant le témoin, l'imagination s'effraye de la longue suite de siècles que la nature semblerait avoir employé pour les opérer.

> Vers l'antique chaos notre ame est repoussée.
> Et des âges sans fin pèsent sur la pensée.
> DELILE.

IX.

Si les vallées des Pyrénées avaient été creusées par une grande débacle, semblable à celle que MM. de Saussure et Dolomieu supposent avoir eu lieu dans les Alpes, n'est-il pas vraisemblable qu'on trouverait au milieu des terres, des sables et des rochers entraînés du haut des montagnes, dans cette horrible catastrophe, quelques dépouilles de corps marins? Cependant on n'en trouve pas le moindre vestige au milieu de ces amas de ruines; ce qui semble autoriser à penser que nos vallées ont été formées par les eaux du ciel; cela paraît en outre, encore d'autant plus vraisemblable que ces terrains d'alluvion, comme tous ceux qui sont formés par les fleuves, se montrent toujours très-mêlés de débris terreux; particularité que l'on n'observe point, dit-on, dans les entassemens de cailloux ou galets roulés par les eaux de la mer. Ces cailloux qui composent des masses continues, ne sont adhérens les uns aux autres que par une mince couche de terre, ou par une sorte d'affinité.

Le savant traducteur des lettres sur la minéralogie de l'Italie, M. Dietrick, paraît avoir adopté la même opinion: « les lits des rivières ou fleuves, dit-il, comme celui des torrens, doivent

» peu à peu s'abaisser : les eaux minent cons-
» tamment le terrain qu'elles parcourent ; les
» vallons deviennent insensiblement plus pro-
» fonds ; j'ai vu une petite rigole devenir un
» ravin considérable en quelques années ; j'ai
» observé de grands fleuves dont les bords escar-
» pés et fort élevés n'étaient composés que de
» couches de cailloux déposés successivement
» par les eaux de ces rivières ; telle est la rive
» droite du Rhin jusqu'à quelques lieues du
» vieux Brisach ; le lit de ce fleuve a visiblement
» été beaucoup plus élevé qu'il ne l'est aujour-
» d'hui. » P. 55.

La plupart des grandes plaines qui sont au pied et hors des Pyrénées ont été pareillement formées par les torrens qui se précipitent du haut des montagnes. On ne peut s'empêcher de reconnaître leur ouvrage dans la formation de ces plaines que les eaux dégradent et creusent aujourd'hui, pour en créer de nouvelles, dont le sol est moins élevé.

Il existe en effet des parties de ce terrain uni et d'alluvion, qui sont plus hautes les unes que les autres ; les bornes de chacune d'elles se distinguent par des espèces de terrasses parallèles au cours des rivières. Le sol de ces plaines est plus exhaussé à mesure qu'elles s'en éloignent.

Je pense, par exemple, qu'on peut fixer trois époques pour ce genre de formation dans la bande de terrain qu'arrose le gave d'Oloron. La première époque est celle où cette rivière a créé les landes de Buzi, d'Ogeu, du Gabarn, d'une partie de Lannelongue ; celles de Gurs, de Sus, de Susmion, de Castelnau, de Camblong, de Caresse ; vaste terrain qui ne faisait jadis qu'une plaine élevée continue, que j'appelle *antique* à cause qu'on n'y trouve que des cailloux de granit en décomposition, de schiste argileux, de grès argilo-schisteux, de quartz, etc., etc., etc.; car si cette plaine contient des galets calcaires, ils doivent être fort rares, n'ayant pu en découvrir aucun, ni le moindre vestige de terre ou de sable qui résulte de leurs débris : les matières que ces landes renferment, ne constituent qu'un terrain infertile, où l'argile et la silice abondent : il est plus élevé que celui des plaines contigues.

La 2.me époque comprend la destruction de la plus grande partie de cette même plaine antique, que le gave d'Ossau seul avait formée, nivellée, et dans laquelle il a par la suite des temps, ouvert une plaine inférieure, qu'il a couverte aussi de cailloux de granit, de quartz, de schiste dur et de *granwake*; mais où le gave d'Aspe a répandu, d'ailleurs, au-dessous d'Oloron beaucoup de cailloux d'ophite : toutes ces matières qui, dans quelques endroits se trouvent mêlées avec des cailloux calcaires, ont conservé leur dureté ; elles sont accompagnées d'une terre qui récompense libéralement les travaux du cultivateur : je nomme ce nouveau terrain *plaine ancienne*.

Enfin, la 3.me époque est celle où les eaux qui se précipitent des montagnes d'Aspe et d'Ossau, se sont réunies au-dessous d'Oloron, dans un lit commun, très-profond qu'elles ont cavé au milieu des fertiles campagnes où leur cours semblait avoir été tellement fixé, qu'elles coulent entre deux barrières insurmontables : on ne peut les dériver pour humecter les terres qu'elles traversent ; étant renfermées dans le canal qu'elles se sont elles-mêmes creusé. Cependant ces eaux rongent, détruisent chaque jour le rocher escarpé qui partout les asservit, et forment en même temps une nouvelle vallée dont le sol est pareillement composé de cailloux, de granit, d'ophite, de quartz et d'une plus grande abondance de cailloux calcaires. Ces galets sont mêlés d'une terre limonneuse, encore plus féconde que celle de la plaine précédente; je désignerai cette partie de terrain sous le nom de *plaine tertiaire*, ou de formation récente; elle est moins élevée que celles dont nous venons de parler.

En considérant ces changemens successifs, il semble que la nature peu satisfaite de son premier ouvrage, qui n'atteste rien moins que sa libéralité, ne les opère que pour faire un mélange plus heureux de diverses substances, et pour créer, bonifier peu à peu par ce moyen, un sol qui réponde mieux à l'avenir, aux vœux, ainsi qu'au travail pénible du laboureur. Car, suivant l'opinion assez généralement répandue parmi les cultivateurs, les plaines d'une formation récente, telles par exemple, celles qui, dans le langage béarnais s'appellent *Camous*, sont d'ordinaire les meilleures; c'est sans doute non seulement à cause des égouts des terrains supérieurs, mais en outre, à cause des matières calcaires, argileuses et siliceuses qui les fertilisent; comme les plaines primitives paraissent les moins propres à donner de belles récoltes, parce qu'elles ne contiennent que les débris stériles des roches antiques, sans mélange de terre calcaire.

X.

Ce n'est pas uniquement hors des Pyrénées, que l'on trouve des plaines en forme de terrasses, et qui sont situées à côté les unes des autres. On en remarque quelquefois de pareilles au sein des montagnes, et notamment dans la vallée d'Ossau et la vallée de Bagnères : celle-ci en présente deux très-remarquables, l'une plus élevée que l'autre ; on y sème peu de maïs ; elle est en général ensemencée d'un mélange de seigle et de froment ; mélange connu par les habitans sous la dénomination de *Carou*. Les propriétés champêtres de cette vallée ont pour clôture des blocs de granit ou de quartz, dont on forme des murailles sèches. Ils étaient vraisemblablement répandus jadis à la surface du sol, d'où le laborieux cultivateur a dû les enlever pour le rendre susceptible de culture. Il n'y reste guère plus que les blocs qui, par l'énormité de leur masse ont pu résister à ses efforts. On en remarque principalement un de granit, ayant environ douze pieds de diamètre.

On ne peut considérer ces prodigieux débris des roches primitives, sans être curieux de connaître les montagnes d'où ces épouvantables ruines ont été précipitées. La chaîne qui s'élève sur la rive gauche de la rivière, à laquelle il faut en attribuer le transport, est composée de marbre gris, dans la partie de la vallée, située au Nord de l'église de l'Espoune : les flancs de la chaîne qui s'élève à la rive droite sont couverts de gros blocs de granit, dont les bois, les broussailles et le gazon dérobent à l'œil le triste aspect ; ils sont en général d'une forme arrondie, quand leur diamètre n'excède pas trois ou quatre pieds ; ce qui semble indiquer qu'ils sont venus de loin et des montagnes plus hautes que le Pic-du-Midi, qui s'élève au Sud de la vallée de Bagnères ; une pareille supposition a d'autant plus de vraisemblance qu'à la faveur de cette grande élévation ils pouvaient trouver la pente nécessaire pour rouler ou tomber dans la vallée de Bagnères : le poids des blocs n'ayant pas moins agi sur un plan incliné que le cours impétueux des torrens.

M. de Laroche-Foucauld-Liancourt rapporte un exemple très-remarquable de l'action successive des eaux, qui creusent des terrains qu'elles arrosent : j'ose espérer qu'on me saura gré de le transcrire ; « l'observation que j'ai faite sur l'es-
» pèce des terrasses qui bordent en quelques
» points la rivière des Mohawks, près les *ger-*
» *mats-flats*, s'appliquent plus complétement
» encore à la rivière de Connecticut : les deux
» bords du lit actuel de cette rivière, en général,
» mais quelquefois un seul, sont des terrains
» plats ou moins couverts d'eau presqu'en tout
» temps, dont le fond est d'argile. Les terrains
» plats sont à quelque distance terminés par un
» banc en talus, haut de vingt-cinq à quarante
» pieds au-dessus duquel commence une au-
» tre plaine également plate du même sol,
» mais sec. Un banc de la même nature et du
» même talus, termine encore cette plaine et est
» suivi d'une autre plaine également terminée ;
» on voit quelquefois quatre successions de ces
» plaines et de ces bancs, s'élevant avec une ré-
» gularité presque pareille à celle des terrasses
» des jardins, et se prolongent jusqu'aux hautes
» montagnes, dans les endroits où ces hautes
» montagnes descendent jusques dans le lit de la
» rivière ; les plaines en terrasses ne se voient
» que d'un côté, mais plus souvent on les trouve
» de deux ; et alors les terrasses correspondan-

» tes d'un côté à l'autre, sont absolument sur le
» même plan. L'aspect de ce phénomène vrai-
» ment remarquable, porte à croire que ces hau-
» tes montagnes étaient jadis les limites du lit
» de cette rivière qui, pour arriver à celui qu'elle
» occupe aujourd'hui, a successivement creusé
» ces plaines ; et l'on est confirmé dans cette opi-
» nion en observant que ces montagnes sont for-
» mées d'un schiste argileux fort tendre, qui
» exposé à l'air se brise, et devient une terre
» onctueuse, très-propre à la végétation et de la
» même nature que celle qui couvre les plaines. »

Nous avons fait observer que les plaines situées le long des rivières qui descendent des Pyrénées présentaient les mêmes particularités dont M. de la Roche-Foucauld-Liancourt fait mention.

XI.

Je conviens qu'il est assez difficile de concevoir comment un petit volume d'eau, tel que celui des rivières, dans le voisinage de leur source, à pu corroder, détruire, creuser enfin si profondement, le sein des montagnes ; cependant la connaissance de quelques faits observés dans plusieurs ravines situées entre des côteaux ou les matières sont encore molles et terreuses, semble faire entrevoir cette possibilité : voici ce que j'ai remarqué.

Au pied des Pyrénées, s'étend une longue chaîne de collines en grande partie composée d'argile, de marne terreuse ; elle sépare l'Océan de la mer Méditerranée : ce terrain inégal formait anciennement un vaste plateau qu'un nombre infini de ruisseaux et de rivières ont plus ou moins profondément sillonné ; l'on trouve encore des portions considérables de cette plaine, notamment aux divers endroits qui sont les points de partage des eaux dont le cours se dirige vers des lieux opposés. En remontant plusieurs des ravins qu'elles ont creusé dans des terres d'argile ou de marne, j'ai remarqué près des principales sources, de grands éboulemens et des précipices assez profonds, malgré la petite quantité d'eau, qu'on voit sourdre de ce terrain humide; et lorsque j'ai réfléchi sur un pareil désordre, il m'a semblé qu'il fallait en attribuer la première cause à la longue stagnation des eaux pluviales, qui tombent sur les divers plateaux élevés, d'où partent les différens ravins qui se prolongent vers les plaines : ces eaux ne trouvant point une pente suffisante pour leur écoulement, s'infiltrent dans les terres, y séjournent, et comme elles ne cessent de les humecter, il se forme peu à peu un régorgement dont les effets se manifestent à l'origine des ravins : les eaux pendant long=temps captives, stagnantes, s'ouvrent enfin, tout à coup, un passage, et renversent subitement les barrières qui s'opposaient à leur issue : les terres argileuses et marneuses étant entièrement délayées, il en résulte des éboulemens considérables, dont la surface n'offre qu'une pente rapide en forme de précipice, d'où les eaux s'échappent par cascades. On observe principalement cette singularité dans un très-grand nombre d'endroits situés sur les crêtes les plus élevées des côteaux de Luc, d'Ogenne, de Cantort, etc., etc; où les eaux se partagent pour porter leur tribut, soit au gave d'Oloron, soit au gave Béarnais.

Enlevons par la pensée, la terre et le gazon qui couvrent la surface de ces enceintes demi circulaires, mettons à nu les matières pierreuses dont elles sont formées, et qu'une croûte épaisse dérobe à nos yeux; donnons une plus grande élévation au sol de ces hautes plaines; augmentons le volume des eaux qui en découlent, et nous aurons des cirques pareils à ceux qui s'ouvrent au fond de quelques vallées, et qui semblent n'en différer aujourd'hui que par une moins grande étendue; ils sont connus dans les Pyrénées sous la dénomination *d'oule*: telle est l'oule de Gavarnie, centre d'un théâtre d'horreurs et de beautés : ceux qui présentent de moindres proportions se nomment *oulettes* : on trouve un grand nombre de cirques de cette espèce, dans la partie septentrionale des Pyrénées; notamment au milieu des montagnes qui s'élèvent autour de Bagnères, comme au Bedat, au l'Heris, etc., etc.

M. André pense que la révolution de la surface de la terre est arrivée dans un temps où les rochers étaient encore assez mous pour être creusés profondement par une agitation violente des eaux. *Théorie de la surface actuelle de la terre*, p. 274.

M. de Saussure paraît être du même sentiment: il a souvent observé que diverses vallées ont été déterminées par la molesse des rochers dont elles occupent la place. *Art.* 1703.

Il n'est pas douteux que l'état et la nature des matières influent sur l'étendue des vallées : elles ont, en général, plus de largeur au milieu des montagnes composées de couches calcaires et de schiste argileux, que dans celles où domine la roche granitique en masse, qui résiste d'avantage à l'action des torrens, ainsi qu'au choc des cailloux qu'ils entraînent. Plusieurs parties des Pyrénées fournissent la preuve de cette vérité, ainsi que les montagnes du granit du Limousin, où les rivières qui les sillonnent, n'ont formé que des plaines médiocrement étendues, et dont les plus considérables n'ont pas 100 toises de largeur.

Au reste, l'existence des infiltrations dans les plateaux dont il vient d'être fait mention, est une vérité qu'une infinité de sources qui sortent des parties latérales et supérieures de cette sorte de terrain, ne permettent pas de méconnaître : il est vrai que ces sources ne sont pas très-abondantes ; mais leur cours est uniforme et toujours semblable à lui-même; tandis que la plupart de celles qui sourdent au pied de ces mêmes élévations, formé d'un argile compacte, tarissent communément durant une partie de l'été. En effet, des terres sableuses et graveleuses livrent à l'eau, des passages qu'une terre visqueuse lui refuserait.

XII.

Ce que nous venons de rapporter a pû de même arriver au-dessus des Pyrénées qui, jadis n'étaient probablement qu'une masse continue, dont la partie la plus haute consistait en un vaste plateau sur lequel les eaux pluviales tombaient sans pouvoir se dégorger ; mais leur volume augmentant peu à peu, ces eaux dûrent se faire jour de même à travers les terres abreuvées et marécageuses, qu'elles entraînèrent au loin, laissant à leur sortie des lieux décharnés, taillés en précipice : si l'on ne trouve plus les vestiges des matières détachées à cette époque, c'est qu'elles étaient encore vraisemblablement dans un état terreux, qui dût en faciliter le transport, et qu'elles n'ont acquis qu'avec le laps de temps, le degré de solidité nécessaire pour résister d'avantage à l'impétuosité des torrens, et pour ne point se réduire en terre molle et bourbeuse : telle est donc probablement la cause de l'escarpement des rochers qui s'élèvent au fond des vallées à de grandes hauteurs, et dont l'enceinte présente dans quelques endroits la forme d'un cirque.

« Il me semble, dit M. Darcet, qu'on peut
» concevoir la chaîne des Pyrénées comme un
» grand banc, comme une contrée excessive-
» ment élevée dans son origine, d'abord pleine
» et unie, mais qui se serait ensuite dégradée et
» aurait été sillonnée par la fonte des neiges, les
» pluies, les orages, etc., etc. » *Dissertation sur l'état actuel des Pyrénées*, p. 41.

La crête de ces montagnes présentait peut-être originairement, la même forme de terrain qu'on observe aujourd'hui dans les cordilières du Mexique : M. Humbold dit que cette grande chaîne de l'Amérique offre un caractère remarquable ; elle ne forme qu'une seule masse d'une largeur considérable, qui se termine en immenses plateaux dont la surface est généralement unie. *Jour. des Min.*, n.° 170, p. 92.

M. André présume aussi qu'un grand plateau recouvrait autrefois tout le corps des montagnes des Voges. *Théorie de la surface actuelle de la terre*, p. 192.

Le Mont-d'Or, dit M. de Montlosier, n'a été primitivement qu'un continent plein et presque horizontal, dans ses diverses assises, comme est, en général aujourd'hui, la gibosité inférieure sur laquelle il est placé.

La forme de terrain que présente dans plusieurs endroits la crête des Pyrénées, semble indiquer qu'elle était pareillement surmontée d'un vaste plateau. On voit vers la région la plus haute un grand nombre de bancs calcaires beaucoup moins inclinés que dans les autres parties de cette chaîne; ils se rapprochent plus ou moins de la ligne horizontale: j'ai remarqué cette disposition dans la montagne située près du village de Laraun, dans le pays de Soule, et qui porte le nom de *Muraille des Géans*. Je l'ai vue en outre, au col d'Aneou, au Sud du Pic-du-Midi de la vallée d'Ossau, et M. Ramond a pareillement observé des couches ainsi disposées, aux environs du Mont-Perdu et vers les cimes latérales de la vallée d'Estaubé.

Quant aux grands espaces profonds et semi circulaires, qu'on observe à l'origine des vallées et dont j'ai fait mention ci-dessus, les naturalistes ne sont point d'accord sur la cause qui paraît les avoir produits. M. André explique de la manière suivante la formation de ces enceintes circulaires, à l'occasion de celle du Mont-Roze: » les eaux, dit-il, trouvant trop de résistance » dans cette énorme masse de montagne, furent » forcées de retourner sur elles-mêmes, en cir- » culant comme on en voit sur les bords des » rivières, et formèrent ainsi cette enceinte cir- » culaire; » *Théorie de la surface de la terre*, p. 7. M. Ramond pense que ces endroits sont évidemment creusés par l'écroulement des cavernes intérieures. *Voyages au Mont-Perdu*, p. 234.

Pour moi, je répète que leur formation paraît devoir être attribuée à l'action des eaux du ciel stagnantes sur les plateaux qui, jadis, terminaient la partie supérieure des Pyrénées; lesquelles eaux ont subitement renversé une partie du terrain meuble et friable, qui les tenait renfermées dans ce vaste réservoir. Ces sortes de ruptures sont trop uniformément placées pour qu'on puisse les envisager comme l'effet d'un grand bouleversement, au sein de cette chaîne de montagnes.

Quoi qu'il en soit de ces conjectures, relatives à la formation des oules, l'origine des vallées des Pyrénées paraît, d'après les faits ci-dessus rapportés, ne devoir être raisonnablement attribuée qu'à l'action des eaux du ciel, ainsi que je l'ai dit dans mon essai sur la minéralogie des Monts=Pyrénées ; c'était de même la première opinion de M. de Saussure : « toutes les vallées, » dit-il, que l'on découvre du haut du Cramont, » sont formées au moins à leurs extrémités, par » des cols élevés ou même par des montagnes » d'une très=grande hauteur : toutes sont cou- » pées à angles droits par d'autres vallées ; et » l'on voit enfin clairement que la plupart d'en- » tr'elles ont été creusées, non point dans la » mer, mais au moment de sa retraite ou depuis » sa retraite, par les eaux des neiges et des pluies. Voyez les *voyages dans les Alpes*, t. 2, p. 341.

Mais si les observations géologiques semblent justifier cette conjecture, il faut convenir aussi que notre chronologie est bien propre à faire naître des doutes ; car, l'espace de six ou sept mille ans paraîtra peut=être trop borné, pour attribuer à l'érosion des eaux pluviales, la formation des vallées.

Ne pourrait-on pas lever cette difficulté, fondée sur une science qui mesure la durée du temps, en supposant que les matières étaient originairement terreuses et molles, les eaux très=abondantes, et que ces dernières avaient en outre une propriété plus destructive que celles qui coulent actuellement à la surface du globe ; supposition que les naturalistes croient devoir admettre, pour expliquer la cristallisation des roches primitives ?

Pourquoi n'aurait-on pas également recours à cette même vertu dissolvante, secondée peut-être encore, par des causes qui nous sont inconnues, pour expliquer la formation des vallées, dans un espace de temps moins considérable qui s'accorderait avec la supputation des chronologistes et l'opinion de MM. Deluc, Dolomieu, Saussure, etc., etc.? On n'ignore pas que ces célèbres naturalistes pensent qu'il n'y a pas long-temps que la surface de la terre est arrangée comme nous la voyons.

D'autres adopteront peut=être, le sentiment de quelques auteurs qui, témoins des observations faites sur les montagnes, et voulant concilier la religion avec l'histoire naturelle, ont pensé qu'il fallait expliquer les jours de Moïse par des époques ou des événemens éloignés entr'eux.

Quoi qu'il en soit, si l'on regarde comme inadmissibles les conjectures que je me suis permis de hasarder, je serai moins honteux de mon erreur, en songeant que plusieurs géologues attribuent pareillement aux cours des rivières, la formation des vallées que la chaîne des Pyrénées renferme.

OBSERVATIONS
SUR LES ÉPOQUES
DE LA FORMATION RESPECTIVE
DU GRANIT EN MASSE
ET DES AUTRES ROCHES DES PYRÉNÉES.

I.

Les géologues divisent en deux classes, les roches qui constituent le globe de la terre : ils désignent l'une, sous la dénomination de *primitive*, parce qu'ils n'en connaissent pas de plus ancienne, et qu'elle paraît avoir été créée avant l'existence des corps animés, dont elle n'offre aucun vestige. Ils appelent l'autre *secondaire* ; la regardant d'une origine postérieure, et formée depuis qu'il plut au créateur de peupler la terre d'êtres organisés, qui, souvent font partie de sa composition. La plupart des naturalistes qui s'attachent à l'étude de la géologie admettent en outre, une troisième classe, qu'ils nomment *de transition*, c'est-à-dire, intermédiaire ou placée entre les roches primitives et celles de seconde origine.

Les granits constituent principalement les roches primitives ; cependant leur disposition relative avec d'autres matières, semble autoriser à comprendre quelquefois celles-ci, dans cette même classe. Nous allons examiner si les faits recueillis dans les Pyrénées, justifient une pareille opinion, ou si le granit doit être envisagé comme la seule roche primitive de cette chaîne de montagnes, ou du moins la plus ancienne.

M. de Trebra ne regarde comme incontestablement primitif, que le granit, le porphyre, etc. etc. Quelques roches argileuses et calcaires, dit-il, se rencontrent à la vérité, dans les montagnes primitives, et par conséquent il est probable qu'elles appartiennent à la même époque; mais il est impossible de le démontrer. *Jour. des Min.*, n.º 23. « Les granits, selon M. de Saussure,
» sont les roches primitives par excellence. L'ar-
» doise et les pierres calcaires sont de formation
» secondaire. » *Voyages dans les Alpes*, t. 1, n.º 99.

MM. de Dolomieu, Pallas, Buch, Delamétherie, Robilant, Spalanzani, dont les laborieuses recherches sont devenues très-utiles aux géologues, etc., etc., ont adopté la même opinion. La roche primitive « qui, selon M. Patrin, est
» incontestablement la plus ancienne, puis-
» qu'elle forme la base générale de toutes les au-
» tres, c'est le granit. Il est modifié de plusieurs
» manières; il est ou en *masse* ou *veiné* ou *feuil-*
» *leté*. Le granit veiné repose sur le granit en
» masse; il est surmonté par le granit feuilleté,
» qu'on nomme aussi gneiss. » *Hist. nat. des M.*, t. 1, p. 80.

Le granit, selon MM. Léonard et Mers, est la base de toutes les montagnes : il est probable, ajoutent-ils, qu'on trouverait cette roche généralement au-dessous des autres matières minérales. *Jour. des Min.*, n.º 164, p. 96. Partout la disposition du granit se montre de même. M. Maclure rapporte qu'aux États-Unis, il paraît être la base sur laquelle reposent toutes les autres roches ; le gneif vient ensuite, etc., etc. *Jour. de Physique*, janvier 1810, p. 41.

Les observations que j'ai faites dans les Pyrénées, ne me permettent pas d'avoir une opinion différente. M. Jean de Charpentier dit pareillement que le granit supporte ici, comme partout ailleurs, toutes les autres roches qui composent ces montagnes ; qu'il est par conséquent la roche la plus ancienne des Pyrénées. *Voyez le Mémoire sur les terrains granitiques des Pyrénées*; ouvrage dans lequel l'auteur a commencé d'instruire le public, de la récolte abondante qu'il a faite dans ses savantes courses.

J'ai bien remarqué quelques bancs argileux ou granitaux, et quelques bancs calcaires *enchassés* dans le granit en masse fondamental ; mais premièrement, ces faits peu multipliés, paraissent devoir être envisagés comme des exceptions qui ne détruisent pas la priorité généralement reconnue de l'origine du granit en masse : « ces ano-
» malies proviennent, selon M. Dolomieu, de
» circonstances particulières qui ont par exem-
» ple, déterminé la précipitation calcaire, avant
» que les autres roches ne fussent achevées, et
» qui ont placé quelquefois des marbres entre
» des granits. » *Jour. de Physique*, ventôse an 2.

» J'ai vu, dit M. de Born, du granit dans le-
» quel la roche schisteuse qui était posée dessus,
» avait pénétré ; je possède même quelque chose
» de plus sensible à cet égard ; ce sont des mor-
» ceaux de granit, dans lesquels sont enchassées
» des parties schisteuses : j'ai de plus vu plu-
» sieurs montagnes dans le Bannat, dont la roche
» est pénétrée de parties calcaires, qui sont

» posées dessus. Tout cela ne prouverait-il
» pas que le granit n'était pas encore solidifié,
» lorsque la matière était encore molle, lorsque
» la roche calcaire est venue se former sur elle. »
Voyage de minéralogie fait en Hongrie, p. 359.

II.

Les pierres calcaires et les schistes argileux
des Pyrénées se trouvent quelquefois, il est vrai,
placés au milieu du granit ; mais ces différentes
matières ne servent point de base à cette roche.

J'ai remarqué dans les environs de Vic-Dessos,
non sans une surprise extrême, des masses continues de granit, entre des montagnes calcaires,
et j'ai dit que cet arrangement qui fut long-
temps, comme on le sait, pour quelques savans,
un sujet de doute, semblait devoir faire présumer que la formation de ces différentes matières,
datait de la même époque ; ou que l'intervalle
qui se trouve entre ces deux montagnes de granit,
était un profond ravin, comblé dans la suite des
temps, de matières calcaires, déposées par les
eaux de la mer. *Essai sur la minéralogie des
Monts-Pyrénées*, p. 264 ; édition de 1784.

Mais comme la direction des roches de granit
et des matières qui les renferment est ici la même,
ainsi que dans quelques autres endroits qui m'é-
taient inconnus, lorsque je me permis de hasarder cette dernière opinion, je pense aujourd'hui
que ce granit et les matières dans lesquelles il
est enchassé, ont une époque contemporaine,
et forment seulement une exception à la règle
générale de la priorité du granit sur les autres
roches, comme leur ordre relatif semble le démontrer ; en effet, M. Picot-Lapeyrouse a trouvé

dans la vallée de Vic-Dessos, le granit au-dessous des roches calcaires : il l'a vu à *Capoulech*, sous elles, en se dirigeant vers la cité d'Acqs, il a remarqué cette même disposition respective à la *Ramade*, au village d'Ilié, à la grange d'Escavagnou, etc., etc. Il a vu, pareillement, les calcaires couronner les sommets granitiques, non loin de la plaine de *Cancenés*, et la pierre calcaire schisteuse recouvrir le granit dans la gorge de *Juxé*; enfin, il a trouvé dans ce même ravin, des couches d'ardoises superposées au granit. *Fragmens de la Minéralogie des Pyrénées*. J'ai vu moi-même, et dit qu'à Vic-Dessos, le granit en masse sert d'appui à des matières calcaires qui le couvrent.

Mais encore une fois, il est certain qu'entre les montagnes de granit des environs de Vic-Dessos, il existe des bancs calcaires, inclinés du N. N. E. au S. S. O. et dont la direction est de l'O. N. O. à l'E. S. E. M. de Charpentier rapporte un autre exemple d'un pareil ordre. « Ce gissement, dit-il, est sur le versant » méridional du port d'Oo, à la distance d'en- » viron 20 pas, à l'Est du plus grand des deux » lacs, situés sur un petit plateau que mon » guide espagnol appelait la *plaine de Mon-* » *sero*, et qui est au-dessous de la sommité du » port : on y observe une couche de calcaire » grenu, à très-gros grains, dont la direction » est de l'E. S. E. à l'O. N. O...... son incli- » naison m'a paru d'environ 50 degrés au Sud, » et son épaisseur de 7 à 8 pieds. » Il a trouvé encore plusieurs couches calcaires, alternant avec le granit, à peu de distance de la mine de fer que l'on extrait des montagnes de Mener, dans la vallée de Cinca ou Bielse en Aragon...... Ces couches ont depuis 3 pieds jusqu'à six pieds d'épaisseur..... Le granit qui les renferme est à petits grains et peu cristallin.

M. de Charpentier rapporte, en outre, qu'il a vu deux couches calcaires dans le granit; l'une est à environ 150 pas au-dessus de Gedre, sur le chemin de Gavarnie, et l'autre tout près à l'Ouest de ce lieu : j'ai décrit ce dernier gissement dans mon essai : ces deux exemples sont moins remarquables que les précédens, parce que le granit est incontestablement fouilleté, c'est-à-dire, de la nature du gneif, dont la formation est postérieure à celle du granit central.

Le même observateur rapporte aussi, que le granit des environs de Hellette, dans le pays Basque, renferme une couche calcaire dont la direction est à peu près de l'O. N. O. à l'E. S. E., et son inclinaison d'environ 20 degrés au Sud : son épaisseur est de 15 toises. *Journal des Mines,* n.° 194. Mais comme le granit dans lequel cette couche est intercalée, passe souvent à l'état de gneif, et qu'il semble, par conséquent, devoir être envisagé comme étant d'une origine moins antique que le granit fondamental, la disposition respective de ces différentes matières m'étonne moins que celle qu'on observe dans les montagnes du port d'Oo, et sur tout de Vic-Dessos, où le calcaire, placé au milieu du granit, occupe, en largeur, depuis cette commune, l'espace qui la sépare de celle d'Ausat, ce qu'il faut évaluer à peu près à mille toises.

Il semble qu'on ne peut expliquer ces singularités qu'en supposant, avec M. Dolomieu, comme nous l'avons déjà dit, que la nature avait commencé les dépôts calcaires, avant d'avoir entièrement formé les granitiques. Enfin, ces amas singuliers paraissent d'autant plus devoir être rangés au nombre des anomalies, que l'on ne voit point dans ce genre de formation, cette longue suite de bancs ou couches calcaires, qui, se prolongeant à des distances considérables, constituent principalement les bandes secondaires, qui font partie essentielle de l'organisation physique des Pyrénées : il semblerait naturel de les envisager plutôt comme des accidens particuliers, de purs caprices de la nature. M. Toulousan de St.=Martin observe aussi qu'on trouve peu de roches calcaires dans le terrain primordial. *Journal des Mines*, août 1816, p. 93.

M. le comte de Bournon, dit, en parlant de la chaux carbonatée en masses grenues, marbres primitifs et statuaires, qu'elle existe en couches subordonnées dans les montagnes primitives. Il cite entr'autres exemples une couche épaisse dans le gneif de la montagne de Valgodmar (Isère): elle n'a néanmoins que 18 à 20 pieds de largeur. *Journal des Mines*, 1812, n.° 182, p. 113.

III.

J'ose croire que la disposition respective et générale de la roche de granit en masse, et d'autres substances minérales, est propre à nous faire présumer qu'elles ne sont pas contemporaines; et l'état de dégradation que ces diverses matières présentent, semble fournir un motif non moins puissant, pour devoir nous porter à croire qu'elles ont une origine différente : si l'on examine les montagnes de granit, on les voit partout tomber en ruine, malgré l'extrême dureté de cette roche : les eaux, qui se précipitent à travers les masses granitiques, transportent leurs débris dans les vallées; le sol en est presqu'entièrement formé, de même que celui de plusieurs collines; les flancs d'un grand nombre de montagnes sont couverts aussi d'énormes blocs de granit, entassés les uns sur les autres, dans le plus affreux désordre : ils forment de prodigieux amas qui s'élèvent à de grandes hauteurs et présentent un horrible aspect lorsque la nature n'a point pris soin de cacher ces épouvantables bouleversemens, sous des matières terreuses, où croît la verte pelouse.

Ces accumulations de blocs innombrables de granit occupent de grands espaces dans les vallées d'Ossau, d'Azun, de St-Savin, de Cauterès, de Bastan, de Bagnères, de Campan, de Louron, de Larboust, d'Aran, de Couserans, de Foix, du Capsir, du Roussillon et près de la Jonquère, sur le revers méridional des Pyrénées, etc., etc. Il n'est pas inutile d'observer que ces blocs granitiques se trouvent toujours à côté des rivières ou dans les terrains qu'elles arrosent : on ne les rencontre pas dans les parties latérales qui ne sont point contigues à leur cours ; ce qui semble indiquer que ces eaux ont accumulé les blocs de roches dont il est ici question.

Partout les montagnes granitiques offrent la plus affreuse destruction, sans qu'on en connaisse la véritable cause : on voit dans les Alpes et les Pyrénées d'immenses débris de granit, abattus en partie par le temps : il en existe pareillement aux environs de Roane de grosses masses, que l'on suppose avoir été roulées par quelque grande alluvion, et dont le diamètre a jusqu'à 10, 12 et 15 pieds de longueur. La surface du terrain de plusieurs contrées de la Pologne est couverte de blocs de granit, qu'on présume avoir été détachés du Karpack. M. Patrin a vu de pareilles ruines accumulées dans les montagnes de l'Altaï en Siberie, et quelques-uns de ces blocs avaient jusqu'à 20 pieds de diamètre : ce célèbre naturaliste rapporte aussi que l'île de Croustad est couverte de blocs de granit. Enfin, M. de Laroche-Foucault-Liancourt a remarqué de même à Newarck, sur la plaine, des granits isolés.

Si l'on examine les bancs de pierre calcaire, compacte ou grenue, on ne découvrira nulle part dans les Pyrénées, une pareille destruction. Ces pierres se ressentent sans doute des ravages du temps; mais elles paraissent pour ainsi-dire encore intactes, tandis que la destruction des masses continues de granit est effroyable. Or, est-il à présumer qu'une si grande différence existât entre ces matières, si toutes étaient de la même date? Ne doit-on pas supposer au granit une origine antérieure, puisqu'il porte des marques plus frappantes de décrépitude?

D'ailleurs, s'il existait dans les Pyrénées, des pierres calcaires, contemporaines du granit en masse, n'en trouverait-on pas quelques débris dans les plaines antiques, qui s'étendent au pied de la chaîne; mais on ne découvre pas un seul caillou calcaire, au milieu des attérissemens immenses de granit, dont ces sortes de plaines sont en partie formées; tandis que le sol des contrées qui sont l'ouvrage des alluvions d'une date moins ancienne, en contiennent; tandis enfin que le Gave, l'Adour, la Garonne, etc., charrient aujourd'hui des cailloux de chaux carbonatée, grenue et compacte. Tout semble donc se réunir pour nous faire présumer que la pierre calcaire des Pyrénées, ne doit pas être envisagée comme contemporaine du granit; car on ne trouve leurs débris réunis ensemble, dans les plaines antiques; on y remarque, au contraire, ceux de tous les rochers qui paraissent avoir été formés dans un âge assez rapproché de celui de la formation du granit en masse, et même les débris des roches que M. Werner appele de transition : tels sont les cailloux de *grauwacke*, répandus avec tant de profusion dans ces mêmes plaines ; et que les eaux ont entraîné du sommet des montagnes, principalement composées d'une roche d'argile, mêlée de grains de quartz, souvent même de lames de mica : c'est une espèce de roche mixte qui, quelquefois accompagne les granits en masse, et qui dans quelques endroits a la même origine, comme le prouvent certains cailloux dans lesquels on voit clairement que le granit primitif et la roche de grauwacke sont tellement unis ensemble, qu'ils paraissent avoir été formés en même temps. Je possède plusieurs fragmens de cette nature.

M. Pasumot a pareillement observé près de Barèges, un bloc dont la moitié est formée d'un granit de première origine, auquel adhère une grosse portion d'une masse argileuse qui est une espèce de roche cornée. *Voyages Pysiques dans les Pyrénées*, p. 66. Nous avons vu qu'une pareille réunion avait fixé l'attention de M. de Born, dans son voyage en Hongrie : la seule substance calcaire qui puisse, en général, être envisagée comme contemporaine du granit fondamental, est celle que l'analyse chimique fait découvrir dans la plupart des cristaux qui le composent : elle est si peu remarquable que le cristal de roche ne contient, selon Bergmam, qu'une partie calcaire sur 93 de silice et six d'argile : le feld-spath n'en contient guères plus ; le mica, suivant quelques chimistes, point du tout ; et M. Wiegleb n'a point découvert de terre calcaire dans les schorls noirs.

IV.

Mais si l'on est forcé d'admettre des roches calcaires et de schiste argileux, parmi les matières primitives des Pyrénées, l'on doit convenir que leur origine est moins antique que celle du granit central : en effet, si les parties constituantes du granit, du schiste argileux et de chaux carbonatée, eûssent été déposées au même temps, ne verrait-on point dans la vallée de Barèges, par exemple, les bancs calcaires et les bancs schisteux de l'échelle, dits primitifs, et qui, des environs des sources thermales de St.-Sauveur, se prolongent du côté de Néouvielle ? ne verrait-on pas, dis-je, ces bancs inclinés dont on admire la grande régularité, se confondre vers l'Est, avec les granits de cette montagne de Néouvielle, ainsi que l'on voit les couches de gneiss alterner avec des couches calcaires ? Cependant ils ne paraissent point se mêler à cette haute protubérance granitique. On observe, au contraire, vis-à-vis l'entrée du lac d'Escougous, à la crête des montagnes qui s'élèvent sur la droite, on observe, dis-je, des masses continues de marbre gris, des bancs de schiste dur, qui ne se mêlent point aux roches granitiques, dans ces lieux déserts, sauvages, dépouillés de verdure, et dont l'affreux entassement des blocs énormes de granit rend l'accès pénible et difficile : ils semblent avoir été jetés là dans un combat de géans.

Ce qu'on peut encore regarder comme certain, c'est que les bancs de schiste et les bancs calcaires qu'on envisage comme primitif, et qu'on trouve depuis l'Echelle jusqu'au village de Gèdre, ne vont point se mêler ni se confondre du côté de l'Ouest, avec les granits en masse qui forment de très-hautes et désertes montagnes au Sud de Cauterés : les roches granitiques s'opposent à la continuité de ces bancs qui, sans cet obstacle, auraient vraisemblablement continué de se prolonger vers l'Occident ; M. Dureau de la Malle a vérifié que depuis Cauterés jusqu'à Vignemale, les deux vallées de Lutour et de Cauterés, qui sont parallèles à celle de Barèges, n'étaient bordées que de montagnes composées de granit. Voyez les *Pyrénées.* Poëme.

« Tout le monde, dit M. Ramond, a vu
» (dans la vallée de Gèdre) le calcaire primitif
» alternant avec la roche de corne, et leurs
» bancs très-redressés, tous dirigés dans le sens
» de la chaîne, présenter leurs tranches à l'ob-
» servateur, avec une régularité que je trouve
» plus que suffisante pour écarter les objections
» que l'on voudrait tirer de quelques dérange-
» mens accidentels et locaux ; mais ce qu'on n'a
» pas dit, ou du moins ce qu'on a oublié depuis
» Palassou qui l'avait su voir et l'avait indiqué
» dans ses cartes ; c'est que nonobstant les ap-
» parences, on se trouve ici sur la ligne du gra-
» nit central ; il est à droite et à gauche, mal
» déguisé par ses revêtemens étrangers ; il s'en
» dégage de part et d'autre, formant deux gran-
» des îles, dont l'une est sillonnée par la vallée
» de Cauterés, qu'on laisse à l'Occident, et dont
» l'autre située à l'Orient a pour sommités prin-

» cipales, Néouvielle et Pic-Long. La vallée que
» l'on parcourt n'est qu'une profonde tranchée,
» un détroit prolongé entre ces îles; détroit ori-
» ginairement envahi par ce déluge de matières
» de seconde formation que des causes plus puis-
» santes dans les Hautes-Pyrénées qu'ailleurs,
» ont versé avec tant de profusion sur les amas
» de granit fondamental. » *Voyages au Mont-Perdu*, p. 41.

Considérons encore les bancs calcaires et les bancs de schiste argileux, qui se prolongeant vers le lac d'Escoubous, traversent la vallée de Bastan dans laquelle sont situées les eaux thermales de Barèges très-fréquentées dans la belle saison. On retrouve ces bancs à l'entrée de la gorge formée par le fougueux torrent qui se précipite avec bruit, à travers d'innombrables rochers isolés : mais lorsqu'on arrive au lac, les montagnes de granit dont il est entouré, interrompent la pro-longation de ces couches : elles ne se mêlent point avec les masses de cette roche antique; elles cou-vrent seulement les sommets de celles qui se mon-trent à l'Occident du lac : les montagnes de granit qui s'élèvent sur le bord opposé, ont leurs crêtes entièrement dégagées de matières étrangères.

Ce n'est pas seulement dans le département des Hautes-Pyrénées, que les montagnes de granit mettent obstacle à la prolongation des bancs cal-caires ; soit qu'on les envisage comme secondai-res ou primitifs. On peut faire la même observa-tion dans d'autres parties de la chaîne. On trouve au village d'Antignac, dépendant de la vallée de Luchon, des bancs calcaires presque verticaux, dont la direction est de l'O. à l'E. en déclinant de l'E. vers le N. : si ces bancs continuaient à se prolonger du côté de l'E., ils devraient se retrouver dans la vallée d'Aran, parallèle à la précédente. Mais comme je n'ai vu dans la partie où l'on devrait naturellement les observer, que des montagnes de granit, il est vraisemblable qu'elles s'opposent à la continuité des bancs de chaux carbonatée d'Antignac.

On voit près de Castillon en Couserans, sur la rive gauche du torrent qui se précipite des montagnes de Birosse, des bancs de marbre gris, dont la continuité est interrompue par des montagnes de granit, qui s'élèvent à l'Orient de ces bancs calcaires. De pareils exemples ne suffiraient-ils pas pour démontrer que les roches calcaires et les schistes argileux, qu'on présume être primitifs, ne sont pas contemporains de la roche en masse granitique, puisqu'ils ne sont pas mêlés et confondus avec elle, comme avec le gueif.

V.

Je donne trop d'étendue, peut-être, à cette digression relative au granit; mais il est nécessaire d'exposer tous les motifs qui me déterminent à croire que cette roche est la plus ancienne du globe, que nous connaissons, parcequ'il m'a paru que quelques naturalistes se sont crus fondés à la regarder comme contemporaine de plusieurs bancs, soit calcaires soit argileux, d'après le résultat des recherches faites dans les Pyrénées par MM. Ramond et Duhamel; tandis que ces observateurs n'ont parlé que du granit déposé par bancs, mêlé d'argile, ou chargé de pierres de corne, substances dont l'origine est postérieure à celle du granit central. « On voit, suivant M.

» Ramond, alterner (au pic d'Eres-Lids) des
» roches de corne, de porphiroïdes, des ardoi-
» ses, des granits fortement souillés d'argile et
» de magnésie ; des pétrosilex plus ou moins ter-
» reux, des schistes rubanés et des pierres cal-
» caires..... Entre ces granits et le granit de pre-
» mière position, on remarque des bancs calcai-
» res. » *J. des M.*, n.º 44.

« Au dessus des gneif, dit M. Duhamel, re-
» posent une grande quantité de lits alternatifs
» de roche calcaire, de trapp et de roche de corne,
» et quelquefois parmi eux, des couches de gra-
» nit : ces bancs généralement peu épais, for-
» ment la face méridionale du Pic-du-Midi de
» Bigorre et descendent à peu-près comme elle. »
J. des M., n.º 46.

Dans ces divers récits, il n'est point question
du granit en masse fondamental ; on ne cite que
des granits mélangés, feuilletés, tels sont ceux
que j'ai décrits dans *l'Essai sur la Minéralogie
des Monts-Pyrénées*, et qui se trouvent aux environs de Bellegarde, de Bososte, de Cierp et de
l'hôpital de la Pés ; telles sont les couches de granit situées à l'Ouest et non loin de l'auberge de
Gavarnie qui, visiblement, alternent de même
que celles qui sont entre l'écluse-basse et l'écluse-
haute, en Roussillon, avec des bancs calcaires ;
disposition dont quelques savans avaient peine à
concevoir la réalité. M. Ramond distigue ces granits, ainsi qu'on vient de le voir, du granit de
première position, comme on va s'en convaincre
de nouveau.

« Le granit, selon ce naturaliste, se montre....
» dans les bases du coumelie ; mais ce granit, bien
» différent du granit central, est manifestement

» le produit d'une cristallisation postérieure,
» qu'embarrassait déjà le mélange de matières
» hétérogènes; singulière disposition d'une des
» principales vallées des Pyrénées, de cacher,
» sans cesse, la roche fondamentale sous des
» amas qui, bien que d'ancienne origine, ne sont
» néanmoins que de seconde position; en sorte que
» l'on traverse la chaîne dans sa plus grande lar-
» geur, sans avoir foulé une seule fois le terrain
» primordial. » *Voyages au Mont-Perdu*, p. 45.
Enfin M. Ramond a reconnu que tout le système
tertiaire de la crête des Hautes-Pyrénées, porte
sur une protubérance granitique, dont la roche
est moins pure que celle qui constitue l'axe primitif de la chaîne. *Ibid.*, p. 186.

« Le caractère du granit secondaire, selon M.
» Pasumot, est d'être formé par couches..... et
» alors il est aisé de ne pas confondre ces seconds
» granits avec les primitifs. » *Voyages Physiques dans les Pyrénées*, p. 67.

Si les granits en masse et ceux qui sont feuilletés, eussent été formés à la même époque, et
de la même manière, ils différeraient moins les
uns des autres : tous deux contiendraient, également, des substances étrangères, telles par exemple que des couches de pierre calcaire : or je pense
qu'elles ne se rencontrent qu'accidentellement
dans les premiers, tandis qu'elles sont moins rares dans les secondes. Des couches de granit ma-
gnésien ou stéatiteux, alternant avec des couches
calcaires, ont été observées dans la vallée d'Ossone,
à Vignemale et au pic d'Eres-Lids. *Voyages au
Mont-Perdu*, p. 266. MM. Picot-Lapeyrouse et
Duhamel ont pareillement remarqué des granits
feuilletés, alternant avec des pierres calcaires;

mais aucun de ces observateurs ne dit formellement avoir trouvé des couches calcaires, alternant avec le granit en masse ou fondamental des Pyrénées. Il en est de même ailleurs. M. Patrin rapporte que les gneif alternent avec des couches calcaires ; ce qui n'arrive ni au granit en masse, ni au granit veiné. *Hist. nat. des Min.*, t. 1.er, p. 107.

VI.

Tout semblerait donc se réunir pour nous faire présumer que le granit en masse date d'une époque plus reculée que le granit feuilleté ; conjecture qui paraît encore fondée sur la disposition respective de ces roches : le granit par couches est ordinairement appuyé contre le granit en masse, qui souvent se trouve par cette raison, au milieu des bancs de gneif ; mais il est rare de rencontrer des roches feuilletées, au milieu des granits en masse ; aussi M. Saussure présume-t-il qu'elles ont cristallisé plus tard. Art. 2310. M. Ramond a remarqué « dans les Pyrénées, que » presque toutes les cimes granitiques sont hé- » rissées de feuillets verticalement dressés, et » dont le plan est parallèle à la direction de la » chaîne. » *Voyage au Mont-Perdu*, p. 19.

M. Passinges, très-bon observateur, rapporte aussi, qu'en parcourant le flanc de la montagne au-dessus de Renaison, jusqu'au dessus de St.-Haon-le-Vieux, dans le département de la Loire, il a remarqué que la plupart des arêtes ou pointes de montagnes, étaient composées d'une roche granitique, argileuse ; ce sont, ajoute-t-il, des espèces de capuchons, qui enveloppent le granit. *Jour. des Min.*, n.° 38, p. 136.

La roche primitive qui constitue la chaîne du Lyonnais, est recouverte, selon MM. Berger et de Buch, par le gneif et par d'autres roches. *Jour. de Physique*, mars 1807, p. 237.

Cette disposition relative est regardée comme générale par M. Gieske, danois, professeur à Dublin ; voici comme il s'exprime : « Le gneif » manque tout à fait dans le Groënland, c'est-à- » dire, qu'il n'y a point cette espèce de roche » disposée par couches au-dessus du granit, » comme cela a lieu partout où existe cette roche » primitive. » *Jour. de Physique*, juin 1818, p. 472.

M. de Humboldt a remarqué dans les montagnes de l'Amérique méridionale, que le granit feuilleté couvre le granit en masse. *Ibid* an 9, p. 52.

M. Muthuon dit, que dans les vallées du Pô, de Lucerne et de la Peyrouse, les gneif sont des roches primitives, mais du second ordre, par rapport à leur existence, puisque ordinairement elles sont adossées aux granits en bancs ou masses qui forment le noyau. *J. des Min.*, n.º 135, p. 217.

Il s'est fait, suivant M. Delamétherie, des cristallisations secondaires de granit feuilleté ou gneif, dont les couches ont pour base les terrains primitifs. *Ibid*, avril 1793, p. 315. Cette vérité va s'éclaircir par de nouvelles recherches.

En observant le Pic-du-Midi d'Ossau et sa remarquable structure, il est également facile de voir que ces différentes matières ne datent pas précisément de la même époque, comme je l'ai fait observer dans un autre mémoire. Quand on arrive du côté de l'Est, au pied de ce mont antique, et que l'on examine l'organisation intérieure de la montagne qui sépare le quartier de Pombie, de celui de Maillebaus, on trouve des couches de schiste argileux feuilleté comme l'ardoise : les couches situées vers la crête et dont la direction est de l'O. N. O. à l'E. S. E., en inclinant du S. S. O. au N. N. E., vont se mêler et se confondre avec les granits feuilletés de la partie Septentrionale du Pic-du-Midi, qui se prolongent aussi de l'O. N. O. à l'E. S. E., en inclinant, de même que les couches précédentes, c'est-à-dire, du S. S. O. au N. N. E.

Il n'en est pas ainsi vers la base de cette même montagne de schiste argileux, et qui fait, comme nous l'avons déjà dit, la séparation du quartier de Maillebaus, de celui de Pombie : les couches schisteuses y sont pareillement, il est vrai, dans la direction de l'O. N. O. à l'E. S. E., en inclinant du S. S. O. au N. N. E. ; mais ces couches qui se prolongent vers le Pic-du-Midi, sont interrompues dans leur cours, par des masses continues du granit fondamental, qui forme la base de ce mont horriblement escarpé. Ces différentes matières ne paraissent ni se mêler ni se confondre ; la roche antique ne montre que des masses qui n'ont aucune apparence de feuillets, et ne sont pas mêlées de substance argileuse : or si cette partie inférieure du Pic-du-Midi d'Ossau, qui ne contient que du granit en masse, avait été formée en même temps que les couches de granit, qu'on trouve du côté Septentrional de cette haute montagne, il n'est pas douteux qu'elle se serait également ressentie de la disposition que l'argile donne ordinairement aux matières mêlées de cette substance, et que semblable au granit feuilleté qui paraît être ici de la même date que les schistes argileux, la roche en masse présenterait quelque indice d'une formation contemporaine.

D'ailleurs, la différence qu'on observe dans la grosseur des grains, qui constituent le granit fondamental du Pic-du-Midi d'Ossau, et les couches granitiques appuyées contre cette énorme pyramide, semble justifier la vraisemblance d'une époque différente. Les grains de granit feuilleté sont ici beaucoup plus petits que ceux du granit en masse adjacent. Les montagnes du Limousin présentent la même particularité ; les plus hautes sont composées de granit en masse ; les inférieures sont disposées par couches inclinées, dont la direction est au soleil de deux heures : mais quoique les granits ayent dans cette partie de la France, deux positions différentes, ils sont néanmoins de la même nature ; avec cette exception seulement, les grains de granit par bandes, sont plus resserrés et moins gros que ceux du granit en masse. MM. Patrin et Dolomieu ont fait ailleurs la même observation : ainsi la réunion de tous ces motifs semble ne point permettre qu'on place au même rang, les granits en masse et les granits disposés par couches : ces derniers paraîtraient avoir été formés des débris du granit central, comme je l'ai dit, *dans l'Essai sur la minéralogie des Monts-Pyrénées*. C'était pareillement l'opinion de M. Darcet, membre distingué de l'institut, qui, le 24 nivôse an 9, m'écrivait, que l'origine du granit en couches régulières, était différente de celle du granit en masse, dont les débris transportés par les eaux formaient les élémens des roches graniteuses feuilletées.

MM. Bournon, Blarier et le savant redacteur du *Jour. des Min.*, pensent aussi que les couches secondaires du bassin de St.-Etienne abondant en veines de houille, sont formées par des alluvions successives, des débris des montagnes primitives qui l'entourent.

J'ai fait connaître ci-dessus la position relative du granit du Pic-du-Midi d'Ossau, avec les matières adjacentes ; mais je ne peux quitter cette haute montagne sans faire auparavant ici mention d'une singularité de la roche dont elle est composée. Je n'ai pas laissé ignorer que cette roche est de la nature du granit, mêlé souvent de parties porphyriques, et que sa couleur est verdâtre lorsqu'elle n'a point encore subi d'altération. Mais ce que j'ai passé sous silence, et qu'il est bon cependant que l'on sache, c'est que cette sorte de granit paraît moins répandue dans les montagnes du ci-devant Bigorre, que dans celles du département des Basses-Pyrénées. J'en ai trouvé quelques fragmens, il est vrai, sur les bords du gave Béarnais, aux environs de Pau ; mais le hasard n'en a point encore offert aucun à mes yeux ni sur les bords de l'Adour, du côté de Bagnères, ni dans les attérissemens de la plaine depuis Lourde jusqu'auprès de Benac, ni parmi les blocs énormes de granit situés entre Lourde et St.-Pé ; tandis que les cailloux de granit vert ne sont point rares dans le lit du gave d'Oloron, et qu'ils se montrent très-communs autour d'Arudy, au débouché des montagnes d'Ossau.

Cette roche est d'une grande dureté, et pourrait être avantageusement employée dans l'architecture. Il serait facile d'en trouver des blocs énormes, dans l'espace qui sépare le Pic-du-Midi de la Case de Broussette, maison isolée, située sur la rive gauche du principal gave d'Ossau; et comme une belle route conduit jusqu'à cette habitation, on pourrait en profiter pour le transport de ces blocs de granit, jusqu'au débouché des montagnes. Les communications sont ensuite tellement faciles, qu'il est possible de les transporter dans toutes les parties du royaume ; on pourrait également profiter de l'Adour et de la Garonne, pour l'embarquer, soit à Bordeaux, soit à Bayonne.

VII.

Quoique les observations précédentes semblent devoir donner beaucoup de vraisemblance à mon opinion relative à la priorité du granit en masse ou fondamental, sur les couches du gneif ou granit feuilleté, etc., j'avouerai néanmoins que la manière dont M. de Charpentier s'exprime, me fait vivement regretter de n'être pas à portée d'examiner encore de nouveau la position respective de ces roches. Ce savant observateur pense que les passages fréquens que l'on remarque entre le gneif et le granit, démontrent évidemment, de même que les couches de granit qui sont quelquefois intercalées dans les grandes masses de gneif, démontrent, dis-je, que celles-ci sont contemporaines avec le granit qui les enveloppe. *Journal des Min.*, n.º 194.

D'après ces observations, j'aurais du penchant à ne point m'écarter de son opinion, si les suivantes et plusieurs autres rapportées ci-dessus, ne semblaient m'autoriser à persister dans la mienne. « Quoique le gneif, dit M. Jean de

» Charpentier, soit contemporain dans les Pyré-
» nées avec le granit, on ne peut pourtant mé-
» connaître que la formation de cette roche ap-
» partient, en général, à la dernière période de
» celle du granit; car en examinant ces monta-
» gnes, on trouvera que le granit qui occupe
» le centre, ou si je puis dire, le noyau d'une
» protubérance granitique est généralement très-
» homogène et exempt de couches de gneif et
» de schiste micacé. Mais que ces roches se
» rencontrent à l'ordinaire vers le toit du gra-
» nit, c'est-à-dire, dans la partie formée la
» dernière. » *Jour. des Min.*, n.° 194. Il résulte
de ces observations que, quoique l'on présume
que les gneifs ou granits feuilletés sont de formation primitive, il faut néanmoins convenir qu'ils
doivent être moins anciens que les granits en
masse, et que les parties constituantes de ces
roches n'ont pas été déposées en même temps.

» Il existe, selon M. de Saussure, des granits
» veinés aussi anciens, que les granits en mas-
» se, quoiqu'en thèse générale, il soit vrai que
» les gneifs sont plus modernes que les granits. »
Voyages dans les Alpes, t. 4, p. 60.

Un naturaliste qui savait embellir ses ouvrages,
de tous les ornemens convenables aux sujets qu'il
a traités, s'exprime de la manière suivante : « Les
» granits étant les plus composés et par consé-
» quent les plus destructibles des substances
» primitives, fournirent de gros sables en gran-
» de quantité, et l'on conçoit qu'en égard à leur
» pesanteur, ces sables ne purent être transpor-
» tés par les eaux à de très grandes distances, du
» lieu de leur origine ; ils se déposèrent en gran-
» de quantité, aux environs de leurs masses pri-

» mitives ; ils s'y accumulèrent en couches gra-
» niteuses ; et ces grains aglutinés, de nouveau
» par l'intermède de l'eau, ont formé les granits
» secondaires, bien différens, comme l'on voit,
» quant à leur origine, des vrais granits primi-
» tifs ; et en effet l'on trouve en divers endroits,
» ces granits, soit en couches, soit en amas in-
» clinés : on reconnaît à plusieurs caractères qu'ils
» sont de seconde formation. » *Hist. Nat. des Min.*, par M. de Buffon.

Cet illustre observateur de la nature dit, en outre, qu'on peut vérifier ces différences, en comparant les granits des Vosges ou des Alpes, avec celui qui se trouve à Semur, en Bourgogne ; ce granit est de seconde formation, « il est friable, peu
» compact, mêlé de tale ; il est disposé par lits et
» par couches, presque horizontales ; il présente
» donc toutes les empreintes d'un ouvrage de
» l'eau. » *Id.*

M. Saussure dit qu'il faut distinguer les granits primitifs des secondaires. *Voyages dans les Alpes*, t. 3, p. 78. M. Daubuisson admet pareillement cette distinction. Il fait mention dans le journal de physique de ventôse an 10, p. 207, d'un granit qu'il décrit dans les termes suivans :
» granit à petits grains, composé de feld-spath
» gris, jaunâtre, un peu décomposé, de quartz
» blanc, grisâtre, et d'un peu de mica gris, jau-
» nâtre, dans lequel paraît empâté un fragment
» de schiste micacé (glimmerschieffer) du même
» lieu. » M. Daubuisson ajoute que cette dernière circonstance est une preuve complète de la formation plus nouvelle de ce granit.

Cependant M. Saussure ne pensait pas que les granits secondaires fussent formés de débris du granit central. « Vis-à-vis le lac de Megozzo, » dit ce célèbre observateur, et de chaque côté » de la Toccia, il y a deux montagnes de granit » en masse ; il y en a aussi sur les bords du » lac Majeur, à couches verticales ; voilà encore » des granits en masse relégués près des plai- » nes, tandis que la cime du griès et les hautes » montagnes du val Formazza sont du gneif ou » du granit veiné, d'où M. de Saussure con- » clut que ces dernières n'ont pas été formées » des débris du granit en masse. » *Théorie sur la structure de la surface de la terre*, p. 80. Mais n'y avait-il pas, observe avec raison M. André, avant leur formation, d'autres granits en masse plus élevés que le griès, comme il y en a encore au St.-Gothard et dans les environs ? *Ibid.*

De légers indices ne suffisent pas pour renverser l'hypothèse généralement adoptée, de l'antériorité du granit en masse, sur toutes les autres roches connues jusqu'à ce jour : la simple apparence de quelques rapports n'autorise point à tirer des conséquences entièrement opposées aux nombreuses observations faites dans toutes les chaînes des montagnes.

Elles ne démentent jusqu'à présent nulle part, la priorité de la formation du granit, sur l'origine de toutes les autres matières connues : « On » ne trouve jamais, dit M. Saussure, les ro- » ches de granit assises sur les montagnes d'ar- » doise ou de pierre calcaire ; elles servent par » conséquent de base à celles-ci, et ont existé » par conséquent avant elles. » *Voyages dans les Alpes*, t. 1.er, p. 99. J'ai moi-même prouvé cette assertion par un grand nombre d'observations ; et les planches VII, VIII, X et XI, insé-

rées dans mon *Essai sur la minéralogie des Monts-Pyrénées*, mettent sous les yeux du lecteur, cette disposition respective des matières primitives et des matières secondaires. Je l'ai d'ailleurs fait connaître dans les termes suivans :
« La constitution physique des Pyrénées ne per-
» met pas d'admettre, que les matières qui les
» composent ayent été formées en même temps ;
» il est au contraire aisé de voir que la forma-
» tion du granit en masse à précédé celle des
» bancs argileux et des bancs calcaires, auxquels
» il sert de base. » *Ibid.*, p. 171. Mes observations ultérieures confirment cette opinion qui n'est contestée qu'à la faveur des conjectures qui paraissent dénuées de preuves.

J'ai remarqué quelquefois, il est vrai, comme M. de Charpentier, au milieu du granit en masse, quelques bancs de gneis. On trouve dans l'*Essai sur la Minéralogie des Monts-Pyrénées* des exemples de cette disposition respective : elle se monte près d'Artiguelongue, commune de la vallée de Louron, aux environs des bains d'Arles, dans le Roussillon ; mais, en général, la roche granitique en masse ne renferme point de vestiges de granit feuilleté ; ce granit en couches couvre plus communément, les flancs des protubérences qu'elle forme ; d'ailleurs on sait que les géognostes reconnaissent des granits de trois époques différentes : les plus anciens sous lesquels on n'a jamais pénétré ; les moyens qui alternent avec du gneis, et les plus nouveaux qui alternent avec des schistes argileux. *Journal des Mines*, n.º 206, p. 117.

Une disposition qui m'a paru plus fréquente que celle du gneis au milieu du granit en masse, c'est que, dans plusieurs endroits, les parties de cette roche, à mesure qu'elles se rapprochent des schistes argileux, deviennent insensiblement feuilletées, et forment des couches intermédiaires, qui participent de la nature des matières contiguës; les granits et les schistes perdent le caractère qui leur est propre, pour former une roche mixte par la réunion de leurs mutuels élémens : cette sorte de terrain, qu'on pourrait justement appeler de transition, se fait remarquer au Nord du lac de Suyen, dans le val d'Azun, qui présente tout à-la-fois des aspects rians et majestueux : au Nord de l'hôpital solitaire de la Pés, dans la vallée de Louron; auprès de la chapelle Ste.=Cathérine, ainsi qu'au Nord du lac d'Oo, dans la profonde et sombre vallée de Larboust. On l'observe, pareillement, au Nord comme au Sud de Boussos, commune de la vallée d'Aran qui dépend du territoire d'Espagne, quoiqu'elle soit située au Nord de la crête des Pyrénées : dans tous ces divers endroits le granit en masse se convertit d'une manière insensible en granit feuilleté. Mais, encore une fois, il est probable que le premier est d'une date plus ancienne que le second, et que les molécules qui composent ces deux sortes de roches, n'ont pas été déposées en même temps. Enfin, le granit en masse forme la base sur laquelle reposent, en général, toutes les autres matières des Pyrénées, et cette position relative prouve la priorité de son origine.

SUR DES ATTÉRISSEMENS

DE CAILLOUX CALCAIRES,

QUI FONT PARTIE DES COLLINES SITUÉES AU NORD DES MONTAGNES DE LA VALLÉE D'OSSAU.

J'AI traité dans un de mes mémoires, des amas de cailloux provenant des ruines des Pyrénées, et dont quelques uns qu'il faut envisager d'une formation antique, sont uniquement composés de débris des roches primitives.

J'ai encore parlé des alluvions formées de cailloux de la même nature, et qui contiennent en outre des galets de carbonate de chaux, que les eaux ont pareillement charriés des Pyrénées; l'origine de ces derniers entassemens date d'une époque postérieure.

J'ai fait aussi mention d'autres amas de cailloux; mais ces derniers sont tous généralement calcaires et d'une couleur d'un gris jaunâtre : leur texture est grossière; ils ne souffrent point le poli et proviennent d'une sorte de pierre de liais.

La première et la seconde de ces accumulations, forment des plaines immenses au pied de la chaîne des Pyrénées.

La troisième, composée de cailloux, en général, arrondis et purement calcaires, constituent des terrains disposés en côteaux ou collines : comme je n'ai parlé que brièvement de cette sorte d'attérissement et qu'elle mérite néanmoins une attention particulière, puisque sa composition diffère des précédentes et qu'il ne paraît pas certain qu'elle aie été formée ni de la même manière, ni à la même époque que les deux autres, nous allons nous entrenir un moment de cette singulière formation.

L'entassement de ces cailloux calcaires, compose une longue bande de terrain sur la rive gauche du gave Béarnais. Elle commence presqu'au déboucher des montagnes de la vallée d'Ossau : les côteaux de Narcastet, de Gan, de Rontignon, d'Usos, de Mazères, de Lezons, de Gelos, de Jurançon en sont en partie formés ; ils se montrent pareillement dans les côteaux de Larouin, de St.-Faust ; la même formation se fait remarquer sur le territoire de Lagor. Elle paraît interrompue aux environs d'Orthez par des collines de marbre gris, ou du moins elle ne s'est pas offerte à mes yeux, mais on la retrouve à l'Ouest de cette ville, dans le hameau d'une commune qu'on appele *St.-Cric*.

Presque partout, ces cailloux calcaires se trouvent, comme je l'ai déjà fait observer, dans des collines ou côteaux très-élevés. Les environs du pont de Pau, construit sur le Gave, sont les seuls endroits de la plaine où je les ai vus. Il est assez facile de les reconnaître à leur couleur jaunâtre, lorsque les eaux de cette rivière sont basses.

On a pu remarquer dans un de mes mémoires publiés en 1815, que l'excellente qualité de vin que ces sortes de terrains produisent, compense la médiocre fertilité du sol. Partout les pierres calcaires contribuent à rendre le vin meilleur ; j'ai rapporté plusieurs exemples de cette vérité.

On me permettra d'y joindre le suivant : M. de Saussure observe que le fond des vignobles du côteau de Montmélian est tout de débris calcaires anguleux, et que les vins de ces vignobles sont très-estimés en Savoye. *Voyages dans les Alpes*, t. 4, p. 18.

J'ignore si la chaîne des côteaux qui borde la rive droite du Gave, renferme la même sorte de cailloux : la partie où j'ai pu remarquer cette composition, est au-dessous des promenades de Pau, qu'on nomme la *Plante* et le *Parc* : de pareils amas constituent même le terrain sur lequel est située l'église de Billères. Ils ont pour base des matières marneuses, comme on peut l'observer sous le Parc de Pau, près de la rivière : ces amas forment la base du château Royal où naquit Henri IV; de l'hôtel de Gassion, et de la maison qu'habita dans sa tendre jeunesse le roi de Suède actuel; habitations qu'un très-court espace sépare les unes des autres : elles sont, en outre, presque contigues à la partie méridionale de la place Royale, qui, dégagée, depuis quelques années, des murailles qui la bornaient du côté du Gave, doit la belle perspective dont on y jouit aujourd'hui, à l'homme étonnant auquel il semblait que pouvaient être appliquées ces paroles de Jerémie.

Ecce constitui te hodiè super gentes et super regna ut evellas et destruas, et disperdas, et dissipes, et edifices, et plantes.

Mais, ô caprice de la fortune ! cette grande puissance s'est évanouie ; il n'en reste plus que le souvenir : les souverains devraient se convaincre qu'il y a plus de gloire à gouverner sagement un petit état, qu'à l'agrandir par des conquêtes.

Quoi qu'il en soit, si je considère la profondeur de la grande élévation de ces entassemens de cailloux calcaires, qui forment de hautes collines dont la crête est ordinairement couverte d'une certaine quantité de sable quartzeux, ainsi qu'on peut l'observer aux environs de la maison de campagne de M. de Perpigna, maire de Pau, située sur les côteaux de Jurançon, j'ai de la peine à concevoir que ces masses prodigieuses de débris accumulés, puissent devoir leur formation au cours de quelque fleuve.

Si je considère d'un autre côté, que ces amas se prolongent au loin, formant une longue bande de terrain, et qu'ils composent en partie les côteaux qui bordent la rive gauche du gave Béarnais, depuis le pied des Pyrénées jusqu'à Lagor, où l'on trouve des vestiges remarquables de ces attérissemens calcaires; quoique cette commune soit distante d'environ 20,000 toises du déboucher des montagnes d'Asson et d'Ossau; si je considère, en outre, que même dans le hameau de la commune de St.-Cric, située plus loin, à la distance d'environ 18,000 toises de celle de Lagor, on trouve des entassemens de la même nature, dont je n'ai pas néanmoins observé la suite; dans l'espace intermédiaire qui sépare ces deux communes, et qu'occupent les collines de marbre des environs d'Orthez, il semble, dis-je, que ces amas de débris pourraient être attribués au cours de quelque ancienne et grande rivière dont le lit se trouverait dégradé par des causes qui nous sont inconnues.

Mais cette opinion qui d'abord paraît assez vraisemblable, a néanmoins ses difficultés; car si les eaux d'une rivière dont il faut supposer la source vers les Pyrénées, ont entassé ces cailloux calcaires, il semblerait qu'en roulant à de grandes distances, ils auraient dû naturellement perdre de leur volume : on en trouve cependant de très-gros de la même espèce, sur le territoire de Lagor, c'est-à-dire, ayant environ deux pieds de diamètre, qu'ils n'excèdent pas dans les lieux plus rapprochés des montagnes, d'où l'on pourrait présumer qu'ils sont descendus.

Les dépôts fluviatiles sont, en outre, mêlés ordinairement de débris terreux : de même j'ai vu dans plusieurs endroits et notamment dans les côteaux de *Larouin*, près de Pau, des amas de cailloux calcaires, confondus avec de la terre argileuse, et qui sont peut-être le résultat de la destruction de quelques lieux plus élevés également formés de galets de cette nature : mais je dois convenir qu'il n'en est pas ainsi dans d'autres parties des nombreux côteaux dont il est ici question, et surtout aux environs de Gan, à l'extrémité du parc du château de Pau, près des ruines du Castel=Besiat : les cailloux y sont très-adhérens entr'eux. Il en est tellement de même à Narcastet, que l'énorme amas de ces cailloux porte le nom de *Roque* (roche). Je ne pense pas que d'après les observations précédentes, on puisse se flatter de connaître exactement le vrai moyen employé par la nature, pour former ces prodigieux amas de cailloux de chaux carbonatée.

Il reste encore à savoir d'où sont descendus ces cailloux calcaires dont les Pyrénées n'offrent pas de pierres analogues : la grosseur de leur diamètre, quoique inférieure à celle des blocs de marbre et de granit charriés par les torrens, du haut des montagnes, ferait présumer qu'ils ne sont pas venus de loin : il faudrait donc chercher dans les collines qui forment le premier échelon de la chaîne, les masses continues de rochers d'où ces cailloux ont été détachés.

Il n'est pas douteux qu'on trouve dans ces collines des couches calcaires blanches ou grises, qui sont à peu près de la même nature ; mais quand on compare ces premières collines avec celles qui sembleraient avoir été produites de leurs débris ; quand on considère, dis-je, que leur hauteur respective est à peu près égale, principalement du côté de Gan et de Narcastet, et qu'on ne voit pas le degré de pente qui devait avoir été nécessairement très-rapide pour le transport de tous ces gros cailloux, l'on est forcé de convenir que le lieu qui récèle les masses pierreuses, qui leur ont donné naissance, ne saurait être indiqué de manière à ne laisser aucun doute : il faut des recherches plus approfondies pour éclaircir des difficultés que présente l'explication de ces effets naturels et singuliers, dont les véritables causes me sont inconnues.

Mais ce que l'on doit regarder comme très-certain, c'est que ces côteaux qui forment une des plus agréables perspectives du château où naquit Henri IV, produisent sur leurs pentes rapides, des fruits délicieux et les vins les plus renommés de l'ancienne souveraineté du Béarn.

SUITE
DE LA LISTE
DES TREMBLEMENS DE TERRE,
RESSENTIS DANS LES PYRÉNÉES
ET LES PAYS SITUÉS AU PIED DE CES MONTAGNES.

J'ai publié dans mes mémoires pour servir à l'histoire naturelle de cette chaîne de montagnes, l'énumération de toutes les secousses dont j'avais connaissance jusqu'en 1814. J'espère que les physiciens me sauront gré de mettre sous leurs yeux, celles qui ont eu lieu depuis cette époque.

Le 9 avril 1815, on ressentit à Pau, à une heure 22 minutes, une secousse de tremblement de terre : elle fut moins violente, mais plus longue que celle que l'on éprouva le même jour en 1814, et à peu près à la même heure. Elle se fit ressentir dans d'autres parties du département des Basses-Pyrénées, et fort peu à Ogenne et Vielleseguire : beaucoup de personnes ne s'en apperçurent point ; je fus de ce nombre ; le temps était orageux.

Depuis le tremblement de terre du 9 avril 1815, jusqu'au mois de février 1816, le tonnerre ne s'est point, pour ainsi dire, fait entendre ; jamais je n'ai vu le temps moins orageux.

Le dimanche, 17 novembre 1816, on ressentit

dans la commune de Laruns, vallée d'Ossau, à 4 heures du soir, une légère secousse de tremblement de terre, qui fut précédé d'un bruit souterrain, dont la direction était de l'occident à l'orient.

On ressentit à Pau, le mardi 18 mars 1817, entre dix et onze heures du matin, un tremblement de terre; l'oscillation fut très-rapide et se renouvella deux fois; la journée était belle, mais quand le soleil se cachait ou qu'on était dans les lieux privés de ses rayons, on trouvait le vent très-froid.

On ressentit la même secousse dans les communes d'Ogenne, de Doguen, de Viellesegure, d'Oloron, et dans plusieurs autres endroits de ce département.

Quoique les brouillards fussent assez fréquens avant cette époque, ils l'ont été beaucoup plus depuis pendant quelques jours.

« Le tremblement de terre qu'on a ressenti » ici (Pau) le 18 mars 1817, eut également lieu » le même jour à Bayonne; mais il paraît qu'il » y fut beaucoup plus violent, puisqu'on écrit » que des maisons ont éprouvé de fortes secous- » ses, et que plusieurs personnes en ont été griè- » vement malades. » Voyez le *Mémorial Béarnais* du 5 avril, n.º 144.

Le 19 juillet 1818, le tonnerre gronda vers les trois heures du matin; plusieurs grands éclats se firent entendre à mesure que l'orage se dirigeait du côté de l'E. S. E.; cet orage ne dura que peu de temps, et ne fut accompagné que de très-peu de pluie.

Vers les sept heures du matin du même jour 19 juillet 1818, je ressentis dans la commune d'Ogenne, deux secousses successives assez fortes de tremblement de terre, qui ébranlèrent les cloisons de ma chambre : elles furent pareillement ressenties par une personne assise dans la même pièce, et devant une table sur laquelle elle écrivait. Les secousses furent assez violentes pour que chaque fois, elles fissent incliner ou pencher son corps vers l'O. N. O. La même personne vit en outre le mur de ma chambre se mouvoir de l'E. S. E. à l'O. N. O. et de l'O. N. O. à l'E. S. E.

J'observai que ces secousses avaient eu lieu, sur la même ligne où les coups de tonnerre dont il est parlé ci=dessus avaient éclaté.

Il est à remarquer que les secousses de tremblement de terre du 19 juillet ne se firent point ressentir à Orthez, qui n'est éloigné de Pau que d'environ cinq lieues : quelques personnes observèrent à Pau que les oscillations eurent lieu dans la direction de la chaîne.

Voici d'autres détails dont je suis redevable à M. Lamothe de Viellesegure, médecin d'Arudi, qui prit la peine de m'écrire, le 21 juillet 1818, ce qui suit :

» Nous avons éprouvé dimanche 19 juillet, une violente secousse de tremblement de terre, vers les sept heures et demie du matin ; elle a duré plusieurs secondes : des maisons ont été fortement ébranlées. Une deuxième secousse, mais moins forte, s'est faite ressentir vers les dix heures. On dit qu'aux Eaux-Chaudes, le fracas des rochers était effroyable. »

Le même M. Lamothe a bien voulu ne pas me laisser ignorer que dans la nuit du 5 au 6 février de l'année présente 1819, l'on avait ressenti dans la vallée d'Ossau, une violente secousse de tremblement de terre qui a duré plusieurs secondes.

M. le baron de Vallier, lieutenant de Roi à Navarrenx, a pris la peine de m'informer que le 1.er du mois de juin 1819, et vers les quatre heures et demie du matin, on avait ressenti dans cette ville, une assez forte secousse de tremblement de terre, dont la direction était du N. O. au S. E.; on ressentit la même secousse dans les lieux adjacens.

Telles sont les diverses secousses de tremblement de terre ressenties depuis 1815 jusqu'en 1819, au pied des Pyrénées; chaîne montagneuse située sur la lisière septentrionale d'une grande bande de terrain, souvent désolée dans plusieurs de ses parties, par d'horribles commotions souterraines, et qui se prolonge peut-être depuis l'Océan atlantique, jusqu'aux contrées Orientales de l'Asie : les secousses les plus remarquables de cette bande sont les suivantes :

Elle renferme les îles des Açores, agitées en juillet 1591, avec une telle violence que les plaines s'élevèrent en plusieurs endroits en collines, et que dans d'autres quelques montagnes s'applanirent. Villa-Franca fut renversée jusques dans ses fondemens; le terrain, au moment de ces terribles ondulations, qui ne cessèrent point durant quinze jours, semblait se ressentir de la mobilité de l'élément flexible qui baigne le rivage.

Sur cette bande on compte la ville de Lisbonne, presqu'entièrement détruite par un tremblement de terre, le 1.er novembre 1755 : trente mille habitans périrent dans cet horrible bouleversement.

En 1427, la ville d'Olot fut entièrement détruite par de fréquentes secousses de tremblement de terre.

Mariana rapporte qu'en 1420, la terre tremblait chaque jour en Catalogne ; ces secousses renversèrent la ville d'Amer.

Suivons cette même bande de terrain vers l'E.; traversons la mer méditerranée et pénétrons dans la Pouille et la Calabre : l'on n'ignore pas que ces contrées sont agitées plus fréquemment que les autres parties de l'Europe. Du temps de Pie II, toutes les églises et les palais de Naples furent renversés et trente mille personnes tuées.

L'histoire nous apprend qu'en 1593, il y eut en Sicile, un tremblement de terre, causé par une violente éruption de l'Etna ; Catane fut entièrement détruite et quinze mille personnes furent écrasées dans cette ville seule.

M. le chevalier Hamilton rapporte qu'il en périt quarante mille dans les tremblemens de terre qui bouleversèrent les deux Calabres et quelques parties de la Sicile, depuis le mois de février 1783, jusqu'au mois de juin de la même année.

Personne n'ignore qu'en 1805, une grande partie du royaume de Naples fut agitée par une violente secousse de tremblement de terre ; un nombre prodigieux de maisons et plusieurs édifices furent ébranlés jusques dans leurs fondemens ; les journaux faisaient monter à un nombre considérable les personnes qui périrent dans cette horrible catastrophe.

Traversons la mer adriatique, et nous trouverons Smyrne qui ressentit en 1668 un tremblement de terre, qui commença par un mouvement d'Occident en Orient : la ville et le château furent renversés et vingt mille personnes perdirent la vie au milieu de leurs ruines.

L'an 469, avant Jesus-Christ, Sparte fut renversé par un affreux tremblement de terre; vingt mille habitans furent ensevelis sous les décombres de leurs maisons.

Gagnons l'Asie mineure : tout le monde sait que cette contrée fut affligée, l'an de J.-C. 17, par le plus horrible tremblement de terre dont les annales du genre humain aient conservé le souvenir; *maximus terræ memoriâ mortalium motus.* Plin. Douze villes célèbres furent renversées dans une seule nuit; les habitans passèrent sans intervalle du sommeil à la mort, et la terre s'entrouvrait sous les pas de ceux qui purent s'échapper. On vit de hautes montagnes s'abaisser; les vallons s'exhausser et devenir des montagnes, et parmi tant de désordres, des feux sortis des abîmes de la terre augmentaient encore l'horreur et le danger.

Du temps de Trajan, la ville d'Antioche avec une grande partie du pays adjacent, fut abîmée par un tremblement de terre; et du temps de Justinien en 528, cette ville fut une seconde fois détruite par la même cause, avec plus de quarante mille de ses habitans. 60 ans après, du temps de St. Grégoire, elle essuya un troisième tremblement de terre avec perte de soixante mille habitans.

Jean Struys rapporte qu'en 1667, un tremblement de terre dura trois mois à Scamaches, en Perse; qu'il renversa les tours, les églises, les remparts et les maisons; ensevelit plus de quatre-vingt mille hommes, sans compter les femmes, les enfans et les esclaves; le pays d'alentour de même que tous les villages et bourgs furent abîmés le même jour; plusieurs montagnes disparurent.

Je ne prétends point décider si les contrées les plus orientales de l'Asie, pareillement exposées à de grandes secousses de tremblemens de terre, font partie de cette bande de terrain sujette à tant d'horribles agitations ; j'ai cru devoir me borner à présenter l'énumération de secousses précédentes ressenties dans la bande de terrain que nous avons suivi de l'O. à l'E. Elle peut servir à faire connaître la protection singulière que la providence daigne accorder aux habitans des pays adjacens des Pyrénées, qui ne se ressentent que faiblement des affreux désordres qui viennent d'être rapportés.

En effet, en même-temps qu'elle semble avoir élevé ces montagnes à la surface de la terre, pour servir de limites aux deux empires qu'elles séparent, elle paraît avoir donné à leur base souterraine, une profondeur capable de garantir la France de la communication des terribles secousses que des contrées plus méridionales éprouvent fréquemment. C'est une imposante barrière qu'on croirait destinée à contenir leurs fureurs. Plutarque rapporte que les Ethiopiens ne craignaient point la foudre, ni les habitans de la Gaule, les tremblemens de terre.

DES GLOBES DE FEU

OBSERVÉS

DANS LES PAYS ADJACENS DES PYRÉNÉES.

I.

L'histoire ancienne et moderne fait mention d'un grand nombre de globes de feu qui se forment dans l'atmosphère; quelques uns disparaissent sans bruit : d'autres éclatent et lancent quelquefois de leur sein enflammé, des pierres en plus ou moins grande quantité : l'existence de cet étonnant et dernier phénomène ne paraît guère avoir eu des contradicteurs qu'au milieu et vers la fin du 18.me siècle ; alors quelques savans présentèrent des doutes ; d'autres cherchèrent à démontrer la possibilité de ce fait singulier. En vain on annonça la chute des pierres après l'explosion d'un globe de feu qui, le 24 juillet 1790, répandit la terreur parmi les habitans de la Gascogne : des sociétés savantes persistèrent à ne point admettre un pareil effet. La lecture du mémoire que M. Baudin publia bientôt après, sur ce météore, ne fit pas l'impression qu'elle semblait devoir naturellement produire ; et les pierres qu'on disait avoir été lancées du globe de feu, dont plusieurs furent mises sous les yeux des physiciens, par M. de Carritz-Barbotan, ne parurent point mériter une attention particulière : le mémoire de M. Baudin, et les pierres qu'il disait lancées par l'explosion du globe, cessèrent bientôt d'être un objet d'attention, d'étude et de curiosité.

Il faut néanmoins avouer que quelques savans trouvaient convenable de faire des recherches, avant de prendre aucun parti. M. Bayen, célèbre chimiste de la capitale et membre de l'institut, était du nombre de ceux qui désiraient un examen approfondi; c'est dans cet objet qu'il me fit l'honneur de m'adresser le 29 janvier 1792, une lettre dont voici l'extrait:

« Il y a quelque temps que M. de..., dé-
» puté de Dax à l'assemblée constituante, me
» parla d'un phénomène qui a singulièrement
» frappé les habitans de la partie de la Gascogne,
» où il a fait son explosion: c'était un immense
» globe de feu, qui, traversant les airs avec une
» grande rapidité, a éclaté avec un bruit épou-
» vantable; il m'apprit que dans son explosion,
» il avait lancé une grande quantité de pierres
» dont il me remit un échantillon.....; je crus
» devoir me borner à un simple examen, parce
» que les physiciens en général, et surtout M.
» Leroi qui nie formellement que ces globes lan-
» cent des pierres, mirent des entraves aux expé-
» riences que je me proposais de faire. M. ...
» me communiqua un mémoire manuscrit, dans
» lequel M. Baudin qui en est l'auteur, entre
» dans de longs détails.

» De votre côté, Monsieur, sauriez-vous quel-
» que chose de positif sur ce météore? votre cu-
» riosité vous aurait-elle attiré sur les lieux où
» ce globe a éclaté?....... M. de Carrits-Barbotan
» a envoyé à Paris une pierre pesant 18 livres,
» trouvée à la surface du sol après l'explosion de
» ce météore ignée. Malgré cela, les physiciens

» nient la chute des pierres : n'y aurait-il pas
» moyen de revenir sur ses pas en examinant le
» terrain ? Oh ! que je serais content, Monsieur,
» si vous pouviez me donner des renseignemens
» sur la chute des pierres contestée par plusieurs
» savans, et qui peut, ce me semble, se vé-
» rifier........ »

J'aurais bien désiré pouvoir satisfaire la curiosité de M. Bayen, et me procurer le plaisir de visiter moi-même, le terrain jonché de pierres sorties du sein de ce météore ignée ; mais les troubles qui précédèrent la révolution rendant les communications difficiles, enchaînèrent l'ardeur de mon zèle, et ne me permirent point d'entreprendre cet intéressant voyage.

On ne parlait plus ni du globe ignée de la Gascogne, ni des pierres qu'il avait lancées, lorsqu'un pareil phénomène eut lieu à Benarés dans le Bengale, le 19 décembre 1796 : des fragmens pierreux sortis du globe enflammé furent envoyés à M. Howard, habile chimiste d'Angleterre, qui les soumit à l'analyse, avec d'autres morceaux de pierre qu'on disait être tombés du ciel en d'autres temps ; tous en général furent jugés de la même nature ; ce qui fit naître le désir d'examiner et d'approfondir de pareils phénomènes. Le résultat de ces recherches fut tel, que les physiciens ne doutèrent plus de la chute des pierres. Tous enfin en conviennent avec M. Baudin, qui, quatre ans avant M. Howard, dit avoir reconnu leur existence. On peut s'en convaincre en lisant son mémoire : comme il est peu répandu, j'ai pensé qu'on me saurait gré d'en insérer ici un extrait, à cause des faits curieux qu'il contient et qui paraissent propres à servir à l'histoire naturelle des Pyrénées et des pays adjacens.

« Le samedi 24 juillet 1790, dit M. Baudin,
» après une journée fort chaude, sur les neuf
» heures et demie du soir, étant à me promener
» dans la cour du château de Mormés, avec M.
» de Carrits-Barbotan, l'air étant calme et se-
» rain, le ciel sans aucun nuage, nous fumes
» surpris de nous voir comme environnés, tout-à-
» coup, d'une lumière blanchâtre, vive, et qui
» effaçait celle de la lune, quoique cet astre ap-
» prochant alors de son plein, qui devait arriver
» environ trente heures après, brillât d'un grand
» éclat.

» Levant la tête, nous vimes passer presqu'à
» notre zénith, un météore extraordinaire; c'é-
» tait un globe de feu dont le diamètre apparent
» était plus grand que celui de la lune. Il traînait
» après lui une queue dont la longueur me parut
» à peu près cinq à six fois égale au diamètre :
» elle était de la même largeur que le globe à l'en-
» droit où elle y tenait, mais elle allait en dimi-
» nuant et se terminait en pointe. La couleur du
» globe ainsi que la queue étaient d'un blanc mat
» et blafard; mais la pointe était d'un rouge fon-
» cé, à peu près couleur de sang. La direction
» du météore, dans sa course assez rapide, était
» du Sud au Nord.

» A peine y avait-il deux secondes que nous
» le considérions, qu'il se sépara en plusieurs
» parties considérables, que nous vimes tomber
» dans différentes directions, à peu près comme
» j'imagine que doit faire une bombe quand elle
» éclate. Tous ces différens débris s'éteignirent
» en l'air. Plusieurs en tombant prirent la même
» couleur rouge que j'avais remarquée à la pointe
» de la queue; il y a toute apparence que tous

» prirent cette couleur, mais je ne remarquai
» que ceux dont la direction se portait vers Mor-
» més, et qui me frappèrent plus particulière-
» ment.

» Environ trois minutes après, je ne puis pas
» dire au juste le temps, parce que ne pensant
» pas à ce qui allait arriver, je ne consultai point
» ma montre; mais il s'était bien écoulé pour le
» moins deux minutes et demie, nous entendî-
» mes un coup de tonnerre terrible, ou plutôt
» une explosion pareille à celle qu'aurait pu faire
» une décharge de plusieurs grosses pièces d'ar-
» tillerie. Nous étions rentrés dans ce moment;
» la commotion imprimée à l'air par cette terri-
» ble explosion, fut telle qu'il semblait que ce fut
» un tremblement de terre; toutes les vitres s'a-
» gitaient avec bruit dans leurs panneaux; il y
» eut même deux fenêtres qui s'ouvrirent: il y a
» grande apparence qu'elles n'étaient point réel-
» lement fermées, mais simplement poussées
» contre, sans être arrêtées. On nous dit le len-
» demain que, dans quelques maisons du Houga,
» petite ville à une demie lieue de Mormés, la
» batterie de cuisine avait aussi été agitée. Quel-
» ques personnes croyaient qu'il y avait eu un
» tremblement de terre: je ne le nierai pas; mais
» n'ayant senti sous les pieds aucun mouvement,
» aucune secousse, je crois que tout ceci n'était
» réellement qu'un effet du mouvement violent
» imprimé à l'air.

» Nous sortîmes dans le jardin: le coup durait
» encore, et le bruit semblait perpendiculaire
» au-dessus de nos têtes. Quelque temps après
» qu'il eût cessé, nous entendîmes un bruit sourd,
» un retentissement considérable qui semblait se

» prolonger en échos, le long de la chaîne des
» Pyrénées qui sont vis-à-vis de nous, à quinze
» lieues; et ce bruit, suivant la direction de cette
» chaîne de l'Est à l'Ouest à notre gauche : nous
» aurions dû l'entendre de même à notre droite
» dans la direction opposée ; mais je crois que
» notre seule position nous a empêché d'entendre
» les échos de la droite, arrêtés par le château,
» l'église et quelques maisons du village que nous
» avions en effet de ce côté là : ce bruit dura bien
» près de quatre minutes, s'éloignant toujours et
» s'affaiblissant peu-à-peu. Nous sentimes aussi
» dans ce moment une odeur de soufre assez forte.

» Voulant faire remarquer à plusieurs person-
» nes qui étaient là, l'endroit où le météore s'é-
» tait séparé en éclats ; nous apperçumes tous
» un petit nuage blanchâtre qui en était peut-être
» la fumée, et qui nous cachait trois étoiles de
» la grande ourse ; ce sont les trois qui occu-
» pent le milieu de celles qui forment le demi-
» cercle ; on les entrevoyait cependant à travers
» le nuage, mais avec beaucoup de peine. Il
» s'éleva aussi alors un petit vent frais, mais
» peu considérable.

» D'après le temps écoulé entre la rupture du
» globe et le bruit qui en était la suite naturelle,
» je conjecturai que le météore devait être au
» moins à sept ou huit lieues de hauteur perpen-
» diculaire, et qu'il pouvait être tombé à quatre
» lieues environ de Mormès vers le nord. Cette
» dernière conjecture se trouva bientôt vérifiée
» par le bruit qui se répandit qu'il était tombé
» du côté de Juliac, et jusqu'auprès de Barbotan,
» une quantité de pierres ; Juliac et Barbotan
» sont en effet à peu près à cette distance de

» Mormés ; le premier, à quatre heures de mar-
» che au Nord, et l'autre, à près de cinq heu-
» res en tirant vers le Nord Nord-Est.

» M. de Carrits-Barbotan étant allé deux jours
» après, à Juliac avec son petit-fils, nous con-
» firma la vérité du fait ; et d'après le rapport de
» plusieurs personnes instruites et dignes de foi,
» il paraît que le météore éclata à une petite dis-
» tance de Juliac, et que les pierres qu'il lança
» se dispersèrent dans un espace à peu près cir-
» culaire de près de deux lieues de diamètre ; il
» en tomba de différentes grosseurs. Je n'ai pas
» ouï dire qu'aucune maison ait été endomma-
» gée ; mais c'est un pays de landes : il en est
» cependant tombé fort près de plusieurs maisons,
» dans des cours et dans des jardins : on a aussi
» trouvé dans des bois des branches rompues et
» éclatées par la chute des pierres ; elles faisaient
» en tombant un sifflement très-fort que plu-
» sieurs personnes ont entendu. Des gens dignes
» de foi m'ont dit aussi, que le météore dans sa
» course faisait entendre un bruissement et un
» pétillement pareil à celui des aigrettes et des
» étincelles électriques ; cela peut être, et me
» paraît même très-naturel ; mais M. de Carrits-
» Barbotan ni moi n'entendîmes absolument rien,
» lorsqu'il passait au-dessus de nos têtes. Les
» exclamations que je fis à la vue de ce superbe
» météore, et lorsqu'il passait et lorsqu'il éclata,
» nous empêchèrent peut-être de rien entendre.

» On a trouvé de ces pierres qu'on avait vues
» tomber, qui pesaient dix-huit à vingt livres, et
» qui en tombant s'étaient enfoncées de deux à
» trois pieds dans la terre : on m'a même rap-
» porté qu'on en avait trouvé du poids de cin-

» quante livres : M. de Barbotan s'en est pro-
» curé une de dix-huit livres, qui a été envoyée à
» l'académie des sciences à Paris.

» Le météore a été vu à Bayonne, à Auch, à
» Pau, à Tarbes et même à Bordeaux et à Tou-
» louse ; j'ai appris que dans cette dernière ville,
» il n'a pas fait une sensation fort vive, ce qui
» ne doit pas étonner, vu le grand éloignement,
» qu'il y avait paru comme un météore un peu
» plus fort que ces feux que l'on voit de temps
» en temps, et qu'à la suite de sa rupture, on
» avait seulement entendu un bruit sourd, com-
» me un coup de tonnerre dans le lointain. »

. . . .
. . . .

« A juger de la vitesse du météore par le temps
» écoulé depuis le moment où je l'apperçus jus-
» qu'à celui où il éclata, et par l'espace parcouru
» dans ce temps, il devait faire environ une lieue
» et demie par seconde : une telle rapidité, quoi-
» que extraordinaire, n'est pas sans exemple.
» Le météore, observé par Montanarius, à Bolo-
» gne, le 31 mars 1676, et qui, après avoir tra-
» versé la mer Adriatique et l'Italie dans toute sa
» largeur, alla enfin éclater à la hauteur de l'île
» de Corse, parcourait plus d'une lieue par secon-
» de. » *Physique de M. l'abbé Sauri, tome* 4.*,
page* 52. *Hist. Natur. de l'air et des Météores, de
M. l'abbé Richards, tome* 9.*, pag.* 128.

On sera sans doute curieux de savoir d'où peuvent être venues ces pierres, et comment elles se
sont formées; c'est une question fort difficile,
d'autant qu'on ne peut s'appuyer ici que sur des
conjectures assez incertaines et hasardées.

Tel est l'extrait de l'intéressant récit de M. Baudin qui mérite d'autant plus d'être connu que cet observateur paraît être le premier des physiciens modernes qui, contre l'opinion généralement adoptée, n'ait point douté de la réalité de la chute des pierres, après avoir observé le météore ignée qu'il vit éclater aux environs du château de Mormés.

II.

Le phénomène suivant, quoique moins remarquable que celui dont on vient de voir les surprenans effets, m'a paru devoir pareillement trouver place dans cette notice.

Le 11 novembre 1799, je partis de la commune d'Ogenne, située près de Navarrenx, et me rendis le même jour, chez M. Picamilh ancien secrétaire d'ambassade en Suisse, qui résidait à sa maison de campagne de Larouin, non loin de Pau; j'y passai la nuit; le temps avait été un peu sombre presque toute la journée et la température assez douce; mais les planètes et les étoiles brillaient avant l'aurore du plus bel éclat : je fus frappé du magnifique spectacle que présentait la voute céleste.

Le lendemain 12 du même mois, M. Picamilh entra dans ma chambre, un moment avant que le jour ne commençait à poindre ; et comme c'était à peu près à la même heure où, la veille, j'avais observé les astres dont la vue m'avait saisi d'admiration, mon premier empressement fut de l'engager à contempler le ciel : mais comme il était couvert de nuages épais, il ne fut point possible de jouir du même plaisir que j'avais éprouvé la veille : nous fermâmes la croisée, et ce fut dans un moment où nous étions loin de le supposer si rapproché de celui où la nature préparait en silence, sous un voile ténébreux, le merveilleux phénomène dont je vais rendre compte, et qui causa dans une grande partie du Béarn autant de frayeur que de surprise.

Bientôt après je pris congé de M. Picamilh, je me rendis à Pau où quelques personnes me parlèrent des feux qui, vers le lever de l'aurore, avaient paru dans l'atmosphère. Mais les renseignemens qui me furent donnés dans cette ville, ne satisfirent qu'imparfaitement ma curiosité : des notions plus étendues me furent communiquées dans mon habitation d'Ogenne où j'arrivai le lendemain 13 de novembre.

Dès que je fus descendu de cheval, mes domestiques s'empressèrent de m'apprendre que la veille, 12 du même mois, et vers le lever du soleil, ils avaient apperçu du côté du Sud-Est, avec d'autres personnes, un météore ignée, d'une forme oblongue, dont le diamètre dans sa plus grande largeur, paraissait égal à celui de la pleine lune ; ce météore accompagné d'une longue queue, s'éleva majestueusement vers la région supérieure, et disparut subitement sans nulle explosion.

A peine ce phénomène était dissipé, qu'on découvrit du côté du S. O., un autre météore ignée, qui se mouvait dans l'atmosphère et descendait vers la surface de la terre : il disparut derrière un côteau qui domine ma maison du côté du N. N. O.

A ce météore on en vit succeder bientôt après un troisième au S. E. accompagné d'une longue queue de feu et qui se dissipa tout à coup.

Les météores ignées, dont je viens de parler, ne furent pas les seuls qui se montrèrent dans l'atmosphère : il ne restait plus aucune trace des précédens, lorsqu'un nouveau, d'un diamètre plus grand que nul de ceux qu'on avait observés, et dont la queue était en outre plus longue, parut au dessus de mon habitation : il surpassait par son éclat tous les météores dont nous avons parlé ; mais comme eux, on le vit disparaitre sans explosion, après avoir resté un moment immobile. Ces divers météores dont aucun n'était parfaitement rond, eurent lieu avant le lever du soleil ; les étoiles étincellaient encore.

Il ne sera peut-être pas inutile de faire observer qu'ils avaient été précédés de pluies abondantes, pendant un mois : elles ne cessèrent que deux jours avant leur apparition : les premiers qui la suivirent furent très chauds pour la saison.

Qu'il me soit permis de rapporter un autre phénomène de la même nature, non moins remarquable que le précédent. Le 26 juillet 1812, à neuf heures du soir, pendant que je profitais des savans entretiens du célèbre M. de Charpentier, qui me fit l'honneur de venir passer à Ogenne quelques momens qui me parurent bien courts, des habitans de cette commune et des environs apperçurent un globe de feu, qui s'éleva dans les airs : sa direction était du S. S. O. au N. N. E. ; il répandait une grande clarté et lançait des étincelles. Il ressemblait à une étoile flamboyante ; lorsqu'il eût atteint certaine hauteur, on le vit disparaitre sans aucune explosion : ce météore causa beaucoup de frayeur aux habitans des communes dans lesquelles il fut aperçu.

III.

Il n'est pas douteux que si de pareils globes ignées s'approchaient de la surface de la terre, ils ne missent le feu aux matières combustibles qu'ils trouveraient sur leur passage, ainsi que l'exemple suivant le prouve.

» Dans les premiers jours de brumaire, an X,
» on a vu à 7 heures du soir, à Colchester un
» météore en forme de globe de feu, qui passa
» très rapidement du Sud au Nord de cette ville.
» La clarté qu'il répandait sur la terre, semblait
» donner aux objets une couleur verdâtre : il était
» suivi d'une trainée d'une lumière qui, en s'al-
» longeant de plus en plus, finit par absorber le
» corps principal. On doit supposer que ce mé-
» téore n'était pas très élevé dans l'atmosphère,
» puiqu'une partie de sa queue étant tombée sur
» la maison d'un meunier des environs de Bury-
» St.-Edmont, elle y mit le feu, et la consuma
» si rapidement, qu'on eut à peine le temps de
» soustraire à la voracité des flammes, une par-
» tie du mobilier. » *Journal de Paris* du 26 brumaire, an X.

J'aurais du penchant à croire qu'il faut attribuer à une pareille cause, le grand incendie dont Mariana fait mention, au 2.e livre de son histoire d'Espagne, année 965 et dont cet auteur parle dans les termes suivans : « de grandes flammes
» causées, prétend-on, par quelque maligne in-
» fluence des étoiles, se répandirent de l'Océan
» sur les terres voisines : telle fut leur étendue
» qu'elles embrasèrent beaucoup de champs, de
» villes où d'habitations jusqu'à Zamora. »

La distance de cette ville à l'Océan est d'environ 60 lieues.

IV.

Les météores ignées semblent devenir plus fréquens depuis qu'on s'applique à les observer. On trouve dans le *Journal des Mines* n.º 186 le rapport fait par M. Daubuisson sur les aréolithes tombées le 10 avril 1812 près de Grenade, à sept lieues au N. N. O. de Toulouse. Cette chute fut précedée d'une vive lueur dans l'atmosphère, et d'une grande détonnation, accompagnée de pierres.

V.

Un phénomène du même genre eut lieu le 5 septembre 1814 dans le département du Lot-et-Garonne où un bruit effroyable se fit entendre; ce bruit fut suivi dans plusieurs communes, de la chute d'une très grande quantité de pierres tombées du ciel. M. le Préfet du département en envoya des échantillons à Paris pour y être soumis à l'analyse des savans. C'est particulièrement dans les communes de Monclar et du Temble que cette pluie de pierres tomba : heureusement on n'apprend pas qu'elles eussent blessé personne. Ces aréolithes ne diffèrent, selon M. Vauquelin, de celles qui ont été précédemment analysées, que par l'absence du nickel. *J. des M.* n.º 220. p. 317. Elles contiennent ordinairement de la silice, de la magnesie, du fer oxidé et du nickel.

VI.

Il faut placer parmi les météores lumineux les plus remarquables, celui qui le 15 février 1818, parut dans le ciel, au dessus des pays adjacens des Pyrénées, et qui fut aperçu à Toulouse, à la Réole, à Bordeaux, à la Bastide-de-Clarence, enfin dans les contrées qu'occupait anciennement la partie des Gaules, connue sous la dénomination de Novempopulanie.

Comme cet effrayant phénomène n'a point été décrit de la même manière, par les observateurs qui l'ont remarqué; qu'ils ne font pas, en outre, mention des mêmes particularités, je pense que le lecteur ne désapprouvera point que je mette sous ses yeux, les divers rapports parvenus à ma connaissance.

Extrait du Mémorial Bordelais du 20 février 1818.

Un de nos abonnés nous transmet de la Réole les détails suivans.

« Le 15 de ce mois, vers les six heures du soir, par un temps assez calme, le ciel peu nébuleux, j'ai entendu un sifflement rapide, dans la direction de l'Ouest à l'Est, pareil à celui du vol d'un faucon, fondant sur sa proie. Dans l'instant une vive lumière a brillé ; occasionnée par une gerbe de feu, concave dans son centre, de la forme et de la grosseur apparente d'un cerf-volant, trainant une queue argentée, décuple en longueur, mais étroite comme la lame d'une épée. De cet ensemble lumineux jaillissaient sans nombre des étincelles en forme d'étoiles, de la couleur du plus beau vermeil.

» La trace blanchâtre dont ce météore avait sillonné le ciel, y est restée empreinte pendant trois minutes, et s'est insensiblement effacée, dans la progression de la queue à la tête.

» Deux minutes après, une détonation, semblable à un coup de tonnerre, s'est fait entendre dans la même direction, Est ; s'est prolongée comme le roulement d'une voiture, l'espace de quelques secondes.

» Si quelque physicien instruit vous adressait des observations sur ce phénomène, veuillez supprimer les miennes, basées néanmoins sur des apparences que j'ai saisies et décrites de mon mieux. »

On lit dans le journal de Toulouse ce qui suit :

« Dimanche 15 février, à 6 heures du soir, un météore lumineux a brillé pendant 4 à 5 secondes sur l'horizon de Toulouse ; il s'est comme spontanément enflammé à 20 degrés environ de hauteur vers l'Ouest, et a parcouru, en s'abaissant et en augmentant de vivacité, un arc de 10 à 12 degrés, incliné vers l'Ouest Nord Ouest, après quoi il s'est subitement éteint. Ce phénomène n'a été suivi d'aucune détonation ; on croit tout au plus avoir entendu un frémissement sourd. Il a laissé après lui une trace pareille en couleur à la fumée qu'exhalent, en brulant, les gaz phosphoreux. On doit penser que le météore siégeait, à une grande hauteur dans l'atmosphère, puisque le vent Est Sud-Est, qui soufflait très fort à terre ne l'atteignait pas, et plus encore, puisque sa trace paraissait réfléchir les rayons du soleil, qui était couché depuis plus de trois quarts d'heures. »

» Ce phénomène paraît sous tous les rapports, tenir à celui des feux follets ou étoiles tombantes, que l'on attribue en général à l'infflammation des substances gazeuses par l'effet d'une étincelle électrique ; il n'a eu de particulier qu'un plus grand degré d'intensité que ceux que voient ordinairement les personnes que leur état n'oblige pas à passer quelquefois des nuits entières en plein air ; et la température trop douce de la saison , les vapeurs humides et chaudes charriées par le vent qui règne , étaient très-propres à favoriser ce degré d'intensité. »

Note de M. le baron de Schweickhardt, capitaine dans la légion des Pyrénées-Orientales, sur le météore qu'il a observé le 15 février 1818, à Navarrenx.

» A six heures moins cinq minutes (du soir)
» étant à la promenade vers Méritein, je fus sur-
» pris de voir un météore lumineux , qui repré-
» sentait une fusée attachée au firmament , et
» dirigeant son feu obliquement vers le nord-est.
» Au moment où la fusée semblait être à la fin ,
» elle reparut avec le même éclat; le feu présen-
» tait un globe qui allait en diminuant vers l'ori-
» gine de la fusée qui suivait le globe; j'entendis
» le même bruissement produit par une fusée
» qu'on allume, et le feu en avait la couleur. Il
» se trouvait un nuage dans la direction du mé-
» téore , qui disparut en le traversant. Huit mi-
» nutes après , j'entendis trois détonations suc-
» cessives ; je les compare au bruit de trois piè-
» ces de 24, déchargées en plaine, à une distance
» de 5 à 6 lieues du point où j'étais.

Note communiquée par M. le chevalier de Ribeyre, capitaine dans la légion des Pyrénées-Orientales.

« Un météore assez étendu et produisant une
» clarté extraordinaire a été remarqué le 15 fé-
» vrier 1818 ; voici ce que des personnes qui se
» trouvaient dans la plaine de Navarrenx , dépar-
» tement des Basses-Pyrénées, ont observé avec
» la plus grande attention.

» Le météore a subitement paru le 15 février

» 1818, à cinq heures cinquante minutes du
» soir, à la fin d'un jour chaud pour la saison
» et qui avait été précédé d'une nuit assez fraîche.
» Le temps était calme et le ciel presque partout
» clair et serein. La lune était alors au premier
» quartier et brillait du plus bel éclat; on apper-
» cevait quelques petits nuages blancs au Nord ;
» mais du côté du Sud Sud-Ouest, on en remar-
» quait beaucoup sur cette partie des Pyrénées,
» qu'ils cachaient entièrement à nos yeux ; ils
» étaient noirs, très-épais et semblaient annon-
» cer de l'orage.

» Le météore a pris naissance entre le Nord
» et l'Orient, dans la direction du degré 22 de
» la carte géographique de France ; il est des-
» cendu obliquement du ciel vers la terre en li-
» gne droite, sans serpenter aucunement.

» Lors de son apparition, le météore avait la
» forme de la pointe d'une lance ; il s'est pro-
» longé ensuite sous celle du corps entier de la
» lance, au bout de laquelle il a pris la forme
» concave d'un entonnoir dont les côtés se main-
» tenaient en lignes droites ; il a produit en s'ou-
» vrant deux petites étoiles, ainsi que le font les
» fusées artificielles ; il a traversé dans la direc-
» tion du Nord-Est au Sud-Ouest, un petit nuage
» blanc qu'il a fait disparaître et s'est lui-même
» dissipé sans aucune espèce de fumée.

» Ce météore qui lançait des étincelles a duré
» pendant quatre à cinq secondes ; après cet in-
» tervalle de temps, la partie du milieu de la
» lance ou colonne, descendant dans l'espèce
» d'entonnoir a cessé d'être apparente dans toute
» sa longueur ; mais les lignes latérales parais-
» saient entièrement enflammées. La clarté du

» météore était parfaitement ressemblante à celle
» de la flamme des feux d'artifice.

» Neuf minutes après l'apparition du météore,
» l'on a entendu trois fortes détonnations dans
» l'air, et totalement semblables à celles de trois
» coups de canon de gros calibre, qui auraient
» été tirés à la distance de six à sept lieues ; ces
» trois détonnations partaient précisément de la
» place où le météore s'était terminé ; mais l'on
» n'a point vu à cette place ni ailleurs, la moin-
» dre apparence de nouveaux feux. »

Tel est le rapport de M. de Ribeyre.

Quant à moi je n'ai pas eu la satisfaction de voir ce phénomène, étant rentré dans ma maison un quart d'heure avant il ne parut. Je pense qu'il ne sera peut-être pas inutile de faire observer que le 9, le 10 et le 11 de février, Navarrenx et ses environs furent couverts d'un brouillard tellement épais et continuel, qu'ils surprirent tout le monde. Le 14, le 13 et quelques autres jours précédens, le temps était froid et le vent variable ; il soufflait tantôt de l'E. tantôt du N.

Le 16, lendemain de l'apparition du phénomène, le temps fut beau, malgré quelques nuages ; le 17, il fut de même et chaud pour la saison.

Nulle des relations rapportées ne parle de la chute des pierres que ce globe ignée aurait pu lancer. Ce qui paraît d'autant plus remarquable que ceux décrits ci-dessus et qu'on a vu accompagnés d'explosions, ont lancé, dit-on, des pierres.

Il paraît néanmoins vraisemblable que tous les météores ignées qui disparaissent avec bruit, ne sont pas un indice certain de la production des pierres ; nous rapporterons à ce sujet un exemple qui semble justifier cette conjecture.

VII.

Le 1.er avril 1800 un globe de feu très-extraordinaire par son volume et son éclat, tomba près de l'église de Bumstead dans le comté d'Essex : en descendant il faisait un sifflement aigu comme celui d'un fer rouge qu'on plongerait dans l'eau. En arrivant à terre, il y entra avec une explosion aussi forte que celle d'un gros canon; la direction était du sud-ouest, et pendant son passage l'horizon fut éclairé comme en plein jour; les habitans des environs furent extrêmement allarmés; une jeune fille se trouva près de l'endroit où le globe tomba et faillit à s'évanouir de peur: voyez le *Journal intitulé le Publiciste*, du 26 germinal an 8, article de Londres du 8 avril 1800.

Il est probable que s'il était tombé des pierres, lors de l'explosion de ce météore, les habitans témoins de ce phénomène les auraient apperçues.

VIII.

Telles sont les observations relatives à quelques météores ignées, qui ont paru dans les pays situés au pied des Pyrénées. Les phénomènes de cette nature, mieux observés désormais qu'ils ne l'ont été jusqu'à présent, vont devenir un des sujets les plus intéressans de la physique : en attendant, on ne doute plus que ces globes de feu ne soient quelquefois accompagnés de pierres; phénomènes connus des anciens et dont les philosophes modernes n'admettent l'existence que depuis un petit nombre d'années.

Mais quelle est l'origine des substances que ces globes ignées renferment, et la cause de leur explosion ?

« Elles ont éprouvé suivant M. de Lametherie,
» l'action du feu; c'est un fait à peu près géné-
» ralement avoué; car elles sont noires et oxi-
» dées à leur surface : on les a toujours trouvé
» chaudes et même quelquefois brûlantes, lors-
» qu'on les a ramassées au moment de leur chute.

» Enfin cette chute est toujours accompagnée
» de détonations plus ou moins bruyantes. Mais
» comment ces substances ont-elles été formées?
» On a avancé plusieurs opinions à cet égard.

» 1.º Chladni, qui a constaté le premier la réa-
» lité de leur existence, pense que ces corps ont
» été formés séparément de parties qui ne sont
» point entrées dans la formation des grands glo-
» bes; ils circulent à travers tous ces globes, et
» lorsqu'ils en approchent, ils en sont attirés et
» tombent à leur surface.

» 2.º Quelques savans anglais ont dit que ces
» météorolites peuvent avoir été lancés par les
» volcans de la lune. Le calcul a fait voir qu'en
» supposant qu'ils eussent reçu une impulsion six
» fois plus forte que celle que recevait un boulet
» de vingt-quatre, ils pourraient arriver jusqu'à
» la surface de la terre dans des circonstances fa-
» vorables.

» 3.º Mais l'opinion qui me paraît la plus vrai-
» semblable, est celle qui regarde ces météoroli-
» tes comme provenant de corps réduits en va-
» peurs, et tenus en suspension dans l'atmos-
» phère par de grandes masses de gaz inflamma-
» ble. Ce gaz est enflammé par des étincelles élec-
» triques; ce qui produit les détonations, les
» éclairs : toutes ces parties se réunissent par les
» lois des affinités; les métaux sont oxidés, et la
» masse devient brûlante. » *Leçons de Miner.*

Mais M. Bigot de Morogues observe qu'une des pierres tombées du ciel auprès d'Orléans, le 25 novembre 1810, était traversée par quelques lignes noires, irrégulières et très marquées, d'une demi ligne à deux lignes d'épaisseur, qui la traversaient indistinctement dans tous les sens, d'une manière analogue aux veines de certaines roches. Ce fait, dit cet observateur, ne semblerait-il pas indiquer que ces pierres étaient préexistantes à leur chute; qu'elles avaient été formées à la manière des roches et n'étaient pas formées dans l'atmosphère ? *Journal de Physique*, décembre 1810.

IX.

Les globes purement ignées sont moins rares que ceux qui sont accompagnés d'explosion. M. Bigot de Morogues a publié dans le *Journal des Mines* n.º 186, juin 1812, le catalogue de ces derniers phénomènes. Le nombre de ceux dont l'histoire depuis Moïse a conservé jusqu'à présent le souvenir, est d'environ 115. Sans compter douze masses de fer, présumées tombées sur la terre.

Les Chinois ont observé dès long-temps ce phénomène extraordinaire, qui n'a commencé que depuis peu d'années à fixer d'une manière régulière, l'attention des Européens. Si l'on consulte le catalogue des bolides et des aérolithes observés à la Chine, et dans les pays voisins, tirés des livres chinois par M. Abel-Remusat D. M. P., et qu'on trouve inséré dans le journal de Physique, mai 1819, on se convaincra que cet auteur compte 117 phénomènes de ce genre, depuis 687 avant Jésus-Christ jusqu'à 1516.

Au reste quoique les aérolithes soient fréquemment tombées au milieu des lieux habités, on ne cite non plus qu'en Europe, aucun exemple d'hommes qui en aient été atteints ; ce qui pourrait être pour quelques personnes un motif pour douter de la chute des pierres.

Dans aucune partie de la France la production des pierres qui accompagnent quelquefois les globes ignées, ne s'est montrée plus fréquente qu'aux pays adjacens des Pyrénées. Le tonnerre y gronde de même souvent durant la saison du printemps et celle de l'été : ce phénomène et celui de la production des aérolithes tiennent peut-être à la même cause ; car on a plus d'une fois observé que ce dernier arrive surtout dans les temps orageux ; en effet, des globes de feu sont tombés avec bruit, dans le temps qu'il faisait des éclairs, accompagnés de tonnerre, et souvent ces globes ont causé du dommage ; on peut en voir le détail dans M. Mussech. *Essais de Physique* 1716. La matière de ces globes est évidemment celle de l'électricité. *Nouveau Dictionnaire raisonné de Physique et des Sciences naturelles*, t. 1,er, p. 570. Les historiens rapportent aussi plusieurs exemples de la réunion de ces deux phénomènes.

César étant en Afrique, il survint un orage extraordinaire qui travailla fort son armée ; car après le coucher des pléiades, il fit une tempête si effroyable, entremêlée d'une grêle de cailloux, que la plupart des soldats qui n'avaient rien pour se couvrir, couraient par le camp comme forcenés, mettant leurs boucliers sur leurs têtes. *Guerre d'Afrique*, édit. in 4.º, p. 555.

» Pendant un orage qu'on essuya dans le mois
» de septembre 1768, aux environs du château
» de Lucé, dans le Maine, il y eut un coup de
» tonnerre qui fut suivi d'un bruit tout à fait sem-

» blable au mugissement d'un bœuf, et qui se fit
» entendre dans un espace d'environ deux lieues.
» Quelques particuliers qui se trouvaient dans la
» campagne, près de la paroisse de Périgné, cru-
» rent appercevoir dans l'air un corps opaque
» qu'ils virent tomber rapidement sur une pelouse
» dans le grand chemin du Mans. Ils se rendi=
» rent sur le lieu, et ils y trouvèrent une espèce
» de pierre enfoncée dans la terre : elle était da=
» bord brûlante : elle pesait sept livres et demie,
» et sa forme était triangulaire, présentant trois
» cornes arrondies, dont l'une enfoncée dans le
» gazon, était de couleur grise, et les deux au-
» tres extrêmement noires. L'académie royale des
» sciences à laquelle on envoya un morceau de
» cette pierre, en fit faire l'analyse par quelques
» uns de ses membres, qui déclarèrent qu'elle ne
» devait point son origine au tonnerre ; qu'elle
» n'avait pas été formée non plus de matières
» minérales, mises en fusion par le feu du ton=
» nerre. »

En juillet 1794 il est tombé près de Sienne, au milieu d'un orage très-violent accompagné de grêle, une douzaine de pierres etc., etc.

X.

Au surplus, j'aurais du penchant à croire que la pierre du tonnerre n'est pas une pure fiction des poëtes qui, pour donner plus de force à leurs vers, auraient représenté Jupiter lançant ses foudres et ses carreaux sur la tête des mortels : les anciens ont pu croire à ce phénomène, lorsqu'ils ont été témoins d'un orage accompagné de ton=nerre et d'un globe ignée, de la nature de ceux qui éclatent avec une violente explosion, et qui produisent des pierres.

Les Russes sembleraient aussi avoir connu cette sorte de phénomène, car l'histoire nous apprend qu'à l'occasion d'un traité avec les grecs en 904 ou 907, ils firent serment devant l'idole de leur dieu Perune, c'était la figure d'un homme qui tenait à la main une pierre enflammée, et son nom signifie la foudre en russe et en polonais aussi. C'était une espèce de Jupiter. *Abrégé Chronologique de l'histoire de Danemarck*, p. 400.

D'après ce que rapportent Plutarque et Pline, il parait que ces sortes de pierres étaient regardées avec vénération. On sait même que certaines divinités de l'Asie, telles que le dieu Helagabale ; la mère des dieux à Pessinonte ; et même, selon quelques auteurs, le Jupiter Ammon, dans les sables de la Libye, n'étaient que des pierres informes, que l'on disait être tombées du ciel.

SUR LA DIRECTION
DES COUCHES
DES PYRÉNÉES.

Les observateurs qui considèrent l'étonnante structure des Pyrénées, apperçoivent dans cette chaîne, des crêtes hérissées de pics aigus et décharnées, des vallées profondes, d'innombrables ravins qui semblent la partager en une infinité de portions séparées les unes des autres. Ils sont loin au premier coup d'œil, de penser, que ces divers groupes, creusés par les eaux, aient une origine simultanée : ils croient ne voir au contraire que des créations isolées et partielles ; mais ils ne tardent pas à découvrir un plan général : les montagnes opposées qu'une vallée transversale ou le cours d'une rivière séparent, sont composées de couches inclinées et parallèles, qui se prolongent dans la direction assez générale de l'O. N. O. à l'E. S. E. Toutes ces couches se ressemblent tellement, soit dans la nature des matières, soit par rapport à leur disposition mutuelle ; elles s'écartent si rarement de leur direction ordinaire, enfin les lignes qu'elles suivent, se montrent si parfaitement droites, qu'on ne peut se dispenser de reconnaître dans cet ordre admirable, une organisation contemporaine.

« En examinant, dit un célèbre auteur, avec
» un peu d'attention, la manière dont les chaînes

» de montagnes sont sillonées, on ne peut s'em-
» pêcher de croire qu'elles doivent leurs formes
» et leurs contours aux courans des eaux. Les
» angles saillans qui correspondent exactement,
» aux angles rentrans, dans les montagnes oppo-
» sées en sont une probabilité ; cette probabilité
» devient une certitude, si on considère que les
» montagnes, séparées par un vallon, sont de
» la même hauteur, qu'elles sont composées de
» couches de matières placées horizontalement ou
» également inclinées, les unes sur les autres,
» et de la même épaisseur que dans les montagnes
» ou collines, opposées : les mêmes substances
» de même nature se trouvent à la même hauteur,
» c'est-à-dire que si à droite on trouve à cin-
» quante toises, un banc de marbre ou d'ardoise,
» ce banc de marbre ou d'ardoise se retrouve à
» la même hauteur et sous les mêmes dimensions
» dans la montagne à gauche. » *L'homme des
Champs,* p. 87. Nous allons réunir et mettre sous
les yeux du lecteur, les preuves relatives à cette
régulière structure.

J'ai dit dans l'Essai sur la Minéralogie des
Monts-Pyrénées « qu'il ne faut point se hâter de
» prononcer sur la constitution des Pyrénées :
» ces montagnes, hérissées de pics, sillonées par
» une infinité de torrens et dégradées à leur sur-
» face, n'ont pas conservé leur forme primitive :
» la terre, couverte de rochers confusément en-
» tassés, y montre souvent l'image du chaos : ces
» grands changemens empêchent de reconnaître
» au premier coup d'œil, le plan régulier que la
» nature a suivi dans ses opérations ; mais lors-
» qu'à travers les ruines du temps, on pénètre
» dans le sein des montagnes, il est facile alors
» d'appercevoir l'uniformité constante de leur

» structure.... » En effet les Monts-Pyrénées sont en grande partie composés de bandes calcaires et de bandes de schiste argileux, etc, etc. qui se succèdent alternativement ayant la roche granitique pour base. Chaque bande est un assemblage de lits qui se prolongent de l'O. N. O. à l'E. S. E., formant un angle de 73 degrés à l'Est, avec la méridienne de l'observatoire de Paris : ces bancs sont communément inclinés d'environ 30 degrés avec la perpendiculaire.

Il n'est pas douteux que ces assertions ont acquis de nouvelles preuves, par les nombreuses observations que j'ai faites dans presque toute la chaîne des Pyrénées ; et s'il était en outre, nécessaire de présenter plus de faits justificatifs que n'en contient ma description minéralogique, ils pourraient trouver place dans les cartes qui l'accompagnent. Comme les bancs des Pyrénées se prolongent communément de l'O. N. O. à l'E. S. E. et qu'ils se correspondent toujours, dans les montagnes que les vallées transversales séparent, il est indubitable qu'on peut ajouter à ces cartes, par la pensée, sans craindre de se tromper, les matières qui se trouvent sur les flancs et vers les cimes des montagnes opposées; matières qu'on découvre aisément du sein des vallons où les principales observations ont eu lieu; par ce moyen, on acquiert deux fois plus de preuves de la direction constante des bancs, sans qu'il soit nécessaire de multiplier des volumes, par des récits qui ne présenteraient que des répétitions ennuyeuses ; et l'on évite une confusion qui certainement empêcherait de reconnaître la régularité de la structure des Pyrénées.

C'est par le même motif que je me suis dispensé de faire usage dans mon Essai, d'une multitude de faits que j'avais péniblement rassemblés; et quoiqu'il m'en ait infiniment coûté de voir qu'ils devenaient superflus, je me suis refusé néanmoins à les employer, pour ne pas nuire à l'ordre, à la clarté du récit; il est moins difficile de ramasser beaucoup de matériaux, que d'en faire un bon choix.

J'ai suivi dans mes recherches la marche uniforme qui m'était indiquée par la régularité des bancs : ils ont été soigneusement observés aux points de leur intersection avec les différentes lignes que j'ai parcourues; j'ai décrit les matières dont ils sont, en général composés, mais sans avoir fait mention des nuances et des variétés infinies, que les masses pierreuses présentent; jeux innombrables de la nature, qui n'ont des bornes que dans les morceaux détachés et d'un petit volume.

M. Gillet Laumont inspecteur-général des mines à qui la Minéralogie doit beaucoup d'observations nouvelles, a pareillement remarqué la direction constante des bancs des Pyrénées; j'apprécie trop son témoignage pour ne pas insérer dans ce Mémoire, la note que ce savant Minéralogiste voulut me communiquer en 1788. « M. » Gillet Laumont est presque toujours d'accord » avec M. Palassou sur la direction générale des » bancs des Pyrénées de l'E. E. S. à l'O. O. N. » Il l'assure avec plaisir qu'il a reconnu cette » direction constante, dans toute la chaîne, et » que se trouvant presque toujours d'accord avec » les directions indiquées dans son ouvrage, il » a cessé de les observer sur la fin de son voyage, » parcequ'il en avait reconnu la vérité, une infi- » nité de fois. »

La direction constante et parallèle des couches des Pyrénées n'a point échappé, non plus, à l'attention de M. Ramond, dont les savantes et pénibles recherches ont pour objet d'approfondir les secrets impénétrables de la nature. Voici de quelle manière s'exprime cet habile naturaliste, en parlant des moyens de découvrir cette régularité, au milieu d'un apparent désordre. « Pour
» démêler ce labyrinthe, il fallait que la réfle-
» xion ou le hasard dirigeassent l'observateur,
» dans le sens même du travail de la nature ;
» il fallait partir des fondemens de l'édifice, et
» chercher dans les coupes transversales de la
» chaîne, la succession chronologique des dépôts
» dont elle est construite ; il fallait reconnaître
» cette succession, dans plusieurs coupes sem-
» blables ; il fallait suivre, d'une coupe à l'autre,
» les lignes tracées par le prolongement des bancs
» observés dans chacune. Palassou avait ouvert
» la route, personne ne l'a suivie. On se rap-
» pelle, peut-être, tout ce que sa doctrine
» éprouva de contradiction, lorsqu'il attribua
» aux couches des Pyrénées des directions cons-
» tantes et parallèles..... Cependant on ne sau-
» rait faire un pas dans les hautes Pyrénées,
» sans y trouver la confirmation des premiers
» apperçus de Palassou..... J'ai vu ces aligne-
» mens ; ils m'ont guidé dans mes recherches ;
» ils m'ont mené au Mont-Perdu ; ils m'ont con-
» duit à *Néouvielle* ; ils m'ont ramené sur les
» prolongemens de l'axe granitique ; ils ont suc-
» cessivement justifié tout ce qu'ils ne m'avaient
» pas indiqué d'avance. » *Voyage au Mont-Perdu*, p. 277.

M. Cordier, ingénieur des mines, dit : « Qu'avant

» d'arriver à Bagnères de Luchon, on a déjà
» observé presque toute la suite des rochers,
» qui entrent dans la composition des Pyré-
» nées.... Les couches sont ou verticales ou for-
» tement inclinées dans un sens ou dans l'autre,
» et généralement dirigées comme cette partie
» de la chaîne, c'est-à-dire à l'O. N. O. » *Journ.
des Mines*, n.º 94, p. 252.

M. Cordier rapporte encore que l'alignement des crêtes qui dominent la vallée d'Aran, est de l'E. S. E. à l'O. N. O., ce qui confirme pour toute cette surface, l'allure générale des couches constatée dans plusieurs de ses parties. *Ibid.*

M. de Charpentier, ingénieur des Mines de Saxe, poussé par un ardent amour de la vérité, s'est appliqué dans les Pyrénées, avec autant de zèle que de constance, à de profondes recherches dont les amis des sciences désirent vivement de connaître le résultat, dit avoir observé dans toute l'étendue de la chaîne, que les bancs se prolongent, en général, de l'O. N. O. à l'E. S. E. Voyez son intéressant mémoire sur le terrain granitique des Pyrénées, inséré dans le *Journal des Mines*.

Le même minéralogiste, qui a fait un séjour de quatre ans dans les Pyrénées, et qui en a visité, à plusieurs reprises, presque toutes les contrées, rapporte ce qui suit : « Les obser-
» vations que j'ai été à même de faire, m'ont
» donné lieu à reconnaître une simplicité que
» l'on n'a guères remarquée dans les autres mon-
» tagnes d'une aussi grande étendue. » *Mémoire sur la nature et le gisement du pyroxène*, p. 2.

Parmi les savans observateurs qui se sont principalement occupés de la disposition générale des roches qui composent les Pyrénées, on doit comprendre M. Daubuisson, célèbre minéralogiste, ingénieur en chef des Mines de cette chaîne de montagnes. Voici ce qu'il m'a fait l'honneur de m'écrire : « Votre observation sur » la constance de la direction des couches, est » une des plus belles qu'on ait faite en géogno-» sie, et dans ma tournée générale des Pyrénées, » j'ai eu occasion d'en vérifier l'exactitude à » chaque pas que je faisais. »

Voici comment M. Flamichon, ingénieur géographe, s'exprime relativement à la direction des couches des Pyrénées : « M. Palassou, dit-» il, a été le premier qui ait observé que la masse » de ces montagnes et vallées, est composée de » bancs suivis et alternatifs de matières calcaires » et schisteuses. J'ai reconnu au moyen d'une » chaîne de triangles, que j'ai projetés au som-» met des Pyrénées, que ces bancs se prolon-» gent à des distances considérables à travers » toutes les vallées et en ligne parfaitement » droite. La direction de ce banc forme, avec le » méridien de l'observatoire de Paris, un angle » de 71 degrés à l'Est, vers le Sud; c'est-à-» dire, qu'ils suivent la même direction que la » chaîne des Pyrénées, dont ils sont les généra-» teurs ; ces bancs sont coupés, sous différens » angles, par les gorges ou vallées dont la di-» rection tortueuse varie à l'infini. Cependant » comme les principaux torrens des Pyrénées » descendent assez généralement du Sud au Nord, » il s'ensuit qu'ils coupent ces bancs ou en sont » coupés sous un angle presque droit. » *Théorie de la terre déduite de l'organisation des Pyrénées*, p. 80.

Ainsi quoique la régulière structure des Pyrénées, ait paru peu croyable à quelques naturalistes, tout justifie cependant l'existence de leur admirable construction. Les bancs calcaires et les bancs argileux se prolongent à de grandes distances, de même que les veines de houille de plusieurs parties du globe : elles présentent en outre les mêmes accidens, c'est-à-dire, quelques variations, sans que ces changemens dérangent entièrement l'ouvrage régulier de la nature ; c'est du moins ce qu'une longue suite d'observations m'autorise à croire, quoique l'on ne puisse point suivre les bancs, dans toute leur étendue; mais il existe tant de rapports entr'eux; leur parallelisme est si constant ; leur succession alternative est tellement générale qu'ils paraissent, le produit d'un travail simultanée.

Il est certain qu'on observe la plus grande conformité dans la disposition des bancs des Pyrénées et des veines de houille. « Communément » l'on trouve, dit M. Morand, la houille disposée » par bancs, par lits ou couches ; ces veines se » continuent dans une longueur considérable. »

La direction des couches de houille a fixé pareillement l'attention de M. Daubuisson « d'après » les renseignemens, dit-il, qui m'ont été donnés, » il parait que le terrain houiller d'Auzin » s'étend à de grandes distances et qu'il occupe, » dans son état actuel, une bande de terrein, » d'environ trois lieues de large, et de plus de » quarante de long; elle est dirigée de l'O. à l'E. »
J. des M., floréal an 13, p. 227.

Les veines de houille ont encore ceci de commun avec les couches calcaires et les couches de schiste argileux des Pyrénées; c'est qu'elles pré-

sentent le même dérangement. « Nous sommes
assurés, dit M. de Buffon, par des observations
» constantes, que la direction la plus générale des
» veines de charbon, est du Levant au Couchant ;
» et quand cette allure, (comme disent les ou-
» vriers), est interrompue par une feuille qu'ils
» appellent *Caprice de pierre*, la veine que cet
» obstacle fait tourner au Nord ou au Midi, re-
» prend bientôt sa première direction du Levant
» au couchant. »

MM. Morand et de Genssane ont également observé que lorsqu'une veine de charbon a pris sa
direction, elle s'en écarte rarement ; cette veine peut bien former quelque inflexion mais elle
reprend ensuite sa direction ordinaire.

L'accord des preuves recueillies dans les Pyrénées par divers observateurs qui se sont appli-
qués à la recherche des secrets de la nature ; la
conformité que l'on remarque dans la disposition
des bancs de ces montagnes avec les veines de
houille servent à démontrer que les bancs argileux
et les bancs calcaires suivent en général une direction constante.

Une singularité remarquable, c'est que la direction des bancs argileux, et des bancs calcaires, ne parait pas même varier autant que je l'avais
d'abord pensé. Nullement ambitieux de la gloire
d'imaginer des systèmes dont les principes pourraient être contextés, mais uniquement animé du
désir de faire un rapport fidelle des phénomènes
de la nature, je n'ai point soustrait à la connaissance du lecteur, des faits propres à démentir
mon opinion ; bien loin d'avoir cette pensée, j'ai
pris soin d'indiquer plusieurs bancs qui s'écartent
de la direction de l'O. N. O. à l'E. S. E. J'ai dit

qu'il était possible que ces bancs se croisassent dans l'intérieur des montagnes, et que les matières qui semblent devoir être la continuation du même banc, fussent, au contraire, la prolongation d'un autre; mais que l'ordre alternatif des lits calcaires et des lits argileux, ne se trouvant pas dérangé, l'on devait présumer qu'ils ne subissent que des faibles sinuosités. Cette conjecture est devenue très probable par des observations ultérieures.

Ainsi, quoique les bancs varient quelquefois, les bandes qui ne sont qu'un assemblage de bancs, paraissent suivre une direction générale de l'O. N. O. à l'E. S. E. Si les faits eûssent manqué pour autoriser cette opinion, des conjectures très probables auraient pu, sans doute y suppléer. La disposition alternative des bancs calcaires, et des bancs de schiste argileux, dans toutes les parties des Pyrénées ne dénote certainement pas des formations distinctes; elle indique au contraire, par cette uniformité, des rapports qui dépendent d'un plan général et conforme à la majesté de la nature.

Quelque étonnante que soit la direction des bancs des Pyrénées, elle semble ne devoir pas nous étonner davantage, que la direction de la chaîne entière, qui se prolonge visiblement de l'O. à l'E. à peu-près : mais pour découvrir cette organisation régulière, il faut pénétrer dans le sein des montagnes, et ne point se borner à fouiller dans les ruines, de la croûte extérieure, qui souvent peuvent la cacher à nos yeux.

HAUTEUR
DE PLUSIEURS MONTAGNES
DES PYRÉNÉES.

Il est difficile de considérer les hautes protubérances qui ceignent le globe de la terre, sans avoir en même temps le désir de connaître leur élévation : plusieurs savans physiciens ont déterminé celle des points les plus remarquables de quelques-unes de ces chaînes montagneuses, mais nulle part ces sortes d'observations, devenues un objet qui pique la curiosité des naturalistes, n'ont été faites en plus grand nombre que dans les Monts-Pyrénées. Comme elles se trouvent éparses dans divers ouvrages, j'ai pensé qu'on me saurait gré de les réunir et d'en insérer la notice parmi des Mémoires destinés à servir à l'histoire naturelle de ces montagnes. Je vais commencer la longue énumération des expériences qu'elle contient en rapportant le résultat de celles que M. l'adjudant-général Juncker a bien voulu me communiquer, et qu'il dit avoir faites avec la plus scrupuleuse exactitude, au moyen d'un cercle entier, gradué dans la plus grande perfection.

	Au dessus du niveau de la mer.
La montagne de Vignemale.	1728 toises.
Le Pic du Midi de Bigorre.	1509

DE PLUSIEURS MONTAGNES. 417

Som de Soube.................. 1607 toises.
Le Pic du Midi d'Ossau........ 1472
Le Pic d'Anie................. 1280
Orhi.......................... 1031
Orsan Sourrieta............... 801
Haussa........................ 667
La montagne d'Aisquibel sur les bords de la mer entre la Bidassoa et le Port du Passage............. 278

Dans l'espace compris entre les deux montagnes d'Aisquibel et de Haussa, s'élève celle de Haya ou *des quatre couronnes*, dont la hauteur, suivant M. Muthuon, est d'environ 500 toises au-dessus du niveau de la mer.

M. Flamichon est un des premiers qui, d'après mes instances, ait entrepris de déterminer la hauteur de quelques montagnes situées vers le centre des Pyrénées. Voici le résultat des observations qu'il a faites sur un bassin d'eau stagnante au niveau du Gave, vis-à-vis le ci-devant couvent des capucins de Pau, et non loin du pont construit sur cette rivière.

Pic du Midi de Bigorre........ 1391 toises.
Pic de Gabisos vallée d'Asson.. 1248
Pic du Rey près Loubie........ 620
Pic du Midi d'Ossau........... 1407
Pic d'Anie, vallée d'Aspe..... 1119

M. Flamichon avait trouvé par le nivellement que la pente du Gave de Pau au pont de Berenx était de 64 toises. Il évaluait tout au plus à 10 toises cette même pente depuis le pont de Bérenx à la mer. Par conséquent si nous ajoutions les 74 toises.

Au-dessus du niveau de la mer.

Le Pic du Midi de Bigorre serait
élevé de.................... 1465 toises.

27

Le Pic de Gabisos de. . . . . 1322 toises.
Le Pic du Rey de. 694
Le Pic du Midi d'Ossau de. 1481
Le Pic d'Anie de. 1193

En fixant la hauteur du Pic du Midi de Bigorre à 1465 au dessus du niveau de la mer, M. Flamichon se trouve presque d'accord avec M. Mechain qui ne croit pas que la hauteur totale ce Pic excède 1470 toises.

M. Ramond pense que la hauteur du pont de Pau au dessus du niveau de la mer ne peut être estimée moins de 150 toises. *Observations faites dans les Pyrénées*, p. 27. L'estimation de M. Pasumot diffère de 100 toises de celle de M. Ramond. *Voyages Physiques dans les Pyrénées*, p. 170; et la supposition de M. Ramond excède de 76 toises celle M. Flamichon.

Il ne faut pas s'étonner de la différence qu'on observe dans les mesures géométriques dont je fais mention, l'histoire de la physique rapporte beaucoup d'autres exemples de cette nature. M. Michely donne au Mont-Pilate proche Lucerne, 1166 toises au dessus de la mer; et M. le général Pfiffer 1192. Le P. Feuillé en donne 2070 au Pic de Ténériffe; et M. Borda 1743 seulement. Le calcul de ce dernier a même varié de 1743 à 1903; ce qui prouve, comme dit M. Trembley, que la mesure géométrique n'est pas encore aussi certaine, dans la *pratique* qu'on le désirerait.

En comparant les hauteurs déterminées par MM. Flamichon, Juncker et Reboul, on trouve également des différences remarquables.

M. Juncker fixe la hauteur du Pic d'Anie à 1280 toises au dessus du niveau de la mer; M. Flamichon à 1193 t., et M. Reboul à 1326 t.

M. Juncker estime que la hauteur du Pic du Midi d'Ossau est de 1472 toises, au dessus du niveau de la mer; M. Reboul rapporte qu'elle est de 1531 toises.

Le Pic du Midi de Bigorre s'élève, suivant M. Juncker, de 1509 toises au dessus du niveau de la mer : M. Flamichon le suppose de 1465, et M. M. Reboul de 1493.

M. Flamichon avait le projet de vérifier son travail par des observation ultérieures, mais la mort l'enleva malheureusement aux sciences avant d'avoir pu s'en occuper. Cette révision paraissait d'autant plus nécessaire que cet ingénieur-géographe avait varié plus d'une fois dans l'estimation des hauteurs. Les notes qu'il eut la complaisance de me communiquer à différentes fois, prouvent cette vérité ; mais les opérations ci-dessus rapportées, écrites de sa main, sont les dernières qu'il me remit.

En attendant de nouvelles expériences qu'on a lieu d'espérer du goût généralement répandu pour la physique, je me plais à croire qu'on ne sera point fâché de trouver ici, le tableau de la hauteur de plusieurs autres montagnes des Pyrénées et dont nous avons l'obligation à divers observateurs.

Au mois de juin 1774 MM. Darcet et Monge étant à Barèges, nivelèrent la hauteur verticale d'un des plus hauts pics des environs ; et divisant cette hauteur en parties égales de 10 toises chacune, ils placèrent en outre le baromètre à chaque point de division, pour observer la hauteur du mercure et voir par là, les différences de hauteur du mercure qui correspondent à des différences égales de hauteur de l'atmosphère. Ils des=

cendirent ainsi du sommet du Pic de *Leyrey* jusqu'à *Lus*. Voici le résultat des mesures réelles de MM. Monge et Darcet qui, dans ce genre d'opérations, ont eu d'habiles imitateurs.

Du sommet du Pic de Leyrey à la place des bains à Barèges.................. 610 toises.
Au pont Saint-Augustin........ 745
Au socle de l'église de Lus.... 877
A l'Héritage à Colas.......... 585
De la place des bains de Barèges au socle de l'église de Lus....... 267
Comme la hauteur de Lus est de 390 toises au-dessus du niveau de la mer, il résulte que l'élévation du Pic de Leyrey est de............ 1267

Des opérations non moins intéressantes ont été faites dans le Roussillon : une lettre de M. Rocheblave insérée dans le *Journal de Physique*, mai 1781, nous apprend qu'il s'est occupé du nivellement et de la mesure géométrique de dix stations au-dessus du niveau de la mer : voici le résultat de ces calculs :

Perpignan.................. 10 toises.
Pont de Ceret.............. 50
Arles...................... 142
Montferrer................. 401
Croix de la Ceste.......... 516
Grand Pastor............... 619
Pic de la Soque............ 801
Pastor de Canigou.......... 931
Trezevent.................. 1187
Pic Méridional du Canigou.. 1442

M. Rocheblave ne s'est pas borné aux opérations précédentes dont il est aisé de concevoir toutes les difficultés. Il a joint en outre à ce beau travail, la table des hauteurs du mercure dans le baromètre à ces différentes stations, et par deux différentes températures. On peut voir dans le *Journal de Physique*, mai 1781, les résultats qu'ont produit des expériences qui demandent beaucoup de patience et de lumières.

Les opérations suivantes faites pour intéresser tous ceux qui s'appliquent à l'étude de la physique, ne sont pas moins remarquables. En 1787 MM. Vidal et Reboul exécutèrent le projet qu'ils avaient formé de mesurer par un nivellement, la hauteur du Pic du Midi au-dessus de la plaine de Tarbes. Leur point de départ fut le château de Sarniguet qui se trouve à 136 toises au-dessus du niveau de la mer. M. Ramond a publié la hauteur des différentes stations : je vais en présenter le tableau tel qu'on le trouve dans son intéressant ouvrage ayant pour titre *Observations faites dans les Pyrénées*.

	Au-dessus du niveau de la mer.
Château de Sarniguet, porte du parc.	136 toi.
Tarbes, la Croix.	164
Lourde, chapelle Notre-Dame.	211
Argelès, la Croix.	241
Lus, l'église.	390
Barèges, porte des bains.	662
Transarrieu.	741
Pont de Montagneou.	857
Lac d'Oucet.	1187
Hourque Cinq Ours.	1244
Petit Lac.	1379
Pic-du-Midi, hauteur totale.	1506

Tel est le résultat du beau travail de MM. Vidal et Reboul, à la faveur duquel ces célèbres observateurs ont déterminé la hauteur du Pic du Midi, qui s'élevant au dessus d'une partie de l'atmosphère plus dégagée de vapeurs grossières que la région inférieure, semblerait devoir favoriser l'étude et la contemplation de ce nombre prodigieux d'astres formés des mains du créateur, pour embellir la voûte céleste et augmenter la pompe de l'univers.

M. Picot de Lapeyrouse rapporte dans son supplément à l'histoire abrégée des plantes des Pyrénées, la hauteur de plusieurs autres montagnes, d'après les opérations trigonométriques de M. Reboul. J'ai cru devoir insérer ici cette liste, pour completer celle de toutes les observations parvenues à ma connaissance, par rapport à cet objet intéressant.

NIVELLEMENT

DES PRINCIPAUX SOMMETS DE LA CHAINE DES PYRÉNÉES,

Par M. H. Reboul, correspondant de l'académie royale des sciences de l'institut.

» J'ai rapporté, dit M. le baron Picot-de-la-
» Peyrouse, page 3 de l'histoire des plantes des
» Pyrénées, les mesures de leurs principales
» sommités, telles qu'elles étaient admises à
» l'époque où j'écrivais cet ouvrage ; tout ré=
» cemment encore on a répété dans les annales
» de chimie et de physique, que la plus haute
» cime des Pyrénées, le Mont-Perdu...... a une
» hauteur absolue, d'après M. Ramond, de 3426
» mètres (1763 toises). Les travaux de M. H.
» Reboul, si connu, surtout pour le beau nivel=
» lement du Pic-du-midi de Bigorre, exécuté en

» 1787, de concert avec M. Vidal, astronome
» célèbre, viennent de changer les notions qu'a-
» vaient les physiciens sur les mesures de nos
» Pics, et de nous en donner de plus vraies et de
» plus exactement prises.

» Le mémoire de M. Reboul a été imprimé
» dans les annales de chimie et de physique,
» tom. V, juillet 1817.

» Je dois à son amitié les notes que j'insère ici;
» elles corrigent les notions que j'avais données
» sur la hauteur de nos principales sommités;
» elles y en ajoutent de nouvelles et de plus
» exactes.

» Ces mesures résultent d'une suite d'opéra-
» tions trigonométriques, faites en 1786, 1787,
» 1789 et 1816, sur plusieurs sommets de la
» chaîne, et notamment sur les Pics *d'Anie*, *du*
» *midi de Bigorre*, *d'Arré*, *Quairat*, *de Crabère*,
» *d'Appi et de Pouey-Lou-Vic*, en *Larboust*. Le
» Pic de midi de Bigorre, nivelé en 1787, a servi
» de point de départ et de terme de comparaison
» à ces observations. Sa hauteur absolue a été
» déterminée, 1.° par les observations de M.
» Vidal, à *Bonrepaux*, qui prouvent que le Pic-
» de-Midi excède le *Canigou* de 60 toises. Or,
» la hauteur du *Canigou*, d'après les nombreu-
» ses observations de M. Mechain, est fixée
» à . . . . 1,431 t.
                                          60
                                   ─────────
                                        1,491 t.

» 2.° Par la moyenne de deux nivellemens
» barométriques, de *Sarniguet* et de *Tarbes* à la
» mer, en passant par Toulouse, auxquels on a
» joint la hauteur connue par le nivellement du

» *Pic-du-Midi* de 1787, au-dessus de *Sarniguet*
» et de Tarbes ; évaluations dont la moyenne
» indique, pour la hauteur du *Pic-du-Midi*
» sur la mer, 1495 toises.

» Ces deux mesures, dont l'accord est très-
» satisfaisant, ont donné pour résultat moyen de
» la hauteur absolue du *Pic-du-Midi*, 1495 t.

» M. Reboul regrette de n'avoir pu joindre
» à ces mesures, celles de deux sommets très-
» remarquables, dont il n'a pu prendre les an-
» gles de hauteur apparente, à raison de leur
» proximité des lieux où il faisait ses observa-
» tions. Ce sont le Pic de *Clarabide*, auprès
» du port de ce nom, et de *Perdighero*, en
» Espagne, au S. E. de celui de *Crabioules*;
» ce dernier, tout entouré de glaciers, lui a
» paru ne pas avoir moins de 1700 toises.

» Pic d'Anie, à l'origine des vallées d'Aspe
» et de Baretons............ 1326 t.
» Pic du *Midi* d'Ossau........ 1531
» Pic d'Arriou-Grand, à l'origine de
» la vallée d'Azun........... 1541
» Pic de Badescure, à la naissance
» de la vallée de Bun ; glacier..... 1615
» Pic de Vignemale ; glacier...... 1721
» Monts Marboré............
» Mont-Perdu ; glacier......... 1747
» Cylindre ; glacier........... 1729
» Pic de la Cascade ; glacier..... 1681
» Ces trois sommets sont connus en
» Aragon sous le nom de *las Très-*
» *Sorellas.*
» Pic de Néouvielle ; glacier..... 1616
» Pic-du-Midi de Bigorre....... 1493
» Pic Long, vallée de Gerdre..... 1656

» Pic d'Arré, inférieur. . . . . 1485 t.
» Pic de Biedous, vallée de Gistain. 1665
» Pic de Crabioules, vallée de Lys;
» glacier. 1630
» Tuque del Maou Pas, vallée de
» Lys ; glacier. 1615
» Pic Quairat, vallée d'Astos-d'Oo;
» glacier. 1585
» Pic Poleto, vallée d'Astos de Benas-
» que; glacier. 1764
» Pic de Nethou, montagne de la
» Maladetta; glacier. 1787
» Pique Fourcanade à l'Est de la Ma-
» ladetta. 1569
» Pic de Crabère, à l'origine des vallées
» de Melles, de Sentein et de Canéjan. 1354
» Pic de Montouliou, en Espagne,
» Tuque de Mauberne. 1488
» Pic de Montvallier, près St.-Girons. 1455
» Pique de Montcalm, vallée d'Auzat;
» glacier. 1668
» Pic de la Serrere, vallée d'Aston. . 1515
» Pic-Peiric, aux sources de l'Ariège
» et de la Tet. 1427
» Le Canigou. 1430
» Le Mont-Perdu n'est donc pas la plus haute
» cime des Pyrénées; le *Pic Poleto* lui est su-
» périeur de 17 toises (33 mètres 13 centimè-
» tres), et le Pic de *Nethou* de la *Maladetta* de
» 40 toises (77 mètres 96 centimètres); si les
» évaluations données au Pic oriental de cette
» reine des Pyrénées se confirment par des opé-
» rations exactes, il faudra ajouter 50 toises (97
» mètres 45 centimètres) à la hauteur absolue
» de la Maladetta, et elle aura 90 toises (175

» mètres 41 centimètres) d'élévation au dessus
» du Mont-Perdu. M. de Marsac a tenté de s'ap-
» procher de ce Pic au mois de septembre 1816;
» le gouvernement Espagnol opposa des obsta=
» cles invincibles à l'exécution de ses projets;
» on doit espérer qu'ils seront levés, et si la na-
» ture n'en présente pas de vraiment insur=
» montables, M. Reboul et M. Marsac nous fe-
» ront connaître des vérités physiques d'un
» grand intérêt. »

J'ai toujours pensé que la partie la plus haute des Pyrénées devait être la Maladetta, opinion rapportée dans mon essai sur la minéralogie de cette chaine. L'on écrivit et l'on publia que ma supposition était mal fondée; les opérations trigonométriques d'un célèbre physicien (M. Reboul), prouvent que j'avais raison; il fixe la hauteur de la Maladetta à 1787 toises au dessus du niveau de la mer, et le Mont=Perdu à 1747 toises seulement.

Je ne peux m'empêcher de faire observer que parmi les choses singulières que présente cette fameuse montagne, c'est sans contredit sa position, exactement placée au centre des Pyrénées, ainsi qu'à pareille distance du golfe d'Aquitaine et de la mer Méditerranée, il semble que le Créateur ait eu le dessein de la rendre visible pour les peuples situés entre ces deux mers.

M. Dralet, auteur de la description des Pyré= nées, rapporte que MM. Ramond et Dangos ont fixé la hauteur du port de gavarnie,

	Au-dessus du niveau de la mer.
A	1196 toises.
Du port de Pinède, à	1291
Du Tourmalet, à	1126

On trouve dans le même ouvrage que M. Flamichon avait fixé la hauteur du Pic-d'Anie à 1119 toises; mais il est essentiel de faire observer ici que c'est seulement au dessus du pont de Pau. M. Flamichon présume que cette montagne a 1193 toises au dessus de la surface de la mer.

M. de Vanduffel, chevalier de l'ordre royal et militaire de St.-Louis, ancien commissaire des guerres à Bayonne, est monté trois fois sur le Pic-du-Midi de Bigorre, muni d'un baromètre qui s'est soutenu à 20 pouces 1 ligne et $3/4$, sans variation sensible, dans les trois observations; le temps beau et le vent N. O.

D'après les mesures qui furent prises dans les Alpes, cet ami des arts et des sciences, principalement versé dans les connaissances relatives à l'agriculture, a évalué chaque ligne de descente au dessous de 28 pouces, à 94 pieds, 8 pouces, 6 lignes. En conséquence, le Pic-du-Midi doit être élevé de 1507 toises au dessus du niveau de la mer.

Cette évaluation ne diffère pas de celle de M. Juncker qui fixe la hauteur du Pic-du-Midi à 1509 toises sur la surface de la mer.

Elle se rapproche de celle que M. Reboul évalue, d'après ses dernières opérations, à 1493 toises.

MM. de Van-Duffel et Reboul seraient parfaitement d'accord, si ce dernier observateur n'avait point varié dans l'estimation de la hauteur du Pic-du-Midi qu'il avait d'abord fixée selon M. Ramond, à 1506 toises au-dessus du niveau de la mer.

Il ne sera point inutile d'observer que MM. Monges et Darcet qui étaient montés sur le Pic-du-Midi de Bigorre le 31 août 1774, avaient observé que leur baromètre descendit à 20 pouces 2 lignes 2/3 ; expérience qui diffère de celle de M. Van-Duffel, d'une ligne.

Ajoutons à cette énumération d'autres montagnes des Pyrénées, dont on connaît depuis longtems la hauteur au-dessus du niveau de la mer.

La Massane dans le Roussillon. . . . . 408 t.
Bugarach, en Languedoc. 448
Le Mont St.-Barthelemi, dans le pays de Foix. 1185
Le Mont de Mosset. 1258
Le Canigou. 1440

Telle est la hauteur des Montagnes les plus remarquables des Pyrénées. On les envisagerait avec beaucoup plus d'intérêt, si l'on ne savait pas que d'autres chaînes montagneuses excédent cette élévation. Le Mont-Blanc dans les Alpes atteint à la hauteur de 2400 toises. Chimboraco dans l'Amérique méridionale, parvient jusqu'à 3220, et s'il ne s'est point glissé quelque erreur dans les calculs d'un voyageur anglais, les montagnes de l'Asie seraient encore beaucoup plus élevées. Le Journal des Débats politiques et littéraires du 16 août 1817, art. de Londres, rapporte ce qui suit :

« Les montagnes couvertes de neige du Thibet,
» avaient passé pour être inaccessibles jusqu'à
» présent ; le capitaine Webb est pourtant par-
» venu à leur sommet, et a mesuré leur hauteur
» qui est de 28,000 pieds au-dessus du niveau
» de la mer. C'est 7000 pieds de plus que le plus
» haut point d'élévation des Andes, qui avaient
» été regardées jusqu'ici comme les plus hautes
» montagnes de l'Univers. » (Le calcul des pieds est fait mesure anglaise.)

FIN.

TABLE DES MATIÈRES.

Mémoire sur les pierres calcaires des Pyrénées, Page 1.

Sur des cailloux cellulaires, trouvés aux environs de Navarrenx. 94.

Mémoire sur l'ophite des Pyrénées. 100.

Mémoire sur l'ophite des environs de Dax et de Salies, communes situées dans les départemens des Basses-Pyrénées et des Landes. 211.

Sur la formation des valées. 306.

Observations sur les époques de la formation respective du granit en masse et des autres roches. 342.

Sur des attérissemens de cailloux calcaires, qui font partie des collines situées au nord des montagnes de la vallée d'Ossau. 369.

Suite de la liste des tremblemens de terre, ressentis dans les Pyrénées et les pays situés au pieds de ces montagnes. 375.

Des globes de feu, observés dans les pays adjacens des Pyrénées. 382.

Sur la direction des couches des Pyrénées. 406.

Hauteur de plusieurs montagnes. 416.

ERRATA.

Page v, ligne 14, bouleversemens, *lisez*, désordres.
 16, 16, simultané, *lisez*, simultanée.
 52, 22, Dorsouya, *lisez*, d'Orsouya.
 156, 56, Poullaouen, *lisez*, Poullavouen.
 166, 52, consistent, *lisez*, consiste.
 185, 4, Bagnères, *lisez*, Barèges.
 215, 3, Venet, *lisez*, Venel.
 216, 217, 222, 223, 224, 269, Pouy-d'Eure, *lisez*, Pouy d'Eouze.
 224, 29, *supprimez*, de.
 229, 13, Faugas, *lisez*, Faujas.
 264, 20, de, *lisez*, dans.
 280, 10, *ajoutez*, du.
 280, 34, étendue, *lisez*, étendu.
 298, 26, placées, *lisez*, placée.
 298, 33, douée, *lisez*, doué.
 356, 9, moins, *lisez*, plus.
 547, 13, fouilleté, *lisez*, feuilleté.
 399, 20, qu'ils surprirent, *lisez*, qu'il surprit.
 405, 16, Amnon, *lisez*, Ammon.
 412, 23, ce banc, *lisez*, ces bancs.

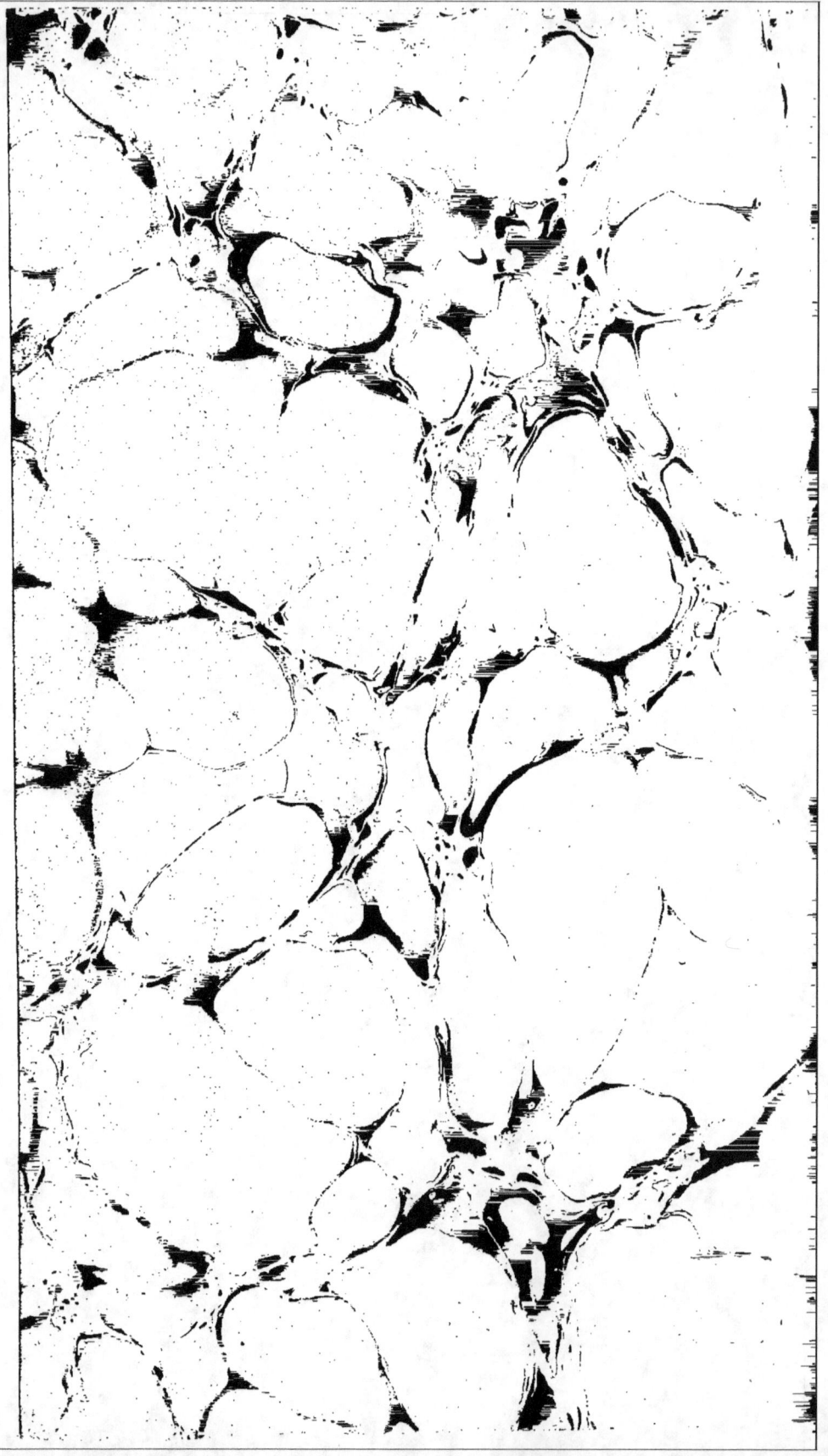

www.ingramcontent.com/pod-product-compliance
Lightning Source LLC
Chambersburg PA
CBHW072106220426
43664CB00013B/2010